全国高等职业教育“十三五”规划教材
高等职业教育工学结合一体化规划教材

工程测量技术

主　编　茹　利
副主编　姚丽丽　赵洪涛　谢春喜

黄河水利出版社
·郑州·

内容提要

本书是全国高等职业教育“十三五”规划教材、高等职业教育工学结合一体化规划教材。全书重点介绍了工程测量的放样方法、线路工程测量、地下工程测量等内容，并重点介绍了客运专线测量。本课程是地形测量、控制测量、数字化测图、GNSS 原理与应用等专业课的后续课，对培养工程测量技术学生的内外业动手能力具有重要作用。

本书适合高职高专测绘类专业教学使用，也可供相关人员参考研究。

图书在版编目(CIP)数据

工程测量技术/茹利主编. —郑州:黄河水利出版社,2019.8

全国高等职业教育“十三五”规划教材　高等职业教育工学结合一体化规划教材

ISBN 978-7-5509-2380-5

Ⅰ.①工…　Ⅱ.①茹…　Ⅲ.①工程测量-高等职业教育-教材　Ⅳ.①TB22

中国版本图书馆 CIP 数据核字(2019)第 105569 号

组稿编辑:陶金志　电话:0371-66025273　E-mail:838739632@qq.com

出 版 社:黄河水利出版社　网址:www.yrcp.com

地址:河南省郑州市顺河路黄委会综合楼 14 层　邮政编码:450003

发行单位:黄河水利出版社

发行部电话:0371-66026940、66020550、66028024、66022620(传真)

E-mail:hhslcbs@126.com

承印单位:河南承创印务有限公司

开本:787 mm×1 092 mm　1/16

印张:15

字数:365 千字　印数:1—1 000

版次:2019 年 8 月第 1 版　印次:2019 年 8 月第 1 次印刷

定价:44.00 元

《工程测量技术》

编审委员会

主　任　郝志贤

副主任　陆　志　魏国武

主　编　茹　利

副主编　姚丽丽　赵洪涛

谢春喜(中国铁路设计集团有限公司测绘地理信息研究院)

参　编　杨学锋

委　员　王　娇(中国铁路设计集团有限公司测绘地理信息研究院)

张　悦(辽宁有色勘察研究院有限责任公司)

王天文(沈阳市勘察测绘研究院有限公司)

王巍巍(辽宁城市建设职业技术学院)

马　驰(辽宁交通高等专科学校)

常　苗(武汉航天远景科技股份有限公司)

宋清福(沈阳国源科技发展有限公司)

高　嵩(沈阳国源科技发展有限公司)

陶金志(黄河水利出版社)

前 言

随着测绘仪器设备的日益更新与软硬件技术的升级，我国社会领域中道路、桥梁、建筑、水利水电、地下矿山等工程项目的施工测量方法也在不断改进，精度不断提高，效率不断提升，使许多工程测量的方法也发生了很大改变。为了推进高职教育的产教深度融合，保证校内专业教学标准对接测绘行业企业的岗位技能标准，实现高职人才培养的精准供给，编者通过走访调研铁路、桥梁、建筑等施工测量现场，并结合多年工程测量专业课的教学经验，编写了此书。

由于工程测量这门课程通常是地形测量、控制测量等专业课的接续课，学生已经具备了常用测绘仪器的使用能力，因此本教材采用“项目式”进行编写，依托典型工程测量项目，锻炼学生对所学专业知识的综合利用能力，并挖掘、开发学生对工程测量项目整体的统筹与设计方面的逻辑思维能力。

根据高等职业教育理论与实践并重，理论课课时较少的情况，本书在编写时以“简练”“实用”“现势性强”为原则，每个项目以模块展开。

本书一共包括 13 个项目，重点介绍了施工放样技术、公路工程测量、客运专线测量、桥梁工程测量以及井下控制测量，通过积极调研、收集各种工程测量生产项目资料，对传统工程测量知识进行了更新与拓展，尤其是在新技术、新方法的介绍方面，遵循工程测量作业流程化，保证理论结合案例。

本书由辽宁地质工程职业学院茹利担任主编，由姚丽丽、赵洪涛、谢春喜担任副主编，参加编写工作的还有杨学锋。其中项目 1、8、10、11、12、13 由茹利编写，项目 3、4、7 由姚丽丽编写，项目 2、9 由赵洪涛编写，项目 5 由谢春喜编写，项目 6 由杨学锋编写。全书由茹利统一修改定稿。

在本书编写过程中，中国铁路设计集团有限公司测绘地理信息研究院谢春喜等提出了许多宝贵的建议并提供了丰富的生产项目资料，在此表示感谢！同时对黄河水利出版社和编写者所在单位的大力支持表示感谢。

限于编者的水平、经验及时间所限，书中定有欠妥之处，敬请专家和广大读者批评指正。

编 者

2019 年 2 月

目　录

GHJC

项目1 绪 论

模块1 工程测量的定义、任务和内容

工程测量学是研究各种工程在规划设计、施工建设、运营管理阶段所进行的所有测量工作的学科。

工程测量是为工程建设服务的,由于服务对象众多,所以它所包括的内容非常广泛。按照服务对象,其内容大致可分为工业与民用建筑工程测量,水利水电工程测量,铁路、公路、管线、电力线架设等线路工程测量,桥梁工程测量,矿山工程测量,地质勘探工程测量,隧道及地下工程测量等。工程测量按照工程建设的顺序和相应作业的性质,可将工程测量的内容分为以下三个阶段的工作:

(1)规划设计阶段的测量工作。工程在规划设计阶段需要各种比例尺的地形图、纵横断面图及一定点位的各种样本数据。

(2)施工建设阶段的测量工作。该阶段需要将设计的工程位置标定在现场,作为实际施工的依据,在施工过程中还需对工程进行各种监测,确保工程质量。

(3)运营管理阶段的测量工作。主要是进行工程竣工后的竣工验收测量和建(构)筑物的变形监测。通过对变形观测资料的整理与分析,预测变形规律,为建(构)筑物的安全使用提供保障,为研究维护方法、采取加固措施、研究设计理论、改进施工设计方法提供有益的资料。

可见,工程测量学就是围绕着各项工程建设对测量的需要所进行的一系列有关测量理论、方法和仪器设备研究的一门学科,它在国民经济建设和国防建设中起到了极其重要的作用。但是对于不同的工程,其具体内容有所不同,现分述如下。

1.1.1 建筑工程测量

建筑工程测量是指工业建筑与民用建筑工程在勘测、设计施工和竣工验收、运营管理过程中的测量工作。具体工作如下:

(1)测绘地形图:在勘测设计阶段,为了为建筑物的具体设计提供地形资料,需在建筑区开展测绘地形图、纵横断面图、定点取样等测量工作。由于这些测量工作只是在很小的区域内进行的,作业过程中可以不顾及地球曲率影响和正常高的改正,只需按常规作业程序进行,即可满足精度要求。

(2)工程放样:建筑物进入施工阶段就需要根据它的设计图纸,按照设计要求,通过定位、放线和标高测量,将其平面位置标定到施工的作业面上。另外,在施工过程中还要随时对建筑物进行安全监测,为施工提供依据,指导施工。

(3)竣工及运营管理中的测量工作:建筑物竣工后,需测绘竣工图及其他点、线位置,作

为验收的依据。交付使用后,还需对其进行沉降(陷)、水平位移、倾斜、挠度、裂缝观测,从而监视该建筑物在各种外界因素影响下的安全性和稳定性,为建筑物的安全使用提供测绘保障。

1.1.2 线路工程测量

线路工程包括公路、铁路、输电线、输油线路、灌渠以及各种地下管线等工程。各种线性工程在勘测设计、施工建设和竣工验收及营运管理阶段的测量工作统称为线路工程测量。其主要内容包括以下几方面。

1. 勘测设计阶段的测量工作

勘测设计阶段的测量工作包括以下两步:

(1)线路初测:根据计划任务书确定的修改原则和线路的基本走向,通过对几条有比较价值的线路进行实地勘测,从中确定最佳方案,为编制初步设计文件提供资料。测量的主要内容有控制测量、高程测量、纵横断面测量、地形测量。

(2)线路定测:根据批准的初步设计文件和确定的最佳线路方向及有关构造建筑物的布设方案将图纸上初步设计的线路和构筑物位置测设到实地,并根据现场的具体情况,对不能按原设计之处做局部线路调整,为施工图提供设计资料。它包括中线测量、高程测量、纵横面测量。

2. 施工阶段的测量工作

在施工阶段,要检测设计阶段所建立的平面、高程控制桩位,在检测基础上进行线路中线的恢复,另外,需要进行路基放样、边坡放样、建构物的定位放样等工作。

3. 竣工验收和运营管理阶段的测量工作

线路工程竣工后,为了检查工程质量是否符合要求,需进行竣工测量,其主要是在控制测量和高程测量的基础上进行中线位置和里程桩的标定。测绘线路中心线纵断面和路基横断面图,在大型构筑物附近设置平面和高程控制点,供以后工程养护管理使用。在工程运营过程中还需对路面、构筑物、护坡进行沉降、位移观测,为线路安全运营提供可靠保障。

1.1.3 矿山测量

通常将配合地质找矿、矿物开采工作的各种测量工作统称为地质矿山工程测量,其中,将配合地质技术找矿方法的测量工作称为“地质勘探工程测量”,将配合地球物理勘探和地球化学勘探技术找矿方法的测量工作称为“物探测量”,将配合矿物开采的测量工作称为“矿山工程测量或地下工程测量”。

矿山测量工作主要有以下几个方面内容:

(1)按地质勘察工作的需要,提供矿区的控制测量和各种比例尺的地形图等基本测绘资料。

(2)根据地质勘探工程的设计资料,在实地定点、定线,提供工程的施工位置和方向,指导地质勘探工程的施工。

(3)及时准确地测定已竣工工程的坐标和高程,为编写地质报告和储量计算提供必要的测绘数据和资料。

(4)在矿山设计、施工和生产阶段测绘各种大比例尺地形图,进行建筑物及构筑物的放样、设备的安装测量、线路测量等工作,生产时随时需要进行巷道标定与测绘、储量管理与开采监督、岩层和地表变化的观测与研究、露天矿边坡稳定性观测与研究等。

模块2 工程测量学科的发展现状

随着传统测绘技术走向数字化与自动化,工程测量的服务面不断拓宽,与其他学科的互相渗透和交叉不断加强,新技术、新理论的引进和应用不断深入,由此可以看到:工程测量学科沿着测量数据采集和处理向一体化、实时化、数字化、自动化方向发展;测量仪器向精密化、自动化、信息化、智能化发展;工程测量产品向多样化、网络化和社会化方向发展,具体体现在以下几个方面。

1.2.1 数字化测图技术

大比例尺数字化测图属于工程规划设计阶段的重要工作。国内大比例尺数字化测图在近几年内得到迅速发展,测绘仪器不断推出新的品种,尤其是无人机航测技术、无人机激光点云技术的兴起,极大地提高了数字化测图的工作效率。另外,我国北斗卫星导航定位系统已经日趋完善,截至2018年8月19日,我国已成功发射第37、38颗北斗导航卫星,是中国北斗三号全球系统第13、14颗组网卫星。在测图软件方面也趋于成熟,如常规的南方公司的CASS测图软件,武汉航天远景公司的MapMatrix航测成图软件等。软硬件的更新换代,使中国的数字化测图由传统的测图方法发展为目前现代化与智能化结合的测图主流方法。

1.2.2 工业测量系统的最新进展

自20世纪80年代以来,现代工业生产进入了一个新阶段,许多新的设计、工艺,要求对生产的自动化流程,生产过程控制、产品质量检验与监测等工作进行快速、高精度的测点定位,并给出工作时复杂形体的三维数学模型,利用传统的光学、机械等工业测量方法都无法完成,而利用电子经纬仪、全站仪、数码相机等作为传感器,在计算机的控制下,工业测量系统完成工作的非接触和实时三维坐标测量,并在现场进行测量数据的处理、分析和管理。与传统的工业测量方法相比较,工业测量系统在实时性、非接触性、机动性和与CAD/CAM连接等方面有突出的优点,因此在工业界得到广泛的应用。

1. 全站仪极坐标测量系统

全站仪极坐标测量系统是由一台高精度的测角、测距全站仪构成的单台仪器三维坐标测量系统。全站仪极坐标测量系统在近距离测量时采用免棱镜测量,为特殊环境下的距离测量提供了方便。

2. 激光跟踪测量系统

激光跟踪测量系统的代表产品为SMART310,与常规经纬仪测量系统不同的是,SMART310激光跟踪测量系统可全自动地跟踪反射装置,只要将反射装置在被测物的表面移动,就可实现该表面的快速数字化,由于干涉测量的速度极快,其坐标重复测量精度高达5×10^{-6},特别适用于动态目标的监测。

3. 数字摄影测量系统

数字摄影测量系统是采用数字近景摄影测量原理,通过2台高分辨率的数码相机对被测物同时拍摄,得到物体的数字影像,经计算机图像处理后得到精确的 X、Y、Z 坐标。目前,国内武汉航天远景公司的 MapMatrix 航测成图软件是数字摄影测量系统的典型产品。数字摄影测量系统的最新进展——倾斜摄影测量,即采用高分辨率的数字相机来提高测量精度并获取地面三维数据,广泛地应用于三维立体建模中。另外,也可以利用三维激光扫描仪对地面物体进行激光点云数据的采集,这些新技术也促使了数字摄影测量向完全自动化方向发展。

1.2.3 特种精密工程测量的发展

为满足大型精密工程施工的需要,往往要进行精密工程测量。大型精密工程不仅施工复杂、难度大,而且对测量精度要求高。它需要将大地测量学和计量学结合起来,使用精密测量计量仪器,在超出计量的条件下,达到 10^{-6}以上的相对精度。

精密工程测量界定为:以绝对精度达到毫米级,相对测量精度达到 1×10^{-5},以先进的测量方法、仪器和设备,在特殊条件下进行的测量工作。

如,研究基本粒子结构和性质的高能粒子加速器工程,要求安装两相邻电磁铁的相对精度不超过 $\pm(0.1\sim0.2)$ mm,这就要求必须采用最优布网方案,研制专门的测量仪器,采用合理的测量方法和数据处理方法来实施该测量方案。

1.2.4 摄影测量与遥感技术在工程测量中的应用

由于摄影测量和遥感技术的非接触性、实时性,使得其在工程施工、监测方面的应用相当普遍,主要体现在以下几个方面:

(1)在建筑施工过程中,利用地面立体摄影方法检核构件的装配精度。

(2)以解析法地面立体摄影测量配合航空摄影测量,进行滑坡监测与地表形变观测。

(3)应用精密地面立体摄影方法测定工程建筑物与构筑物的外形及其变形。

(4)应用摄影测量技术对架空输电线路进行安全监测。

1.2.5 GNSS 在工程测量中的应用

目前,GNSS 接收机技术不断改进,尤其是对信号遮挡方面的软硬件升级,更是促进了 GNSS 技术的推广应用。用 GNSS 进行工程测量有许多优点:精度高、作业时间短,不受时间、气候条件和两点间通视的限制,可在统一坐标系中提供三维坐标信息等。在城市控制网、工程控制网的建立与改造中已普遍应用 GNSS 技术,在快速地形测绘、石油勘探、高速公路、高速铁路、通信线路、地下铁路、隧道贯通、建筑变形、大坝安全监测、山体滑坡、地壳形变监测等方面也已广泛地使用 GNSS 技术。

复习和思考题

1-1 工程测量的定义是什么?

1-2 工程测量可分为哪三个阶段的工作?

1-3 试自主收集资料,形成一份我国工程测量技术目前发展情况的报告。

项目2　工程控制网布设

模块1　工程控制网的分类和作用

2.1.1　测量控制网的分类

测量控制网由位于地面的一系列控制点构成，控制点的空间位置是通过已知点的坐标以及控制点之间的边长(或空间基线)、方向(角度)或高差等观测量确定的。测量控制网按范围和用途分为全球控制网、国家控制网和工程控制网。全球控制网主要用于确定、研究地球的形状、大小以及地球的运动变化，确定地球和研究地球的板块运动等。国家控制网是由各国测绘部门建立的区域性大地测量参考框架。国家控制网的作用是：提供全国范围内的统一地理坐标系统；保证国家基本图的测绘和更新；满足大比例尺测图的精度要求；为精密地确定地面点的位置提供已知点，及其在特定坐标系下的坐标。工程控制网是工程项目的空间位置参考框架，是针对某项具体工程建设测图、施工或管理的需要，在一定区域内布设的平面和高程控制网。

2.1.2　工程控制网的分类、作用和建网步骤

1. 分类

工程控制网按不同的分类原则分成不同的种类。

(1)按用途分为测图控制网、施工控制网、变形监测网、安装控制网；

(2)按网点性质分为一维网(高程控制网)、二维网(平面控制网)、三维网；

(3)按网形分为三角网、导线网、混合网、方格网；

(4)按施测方法分为测角网、测边网、边角网、GNSS网；

(5)按坐标系和基准分为附合网、独立网、经典自由网、自由网；

(6)按其他标准分为首级网、加密网、特殊网、专用网(如隧道控制网、高铁CPⅠ~CPⅢ控制网、建筑方格网、桥梁控制网等)。

2. 作用

工程控制网具有控制全局、提供位置基准和控制测量误差积累的作用。同时，工程控制网也为工程建设提供工程范围内统一的参考框架，为各项测量工作提供位置基准，满足工程建设不同阶段对测绘在质量(精度、可靠性)、进度和费用等方面的要求。

3. 建网步骤

工程控制网的布设也遵循测量控制网的一些基本步骤，再结合不同工程的自身特点以及精度要求，总体的建网步骤是：

(1)确定工程控制网的等级；

(2)确定布网的形式;

(3)确定测量仪器;

(4)图上选点,实地踏勘;

(5)埋设标石;

(6)外业观测;

(7)内业数据处理;

(8)提交成果。

2.1.3　不同工程控制网的简介

1.测图控制网

测图控制网的作用在于控制测量误差的累积,保证图上内容的精度均匀和相邻图幅正确拼接。测图控制网的精度是按测图比例尺的大小确定的,通常应使平面控制网能满足1:500比例尺测图精度要求,四等以下(包括四等)各级平面控制网的最弱边的边长中误差不大于图上0.1 mm,即实地的中误差不大于5 cm。在布网前,应收集测区内已有的平面、高程控制和地形图等测绘资料。网点的密度视测图比例尺而定,网点的位置取决于地形条件,控制范围应较大,应尽量均匀,便于施测和进行图根加密。测图控制网还应与国家控制点相连。

测图控制网加密时应尽可能减少布网的层次,有条件的应该一次性加密。这样既可控制起始数据的误差影响,又可使加密的点的精度趋于均匀。

用GNSS技术布设测图控制网,便于与国家控制点联测,不需要网点之间相互通视,对边长和网的图形无特别限制,可以使控制网的精度更均匀,可使测区边缘地区的精度大为改善。比较合适的做法是:首级网采用GNSS技术布设控制网,加密网采用常规的地面方法。

2.施工控制网

由于目前GNSS布网技术的迅速发展与普及,以往的三角网、导线网、建筑方格网等地面布网技术逐渐被淘汰。现在,大多数已为GNSS网所代替。

工程施工中的测量工作与其他的一般测量工作不同,它要求与施工进度配合及时,满足施工的需要。原有的测图控制网在布点和施测精度方面主要考虑满足测绘大比例尺地形图的需要,不可能考虑将来建筑物的分布及施工放样对点位的布设要求。因此,在施工期间,这些测量控制点大部分会遭受破坏,即使被保留下来,也往往不能通视,无法满足施工测量的需要。而施工控制网是为工程建筑物的施工放样提供控制的,其点位、密度以及精度取决于建筑物的性质。施工控制网与国家或城市控制网相比较,其最大的不同是:在精度上并不遵循"由高级到低级"的原则。

施工控制网具有以下几个特点。

(1)控制范围小,控制点密度大。

在勘测阶段,建筑物的位置还没有最终确定下来,通过勘测进行几个方案的比较,最终选出一个最佳方案。因此,勘测时测量的范围较大,往往是工程建筑物实际范围的几倍到十几倍。而在施工阶段,工程建筑物的位置已经确定,施工控制网的服务对象非常明确。施工控制网的范围比测图控制网的范围小得多。

(2)精度要求高。

施工控制网主要用于放样建筑物的轴线，有时也用于放样建筑物的轮廓点，这些轴线和轮廓点都有一定的精度要求。施工控制网的精度远高于测图控制网的精度。

(3)使用频繁。

施工测量贯穿于施工过程的始终，工程建筑物往往在不同高度上具有不同的形状和尺寸。施工中需要随时进行放样或检查其位置，在一个控制点上往往需要放样几十次甚至上百次。例如，在桥梁建设中，随着桥梁墩台浇筑的升高，在施工的不同过程和不同高度上，需要在控制点上进行多次放样。可见，施工控制点较测图控制点使用频繁。这就要求施工控制点稳定可靠、使用方便，在整个施工期间避免施工干扰和破坏，必要时可在控制点上设立观测墩，并设置固定的定向标志。

(4)受施工干扰大。

在施工场地上，施工人员来来往往，各种施工机械和运输车辆(如吊车、汽车等)川流不息，施工临时建筑物很多，这就给施工测量带来很多困难，经常造成视线不通视。特别是现代化施工，常常采用交叉作业方法，工地上各种建筑物的高度相差悬殊，这都将影响控制点的通视。因此，不仅要求控制点分布合理，而且要求控制点要有足够的密度，以便在施工放样中有充分选择控制点的余地。

(5)控制网的坐标系与施工坐标系保持一致。

施工坐标系就是以建筑物的主要轴线作为坐标轴而建立起来的局部直角坐标系统。在设计总平面图上，建筑物的平面位置用施工坐标系的坐标来表示。例如，大桥用桥轴线作为坐标轴，隧道用中心线作为坐标轴，工业建设场地则采用主要车间或主要生产设备的轴线作为坐标轴，建立施工直角坐标系，应尽可能将这些主要轴线作为控制网的一条边。当施工控制网与测图控制网发生联系时，应进行坐标换算。

3. 变形监测网

变形监测网由参考点和目标点组成，一个网可以由任意几个网点组成，但至少应由一个参考点、一个目标点(确定绝对变形)或两个目标点(确定相对变形)组成。参考点应位于变形体外，是网的基准，目标点位于变形体上，变形体的变形由目标点的运动来描述。变形监测网分为一维网、二维网、三维网，可布设成各种各样的形状，主要取决于变形监测的目的和变形体的形状，此外，它还与环境和地形有关。

对变形监测网要进行重复观测，要求每一期的观测方案保持不变，这样可以消除周期观测中所存在的系统误差。如果中途要改变观测方案(如仪器、网型、精度等)，则需在该观测周期同时采用两种方案进行观测，以确定两种方案间的差别，并便于进行周期观测数据的处理。

4. 安装测量控制网

为了进行大型工业设备的安装和检校，要根据设计和工艺的总要求，将大量的工艺设备构件按规定的精度和工艺流程的需要安置到设计的位置、轴线、曲面上，同时在设备运转过程中进行必要的检测和校准测量。这种大型的工业设备通常指的是高能粒子加速器磁铁、大型水轮发电机组、民用客机整体安装飞船等。这些大型设备的安装，特别是需要分段、分区安装的情况，则必须建立安装测量控制网。这类网常布设成精密微型控制网的形式，其精度与设备安装的精度要求有关。

对于直线形的建筑物，可布设成直伸形网。对于环形的地下建筑物，可布设成各种类型

的环形网，如直接在环形隧道内建立微型四边形构成的环形网或测高环形三角形网，网的设计应考虑隧道的平均半径和隧道宽度、控制点及测量方向线到隧道壁的距离，以及三角形的边长和长边上的高。对于大型无线电天线，可布设成辐射状控制网。

模块 2　典型工程控制网

2.2.1　桥梁施工控制网

针对中大型桥梁建设，所布设的施工控制网一般要求在桥轴线上布点，目的是控制桥长和放样桥轴线，在桥轴线两侧布点，用于放样桥梁的墩台。桥梁施工控制网也兼作施工期乃至运营期的变形监测，对点的精度、位置和稳定性要求较高。现举例说明桥梁施工控制网的布网方案。

某特大型跨江公路桥梁，大桥全长 37 km，跨江主体工程长 12 km。由于该桥桥型结构复杂、跨越距离长、工程规模大、施工难度大、精度要求高，对施工控制网提出了较高的要求；另外，桥址区地形条件特殊、通视条件差，加大了控制网测量的难度。根据本工程特点及所处河段的地形、水文等特殊情况，全桥施工控制网应采用统一设计、统一布网、同精度观测和整体平差的布网和施测方案，并对跨越主、副河道部分采用加强措施，兼顾桥梁变形监测的要求，以实现对该工程的高精度整体控制，满足大桥长周期、高水平施工及安全运营的需要。根据该桥梁施工特点，以水中桥墩施工放样精度要求推算高程控制网的必要精度，主、副河道两岸跨河水准点间高差的中误差不应大于 3 mm。参照《公路勘测规范》(JTG C10—2007)的相关规定，本网整体按国家二等水准测量精度要求施测，每千米水准测量的偶然中误差不大于 1.0 mm。水准点的数量、密度及其稳定性应满足施工放样的需要，尽可能利用 GPS 点位和标石埋设水准标志。应在两岸三地埋设独立标石的深基础水准点，作为长周期施工及沉降观测的稳定基点。主、副河道跨河水准应布设成双线闭合环，并与陆地水准联测构成坚强的水准环网。为了保证主体工程施工质量及全桥的精确贯通，应采用与本工程初测及两端线路工程一致的高程系统，并进行高程起算点之间的精密联测。

如图 2-1 所示，GPS 平面控制网共布设施工控制点 32 个，点号依次为 GPS_1、GPS_2，…，GPS_{32}，分别分布于桥址南、北两岸及桥中线两侧。跨河主桥部分由 7 个 GPS 点(GPS_4、GPS_5、GPS_6、GPS_7、GPS_8、GPS_9、GPS_{10})组成两个大地四边形加一个单三角形，副河道由一个大地四边形和一个单三角形构成。岸上控制点沿桥中线方向上的间距为 500 m 左右。全部 32 个 GPS 点均建造强制归心观测墩。

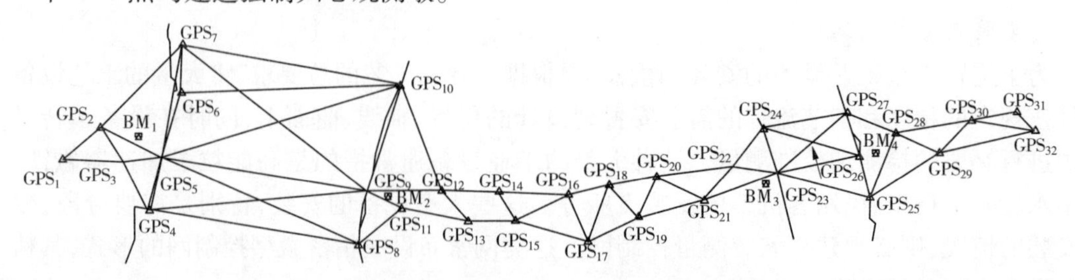

图 2-1　GPS 平面控制网

2.2.2　隧道施工控制网

1. 隧道地面控制网的布设

隧道施工控制网的地面部分用以确定洞口点、竖井的近井点和方向照准点之间的相对位置，作为洞内控制网的真实数据。网的图形向隧道轴线方向延伸，布网形式常采用以下几种形式：

(1)狭长的三角网；

(2)边角混合网或环形导线网；

(3)GNSS 控制网等。

但由于当今铁路、公路都在高速发展，而且线路长和直是其特点，大量建筑长隧道在所难免，传统的隧道控制测量方法费事、速度慢，而用于需要大量进行洞口区域联测的隧道测量却可以缩短工期，获得很高的效益，同时能够保证隧道贯通的精度和建筑物的精度。例如，在我国晋南的云台山隧道，全长 8.1 km，施测了 GNSS 控制网，同地面控制网的坐标比较，较差小于 10 mm；又如，奥地利在一条 6 km 长的公路隧道上，为了与地面测量比较，用了 GNSS 重测了 ROPPEN 隧道网，结果与地面网比较坐标互差为 16 mm；此外，日本山梨大隧道(长 35 km)、英吉利海峡大隧道，也都施测了 GNSS 控制网。因此，现在一般都采用 GNSS 控制网。

在布设隧道地面 GNSS 控制网时需要注意的是：在进、出口线路中线上布设进、出口点，进、出口再各布设三个定向点，进、出口点与相应定向点之间应通视，并且要考虑垂线偏差的影像，高差不要相差太大。

2. 隧道洞内控制网的布设

隧道洞内狭长形状的空间使洞内控制网的设计没有选择的余地，只能采用支导线的形式。为了进行检核，一般布设两个等级的导线。在掘进的同时布设施工导线，为掘进指明方向，为其他施工提供依据；当隧道掘进至 1 ~ 2 km 时，布设边长较长的、具有较高精度的主导线，用于检核及修正施工导线。

当隧道在曲线部分时，可以跳站观测，构成跳点，最后在新点处交会，它不但能使测量数据有足够的可靠性，还可以提高导线的精度。

在具体设计洞内导线时，可采用由大地四边形构成的全导线网和交叉双导线网两种形式，如图 2-2 所示。

2.2.3　拱坝变形监测网

图 2-3 是一个典型的拱坝变形监测网，全网由 13 个点组成，其中，1、2、3、4、5 点为工作基点，位于拱坝下游便于观测目标点的地方，6、7、8 点为参考点，位于拱坝下游较稳定的地方，9、10、11、12、13 点为目标点，位于拱坝下游一侧。要求工作基点除自身构成坚强图形外，还要便于采用交会方法，以参考点为定向，对目标点进行周期观测，以确定拱坝的水平位移。

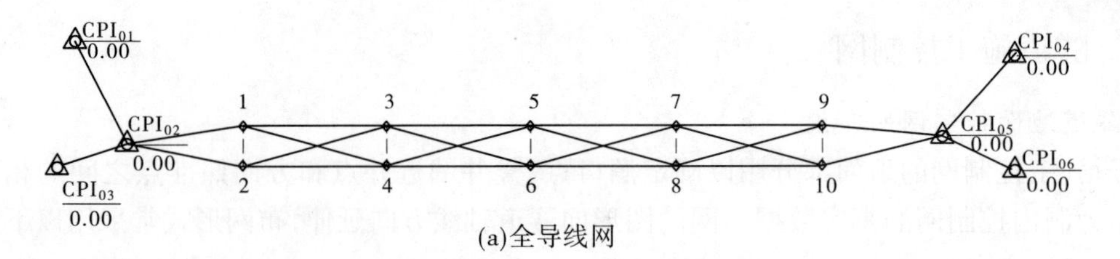

(a)全导线网

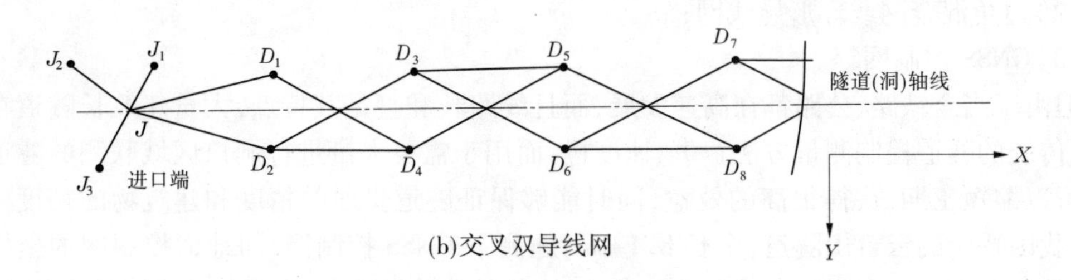

(b)交叉双导线网

图 2-2　隧道洞内控制网

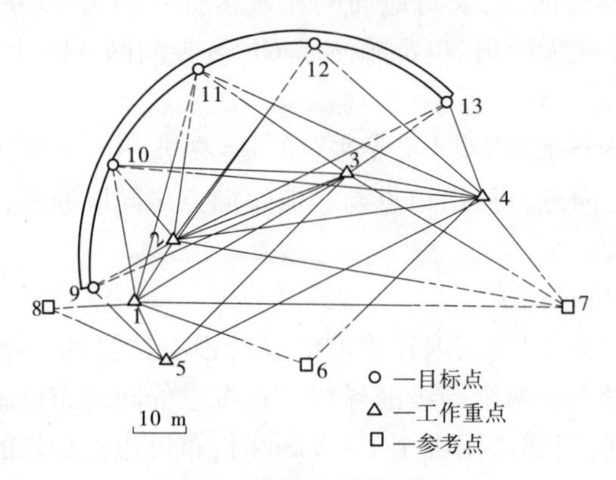

图 2-3　拱坝变形监测网

复习和思考题

2-1　工程控制网的作用是什么?

2-2　相对于测图控制网来说,施工控制网有哪些特点?

2-3　桥梁施工控制网在布设时应注意哪些问题?

项目3 施工放样技术

模块1 建筑限差与精度分配

3.1.1 建筑限差

建筑限差是指工程建筑物竣工之后实际位置相对于设计位置的极限偏差，通常对其偏差的规定是随建筑材料、施工方法等因素而改变。按精度要求的高低，建筑结构排列为：钢结构、钢筋混凝土结构、毛石混凝土结构、土石方工程。从施工方法来看，预制装配式的方法较现场浇筑式的精度要求高一些，钢结构用高强度螺栓连接的比用电焊连接的精度要求高。

对于一般工程，混凝土柱、梁、墙的施工总误差允许值范围为 10～30 mm；对于高层建筑物，轴线的倾斜度要求高于 1/1 000～1/2 000；钢结构施工的总误差随施工方法不同，允许误差在 1～8 mm；土石方工程的施工误差允许达 10 cm；对特殊要求的工程项目，其设计图纸都有明确的限差要求。

3.1.2 精度分配

对于很多工程，施工规范中没有明确规定测量精度。这时要先在测量、施工、加工制造等方面进行误差分配，然后可以知道测量工作应具有怎样的精度。

设设计允许的总误差为 Δ，允许测量工作的误差为 Δ_1，允许施工产生的误差为 Δ_2，允许加工制造生产的误差为 Δ_3。若假定各工种产生的误差相互独立，则可得出：

$$\Delta^2 = \Delta_1{}^2 + \Delta_2{}^2 + \Delta_3{}^2$$

其中，只有 Δ 是已知的，Δ_1、Δ_2、Δ_3 都是待定量。在精度分配处理中，一般首先采用“等影响原则”处理，然后把计算结果与实际作业条件对照，或凭经验做些调整后再计算。如此反复，直到误差分配比较合理。

所谓等影响原则，是假定，则有

$$\Delta_1 = \Delta_2 = \Delta_3 = \frac{\Delta}{\sqrt{3}} \tag{3-1}$$

由此求得的 Δ_1 是分配给测量工作的最大允许偏差，通常把它当作测量的极限误差来处理，从而根据它来制订测量方案。

对于特殊要求的工程项目，应根据设计对限差的要求，确定其放样精度。

模块2 施工放样方法

施工建设阶段的测量工作，其主要内容是将图上设计好的各种建(构)筑物的位置、形

状、大小及高低等按施工要求在实地上标定出来,作为施工的依据。这种将设计图上的内容按设计要求标定到实地上的测量工作称为测设,俗称放样。由于各种建(构)筑物的形体可以由一些特征点来确定,放样工作可以归结为将设计图的一些特征点按其设计要求标定到实地。测图和放样时所用的仪器及依据的基本原理相同,但它们的工作过程却恰好相反。测图是将地面特征点测绘到图上并绘出相应的地物;放样则是将图上特征点在实地标定出,以供实际施工时应用。

放样工作应遵循从整体到局部的原则。它的一般程序是:先建立整个施工场地的施工控制,然后放样各建(构)筑物的主要特征点,最后进行细部放样。

进行实地放样前,先要根据场地已有控制点与待设点的相关位置,计算出待放样点与控制点之间的有关数据——水平距离、水平角和高差等,这些数据统称为放样数据。然后在已知点上架设仪器,按算得的放样数据定出待设点位。因此,一般又将距离、水平角和高差称为放样元素。放样数据的计算在放样工作中十分重要,计算时必须非常仔细。

放样的方法较多,但无论是距离、角度、高差等元素的放样,还是放样点位,都可以分为直接法和归化法两大类。直接法放样,是根据已知点和放样数据,在实地直接定出相应位置。归化法则是先在实地用直接法定出一个近似位置,然后精确测定这个位置,最后根据其与该设计位置的差值,由近似位置定出设计位置,从而得出较为精确的待设位置。因为在测定近似位置时可以采取各种措施提高测定精度,所以测定结果也是比较精确的。同时,由于归化值一般都比较小,归化改正中的误差小到可以略而不计,故归化法放样的精度一般要高于直接法,常用于精密放样工作。

3.2.1 水平角、平距、高程的测设

1. 已知水平角的测设

水平角的测设工作,俗称“拨角”,其基本原理是根据已知的水平角数据和地面上一个已知点及一个已知方向,用经纬仪(全站仪)在地面上标定出水平角的另一个方向。其测设方法包括一般方法和精密方法。

1)一般方法

如图 3-1 所示,O 为地面上已知点,OA 为已知方向,现要测设水平角 β,测设步骤如下:

首先将经纬仪(全站仪)安置于 O 点,用盘左瞄准 A 点,将水平度盘读数配置为 $0°00'00''$。顺时针旋转照准部,当水平度盘读数为 β 值时,固定照准部,指挥司镜人员在视线方向上的适当位置定出 B_1 点。为了削弱仪器误差的影响,用盘右重复上述操作,可定出 B_2 点。取 B_1B_2 的中点 B,则 OB 即为所要测设的水平角 β 的另一条边。

以上情况为待测设角 β 位于已知边的右侧,若 β 角位于已知边 OA 的左侧(见图 3-2),此时所需测设的第二方向 OB 的度盘读数值应为 OA 方向读数减去待测设角的角值,或将待测设水平角 β 换算成右角值(即 $360° - \beta$),再按上述方法放样。

一般将测设已知方向右侧的角称为“右拨角”,测设已知方向左侧的角称为“左拨角”。为了防止出错,在测设之前需绘制测设略图,注明是左拨还是右拨。

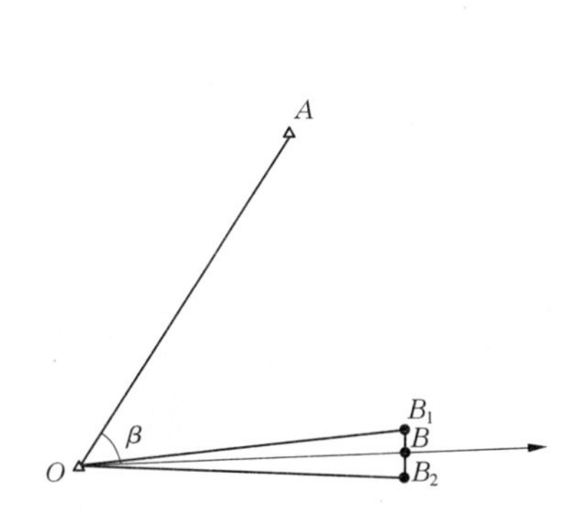

图3-1 一般方法测设角度1

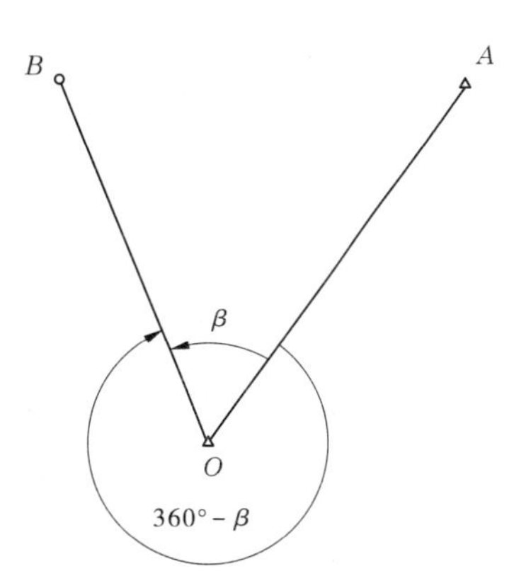

图3-2 一般方法测设角度2

若测设数据β是由方位角解算求得的,则可根据已知边的方位角来配置度盘进行放样。例如,当用盘左照准A点时,将度盘读数配置为α_{OA},顺时针旋转照准部,当度盘读数为α_{OB}时,此时视线方向即为待测设角的终边方向。用方位角配置度盘放样,可防止出现左、右角拔错的情况,同时也可避免计算测设角值的错误,减少计算的工作量。

2)精密方法

从上述测设方法可以看出,此方法缺少多余观测,精度不是很高。当水平角的测设精度要求很高时,可采用精密方法——归化法。归化法测设角度也称直尺定点法,其操作步骤如下所述。

如图3-3所示,O、A两点为已知点,β为待测设水平角。首先,在O点安置经纬仪(全站仪),用直接法测设出过渡点B'(可仅用一个盘位);然后,用测回法精确测定$\angle AOB'$。由于测设过程中存在误差,故测得$\angle AOB'=\beta'$,与已知值β不符。计算已知水平角β与β'的差值$\Delta\beta$,则$\Delta\beta=\beta-\beta'$,再在实地量测OB'长度为S,由于$\Delta\beta$一般都很小,可用下式计算待测设方向上的某点B至OB'的垂距δ,即

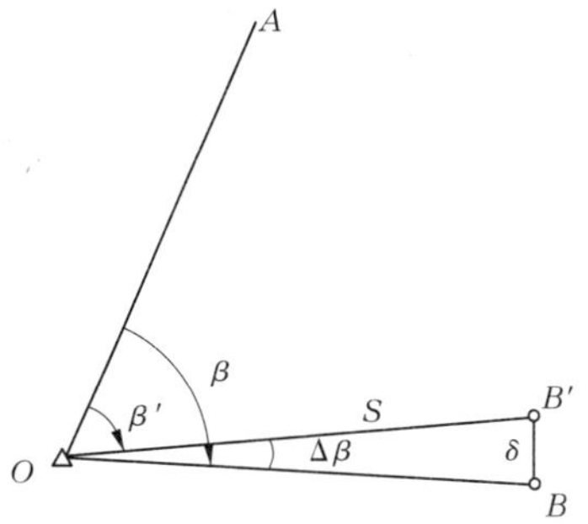

图3-3 精密方法测设角度

$$\delta = S \cdot \frac{\Delta\beta}{\rho} \tag{3-2}$$

计算得δ后,在实地用直尺自B'点作垂直于$B'O$的方向线,在此方向上最取δ长度,即可定出正确位置B点。

在实地确定B点时,有一个方向问题。当$\Delta\beta$为正时,向β'角增值方向量取δ;当$\Delta\beta$为负时,向β'角减小方向量取δ,最终定出B点,即$\angle AOB=\beta$。

【例3-1】 设$\Delta\beta=+24''$,$S=100.00$ m,定出B点。

解:

$$\delta = \frac{100 \times 24''}{206\ 265''} = 0.012(\mathrm{m})$$

从B'作垂直于$B'O$的方向线,在此方向上,向β'角增值方向量取0.012 m,最终定出B点,则$\angle AOB=\beta$。

2. 水平距离测设

水平距离测设工作的基本原理是根据已知的水平距离数据和地面上一个已知点和一个已知方向,用仪器在此方向上标定出一点,使得已知点至标定点的水平距离等于已知水平距离。

1)一般方法

对于精度要求不高的水平距离测设,可采用普通钢尺法进行测设。测设时,按给定的方向,从已知点 A 起,平量出所给定的长度值,即可把线段的另一端点 B' 测设出来。为了提高精度,应往返丈量测设的距离,若往返较差在限差范围内,则取其平均值,设为 D',则

$$\Delta D = D - D' \tag{3-3}$$

当 $\Delta D > 0$ 时,在已知方向上从 B' 点延长 ΔD 定 B 点;当 $\Delta D < 0$ 时,在已知方向上从 B' 点缩短 ΔD 定 B 点。

2)精密方法

当测设水平距离的精度要求较高时,应按钢尺精密量距方法进行测设,其步骤如下:

(1)用一般方法测设出概略水平距离 AB';

(2) 按钢尺精密量距和计算方法求出 AB' 的精确距离,设为 D';

(3) 计算 $\Delta D = D - D'$,当 $\Delta D > 0$ 时,在已知方向上从 B' 点延长 ΔD 定 B 点,反之,在已知方向上从 B' 点缩短 ΔD 定 B 点。

【例 3-2】 如图 3-4 所示,设待测设的水平距离为 80.000 m,概略量取 AB' 后再精密丈量,定出 B 点的位置。

解:经计算得,$D_{AB'} = 80.026$ m,由此求得 $\Delta D = 80.026 - 80.000 = 0.026$(m),沿已知方向由 B' 向 A 点方向量 0.026 m 得 B 点,则 AB 间水平距离为 80.000 m。

图 3-4 距离测设

3)全站仪测设水平距离

在已知点 A 安置全站仪,瞄准已知方向,将待测设距离输入到全站仪内,观测人员用跟踪法指挥立镜员沿测设方向前后移动反光镜。当仪器屏幕上显示的水平距离恰好为待测设水平距离时,通知立镜员在该点做好标记,记为 B'。然后实测 AB' 的水平距离,如果测得的水平距离与已知的水平距离之差满足精度要求,则定出 B 点的最终位置。若测得的水平距离与已知的水平距离之差超出限差要求,应进行改正,直至测设的水平距离符合限差要求。

3. 已知高程的测设

已知高程的测设就是根据一个已知高程的水准点,将另一个点的设计高程在实地上标定出来。

1)地面点的高程测设

在进行高程测设时,场地附近应有已知高程的水准点 A,其高程为 H_0,a 为已知点上的标尺读数。如图 3-5 所示,则水平视线高程 $H_i = H_0 + a$,现要将设计高程 H 在 B 点上标定出来,则根据设计高程求得设计面上的前视读数 b 为

$$b = H_i - H = H_0 + a - H \tag{3-4}$$

将水准尺紧靠 B 桩,上、下移动水准尺。当水准仪中丝读数恰好为 b 时,则 B 点水准尺

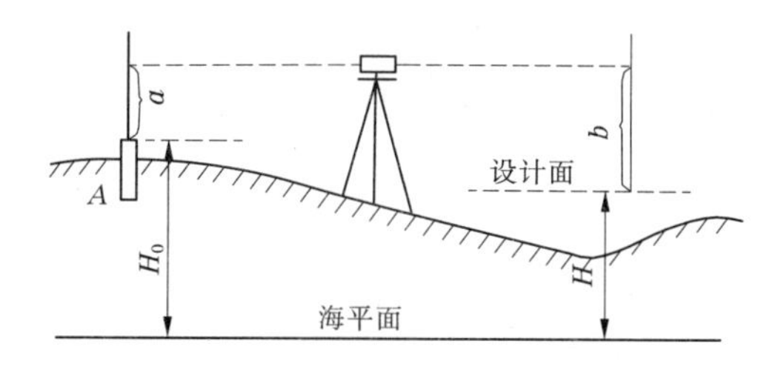

图3-5　高程测设

底部高程即为待测设的高程 H,然后在 B 桩上沿水准尺底部做记号,即得设计高程的位置。

根据 b 的符号进行划分,地面点高程测设可分为水准仪正尺法和倒尺法两种。

当 $b>0$ 时,采用水准仪正尺法测设高程;当 $b<0$ 时,采用水准仪倒尺法测设高程。

【例3-3】　如图3-6所示,现要根据已知水准点 R,其高程 $H_R=65.324$ m,在 A 点测设设计高程 $H_A=66.936$ m 的位置。

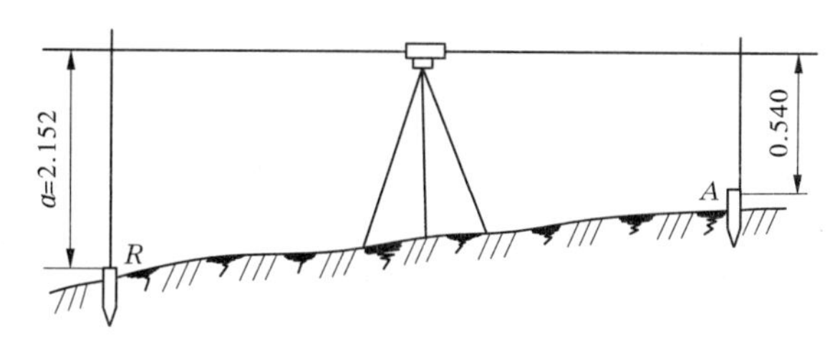

图3-6　测设设计高程　(单位:m)

解:(1)安置水准仪在水准点 R 附近,后视水准点 R 上的水准尺,读得后视读数 $a=2.152$ m。

(2)计算视线高程:

$$H_i=H_R+a=65.324+2.152=67.476(\text{m})$$

(3)计算在 A 点的水准尺上的读数应为:

$$b=H_i-H_A=H_R+a-H_A=65.324+2.152-66.936=67.476-66.936=0.540(\text{m})$$

(4)将 A 点上的水准尺沿木桩侧面上下移动,当水准仪中丝读数恰好为 b 时,在桩侧面沿尺底画一横线,此即为 A 点设计高程位置(常用红油漆画一倒立三角形"▽",其上边线与尺底横线重合,并注明标高,以便使用)。如果地面标高与设计标高相差较大,则无法将设计高程标定在桩顶或一侧,可只测出桩顶高程,再根据该点设计高程计算出填挖数,注明在指示桩上。

【例3-4】　如例3-3所述,若 A 点的设计高程为67.900 m,其他条件不变,又将如何测设?

解:(1)安置水准仪在水准点 R 附近,后视水准点 R 上的水准尺,读得后视读数 $a=2.152$ m。

(2)计算视线高程:

$$H_i=H_R+a=65.324+2.152=67.476(\text{m})$$

(3)计算在 A 点的水准尺上的读数应为:

$$b=H_i-H_A=H_R+a-H_A=65.324+2.152-67.900=67.476-67.900=-0.424(\text{m})$$

(4)此时 $b<0$,说明水准尺正立时,不可能在尺上找到 -0.424 m 的读数(即视线高程

小于待测设点的设计高程),这时应将水准尺倒立(即水准尺的零点端向上),并沿木桩侧面上下移动,当水准仪中丝读数恰好为 $-b$(0.424 m)时,在桩侧面沿尺底画一横线,此即为 A 点设计高程位置。

2)空间点位的高程测设

当待测设的点位于深坑或高层建筑上时,待测设点与已知水准点的高差相差较大,常规测设方法无法进行。此时通常采用两台水准仪同时倒挂钢尺法进行。

【例 3-5】 如图 3-7 所示,已知地面水准点 BM_1 的设计高程为 H_1,现要测设深坑内 BM_2 点的设计高程 H_2,具体如何测设?

解:(1)在坑口设支架,将钢尺自由悬挂在支架上,尺子零点向下,尺零点端悬挂重锤(一般为 10 kg)。分别在地面 A 点和地下 B 点架设水准仪,在地面水准点 BM_1 及地下待测设水准点 BM_2 上竖立水准尺,使地面和地下水准仪同时在钢尺上读出 L_1、L_2 两个读数,再分别在两根水准尺上读取读数 a_1 及 a_2。

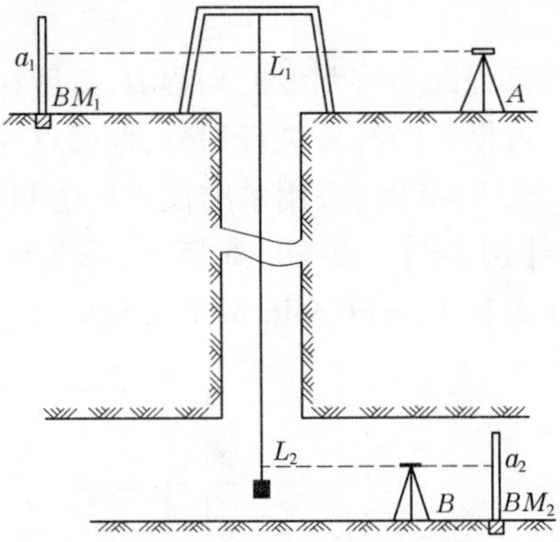

图 3-7　倒挂钢尺法测设高程

(2)计算地面和地下水准仪视线高程

$$H_{i1} = H_1 + a_1$$

$$H_{i2} = H_{i1} - (L_1 - L_2)$$

(3)计算 BM_2 点水准尺上应读数为

$$b = H_{i2} - H_2 = H_{i1} - (L_1 - L_2) - H_2$$

使 BM_2 点水准尺沿木桩侧面上下移动,当水准仪中丝读数恰好为 b 时,在桩侧面沿尺底画一横线,此即为 BM_2 点设计高程位置。

3)全站仪无仪器高法高程测设

当待测设高程点位于高低起伏较大的区域(如大型体育馆的网架、桥梁构件、厂房或机场屋架等)时,若采用前面所述的测设方法,难度很大,并且精度难以保证。因此,可利用全站仪测距的优点,采取全站仪无仪器高法进行待测设点高程的实地标定。

【例 3-6】 如图 3-8 所示,A 点棱镜高为 L_1,B 点棱镜高为 L_2,全站仪观测 A 点的竖直角为 α_1,斜距为 S_1,观测 B 点的竖直角为 α_2,斜距为 S_2,全站仪中心点设为 O。

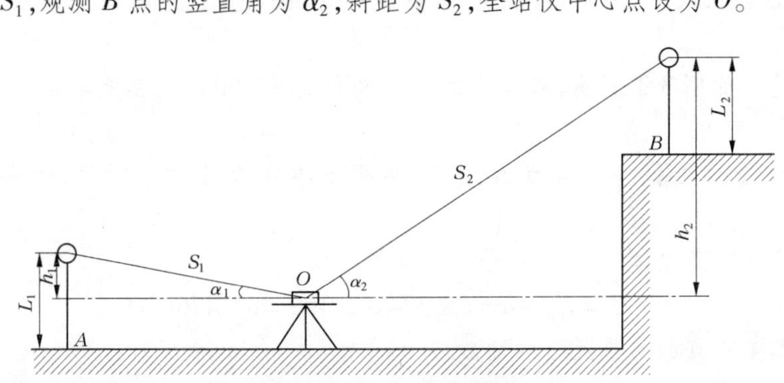

图 3-8　全站仪法测设高程

A 点为已知水准点，其高程为 H_A，现欲在 B 点测设已知高程 H_B。

解：根据高程测设原理，具体测设步骤如下：

(1)计算全站仪中心高程：

$$H_0 = H_A + L_1 - h_1$$

(2)计算全站仪中心至 A 点和 B 点的高差：

$$h_1 = S_1 \cdot \sin\alpha_1$$
$$h_2 = S_2 \cdot \sin\alpha_2$$

(3)根据水准原理，可计算 B 点高程为：

$$\begin{aligned} H'_B = H_0 + h_2 - L_2 &= H_A + L_1 - h_1 + h_2 - L_2 = H_A + (L_1 - L_2) - (h_1 - h_2) \\ &= H_A + (L_1 - L_2) - (S_1 \cdot \sin\alpha_1 - S_2 \cdot \sin\alpha_2) \end{aligned}$$

若 H_B 与 H'_B 较差在测设精度范围内，则棱镜杆底部即为设计高程测设位置；若较差超出测设精度范围，则可在 B 点桩上标明差值，以指示下挖或上填数值。

注意问题：

(1)为了提高测设精度，条件允许时，可使 A 点和 B 点的棱镜高相等；

(2)当测站与目标间距离超过 150 m 时，上述高差 h_1、h_2 需考虑大气折光和地球曲率的影响，即

$$h = D \cdot \tan\alpha + (1 - k) \cdot \frac{D^2}{2R} \tag{3-5}$$

式中 D——水平距离，m；

α——竖直角；

k——大气折光系数，一般取 $k = 0.14$；

R——地球曲率半径，一般取 $R = 6\ 370$ km。

3.2.2 点位放样

1. 极坐标法

极坐标法是在控制点上测设一个角度和一段距离来确定点的平面位置，此法适用于测设点离控制点较近且便于量距的情况。若用全站仪测设，则不受这些条件限制。

如图 3-9 所示，A、B 为控制点，其坐标 (x_A, y_A)、(x_B, y_B) 为已知，P 为设计的待定点，其坐标 (x_P, y_P) 可在设计图上查得。现欲将 P 点测设于实地，先按下列公式计算出测设数据水平角 β 和水平距离 D_{AP}。

$$\left\{\begin{aligned} \alpha_{AB} &= \tan^{-1}\frac{y_B - y_A}{x_B - x_A} \\ \alpha_{AP} &= \tan^{-1}\frac{y_P - y_A}{x_P - x_A} \\ \beta &= \alpha_{AB} - \alpha_{AP} \end{aligned}\right\} \tag{3-6}$$

$$D_{AP} = \sqrt{(x_P - x_A)^2 + (y_P - y_A)^2} \tag{3-7}$$

测设时，在 A 点安置经纬仪，瞄准 B 点，采用正倒镜分中法测设出 β 角以定出 AP 方向，沿此方向上用钢尺测设距离 D_{AP}，即定出 P 点。

如果用全站仪按极坐标法测设点的平面位置，则更为方便，甚至不需预先计算放样数

据。如图 3-10 所示,A、B 为已知控制点,P 点为待测设的点。将全站仪安置在 A 点,瞄准 B 点,按仪器上的提示分别输入测站点 A、后视点 B 及待测设点 P 的坐标后,仪器即自动显示水平角 β 及水平距离 D 的测设数据。水平转动仪器,直至角度显示为 0°00′00″,此时视线方向即为需测设的方向。在该方向上指挥持棱镜者前后移动棱镜,直到距离改正值显示为零,则棱镜所在位置即为 P 点。

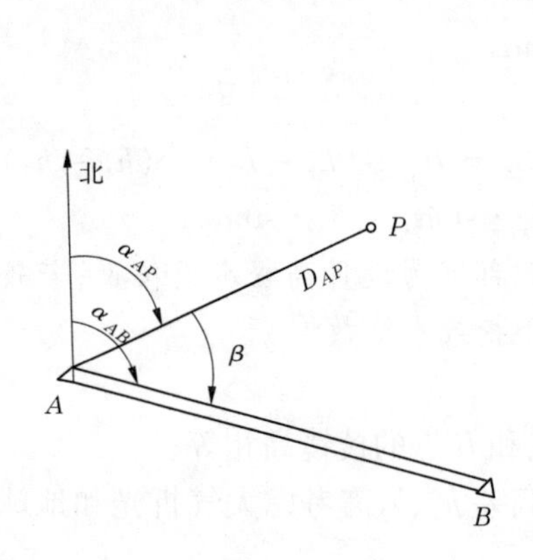

图 3-9　极坐标法

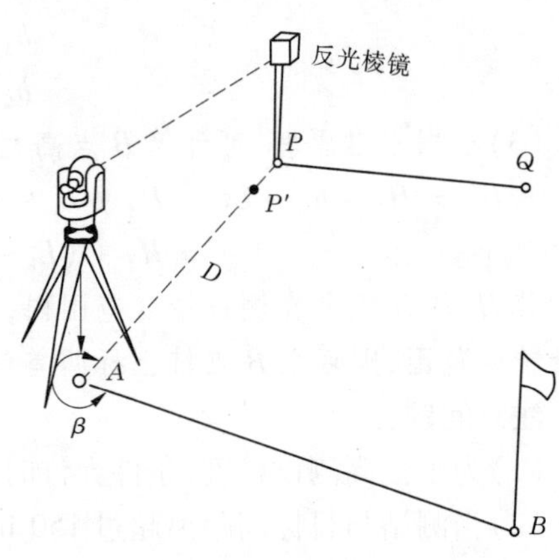

图 3-10　全站仪测设法

【例 3-7】　如图 3-9 所示,已知 $x_A = 100.00$ m、$y_A = 100.00$ m,$x_B = 80.00$ m、$y_B = 150.00$ m,$x_P = 130.00$ m、$y_P = 140.00$ m。求测设数据 β、D_{AP}。

解:

$$\alpha_{AB} = \tan^{-1}\frac{y_B - y_A}{x_B - x_A} = \tan^{-1}\frac{150.00 - 100.00}{80.00 - 100.00} = 111°48'05''$$

$$\alpha_{AP} = \tan^{-1}\frac{y_P - y_A}{x_P - x_A} = \tan^{-1}\frac{140.00 - 100.00}{130.00 - 100.00} = 53°07'48''$$

$$\beta = \alpha_{AB} - \alpha_{AP} = 111°48'05'' - 53°07'48'' = 58°40'17''$$

$$D_{AP} = \sqrt{(x_P - x_A)^2 + (y_P - y_A)^2}$$

$$= \sqrt{(130.00 - 100.00)^2 + (140.00 - 100.00)^2} = \sqrt{30^2 + 40^2} = 50(\mathrm{m})$$

虽然放样元素的计算和实际操作非常简便,但放样工作是各项施工工作的前提和依据,其责任重大,往往一点微小的差错就会造成无法挽回的巨大损失。因此,必须在实施过程中采取必要的措施进行校核,确保正确无误。

(1)要仔细校核已知点的坐标和设计点的坐标与实地及设计图纸给定的数据相符。

(2)尽可能用不同的计算工具或计算方法两人进行对算。

(3)用放样出的点进行相互检核。

2. 直角坐标法

直角坐标法是根据直角坐标原理进行点位的测设。当建筑施工场地有彼此垂直的主轴线或建筑方格网,待测设的建(构)筑物的轴线平行而又靠近基线或方格网边线时,则可用直角坐标法来放样待定点位。

如图 3-11(a)、(b)所示,Ⅰ、Ⅱ、Ⅲ、Ⅳ点是建筑方格网的顶点,其坐标值已知,1、2、3、4 为拟测设的建筑物的四个角点,在设计图纸上已给定四个角点的坐标,现用直角坐标法测设建筑物的四个角桩。测设步骤如下：

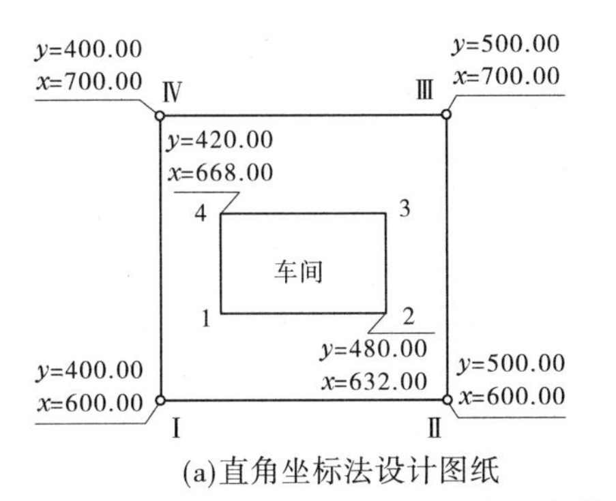

(a)直角坐标法设计图纸

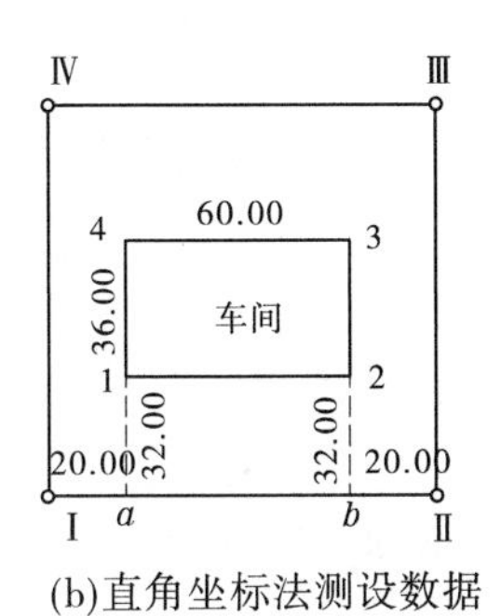

(b)直角坐标法测设数据

图3-11　直角坐标法　（单位：m）

首先根据方格顶点和建筑物角点的坐标，计算出测设数据，然后在Ⅰ点安置经纬仪，瞄准Ⅱ点，在Ⅰ、Ⅱ方向上以Ⅰ点为起点，分别测设 $D_{1a}=20.00$ m，$D_{ab}=60.00$ m，定出 a、b 点。搬仪器至 a 点，瞄准Ⅱ点，用盘左、盘右测设90°角，定出 a—4 方向线，在此方向上由 a 点测设 $D_{a1}=32.00$ m，$D_{14}=36.00$ m，定出1、4点。再搬仪器至 b 点，瞄准Ⅰ点，同法定出房角点2、3。这样，建筑物的四个角点位置便确定了，最后要检查 D_{12}、D_{34} 的长度是否为60.00 m，房角4和3是否为90°，误差是否在允许范围内。

直角坐标法计算简单，测设方便，精度较高，应用广泛。

3. 方向线交会法

方向线交会法是根据两条互相垂直的方向线相交后来定点，这种方法的主要工作是应用格网控制点来设置两条相互垂直的直线，此方法适合于建立了厂区控制网或厂房控制网的大型厂矿工地施工中恢复点位中的应用。

如图3-12所示，N_1、N_2、S_1、S_2 为控制点，P 为待设点。为了放样 P 点，必须先确定方向线端点的位置，并在实地标定出来，图中 E 、E' 和 R 、R' 的位置即为方向线端点，沿 $E-E'$ 和 $R-R'$ 方向线，在 P 点附近定出 m 、m' 及 n 、n' 间的拉线交出所需的 P 点。

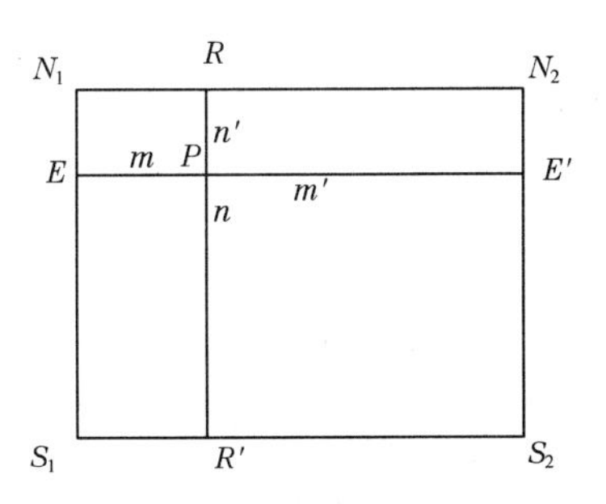

图3-12　方向线交会法

如果 E 、E'（或 R 、R'）间不通视，或是两端点不便于安置仪器，则可在对应端上安置观测标志，先以正倒镜投点法定出方向线上 m 、m' 及 n 、n'，同样可交出 P 点。

4. 角度前方交会法

在量距不方便的场合常用角度交会法放样定位，采用此方法的放样元素为两个相交的角度，其值可用已知的三个点的坐标算出：

$$
\begin{cases}
\alpha_{AB} = \arctan \dfrac{y_B - y_A}{x_B - x_A} \\
\alpha_{AP} = \arctan \dfrac{y_P - y_A}{x_P - x_A} \\
\alpha_{BP} = \arctan \dfrac{y_P - y_B}{x_P - x_B}
\end{cases}
\tag{3-8}
$$

现场放样时,在两已知点上架设两台经纬仪,分别放样相应的角度方向线,两方向线的交点即为放样点。

如图 3-13 所示,此种方法在水利水电工程建设中应用较为广泛。

5. 角线交会辅助点法

如图 3-13 所示,A、B 为已知点,但 B 点不便设站,仅有觇标。P 为待设点。根据 A、B、P 三点坐标可计算出放样角 β 及边长 S_{AP}。

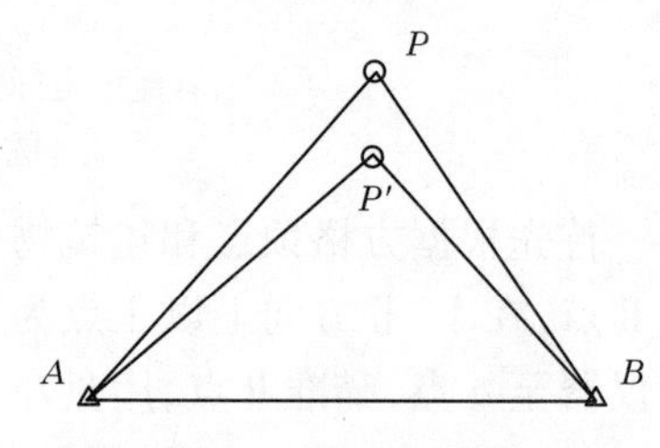

图 3-13　角度前方交会法

具体操作如下:

(1)将经纬仪置于 A 点,后视 B 点,拨角得 AP 方向线,在此方向线上定出与 B 点通视的 M、N 两个过渡点。

(2)分别将仪器移到 M、N 点,测定 $\angle 1$ 及 $\angle 2$,由 $\angle 1$、$\angle 2$ 的角值计算归化值 S_{MP} 及 S_{NP}。

(3)计算 S_{MP} 和 S_{NP}。

$$
\begin{cases}
\angle 3 = 180° - \angle \beta - \angle 1 \\
\angle 4 = 180° - \angle \beta - \angle 2
\end{cases}
\tag{3-9}
$$

$$
\begin{cases}
S_{AM} = S_{AB} \dfrac{\sin \angle 3}{\sin \angle 1} \\
S_{AN} = S_{AB} \dfrac{\sin \angle 4}{\sin \angle 2}
\end{cases}
\tag{3-10}
$$

$$
\begin{cases}
S_{MP} = S_{AP} - S_{AM} \\
S_{NP} = S_{AN} - S_{AP}
\end{cases}
\tag{3-11}
$$

在 M、N 两点连接线上量取 S_{MP} 定出 P 点,再用 S_{NP} 作检核。

6. 距离交会法

此方法适合于场地平坦、便于量距,且当待定点与两已知点的距离在一个尺段内时。如图 3-14 所示,A、B 为两已知点,P 为待定点。根据坐标反算求得放样元素:

$$
\begin{cases}
S_{AP} = \sqrt{(x_P - x_A)^2 + (y_P - y_A)^2} \\
S_{BP} = \sqrt{(x_P - x_B)^2 + (y_P - y_B)^2}
\end{cases}
\tag{3-12}
$$

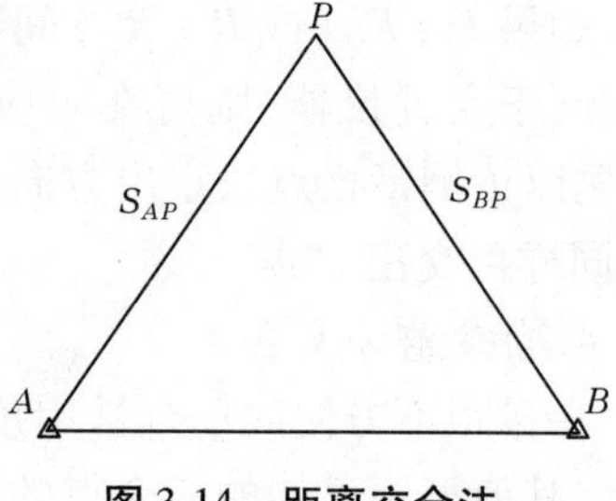

图 3-14　距离交会法

实际作业步骤如下:

(1)以 A 点为圆心,S_{AP} 为半径画弧;

(2)以 B 点圆心,S_{BP} 为半径画弧,与前弧相交于 P 点,则 P 点为所求。

实际作业时,应先判断 P 点在 AB 的左边还是右边,判断方法如同直角坐标法中的判断方法。

7. 全站仪坐标法

目前,由于全站仪不仅能够适合各类地形情况的测设,
而且精度较高、操作简便,在生产实践中已被广泛采用。当采用全站仪测设时,具体步骤如下:

(1)在测站点安置全站仪,输入测站点坐标或调用预先输入文件中的测站坐标;

(2)瞄准后视点并输入后视点坐标(或方位角),置水平度盘读数为00°00′00″;

(3)输入放样点的坐标或调用预先输入的文件中放样点坐标,仪器自动计算测设数据;

(4)在待测设点的概略位置处立棱镜,用望远镜瞄准棱镜,按坐标放样功能,则可马上显示当前棱镜位置与放样点的坐标差;

(5)根据坐标差移动棱镜位置,直至坐标差为零,这时棱镜所对应的位置即为放样点的位置,再在地面上做出标志。

8. GPS RTK 法测设点的平面位置

RTK(英文全称为 Real Time Kinematic)技术是以载波相位测量与数据传输技术相结合的,以载波相位测量为依据的实时差分 GPS 测量技术,是 GPS 测量技术发展里程中的一个标志,是一种高效的定位技术。它是利用两台以上 GPS 接收机同时接收卫星信号,其中一台安置在已知坐标点上作为基准站,另一台用来测定未知点的坐标——移动站,基准站根据该点的准确坐标求出其到卫星的距离改正数,并将这一改正数发给移动站;移动站根据这一改正数来改正其定位结果,从而大大提高了定位精度。它能够实时地提供测站点指定坐标系的三维定位结果,并达到厘米级精度。

具体测设步骤如下:

(1)启动基准站。将基准站架设在上空开阔、没有强电磁干扰、多路径误差影响小的控制点上,正确连接好各仪器电缆,打开各仪器,将基准站设置为动态测量模式。

(2)建立新工程,定义坐标系统。新建一个工程,即新建一个文件夹,并在这个文件夹里设置好测量参数(如椭球参数、投影参数等)。这个文件夹中包括许多小文件,它们分别是测量的成果文件和各种参数设置文件,如 *.dat、*.cot、*.rtk、*.ini 等。

(3)点校正 GPS 测量的为 WGS-84 系坐标,而我们通常需要的是在流动站上实时显示国家坐标系或地方独立坐标系下的坐标,这需要进行坐标系之间的转换,即点校正。

点校正可以通过以下两种方式进行:

①在已知转换参数的情况下:如果有当地坐标系统与 WGS-84 坐标系统的转换七参数,则可以在 GPS 手簿中直接输入,建立坐标转换关系。如果以上操作是在国家大地坐标系统下进行的,而且知道椭球参数和投影方式以及基准点坐标,则可以直接定义坐标系统,建议在 RTK 测量中最好加入 1~2 个点校正,避免投影变形过大,提高数据的可靠性。

②在不知道转换参数的情况下:如果在局域坐标系统或任何坐标系统进行测量和放样工作,可以直接采用点校正方式建立坐标转换方式,平面上至少 3 个点,如果进行高程拟合,则至少要有 4 个水准点参与点校正。

(4)流动站开始放样测量。在进行放样之前,根据需要"键入"放样的点、直线、曲线、DTM 道路等各项放样数据。当初始化完成后,在主菜单上选择"测量"图标打开,测量方式选择"RTK",再选择"放样"选项,即可进行放样测量作业。

在作业时,在手簿控制器上显示箭头及目前位置到放样点的方位和水平距离,观测值只

需根据箭头的指示放样。当流动站距离放样点距离小于设定值时,手簿上显示同心圆和十字丝分别表示放样点位置和天线中心位置;当流动站天线整平后,十字丝与同心圆圆心重合时,这时可以按"测量"键对该放样点进行实测,并保存观测值。

3.2.3 直线放样方法

1. 正倒镜分中延线法

操作步骤如下(见图3-15):

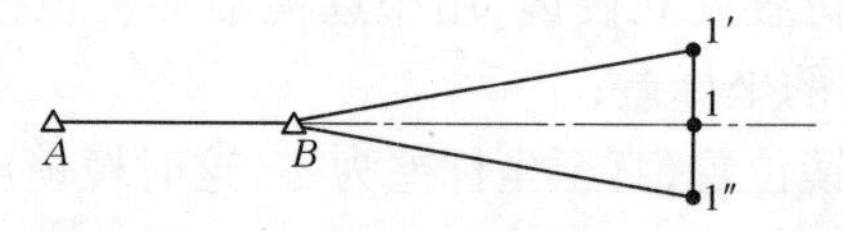

图3-15 正倒镜分中延线法

(1)在 B 点架设经纬仪,对中、整平。

(2)盘左用望远镜瞄准 A 点后,固定照准部。

(3)把望远镜绕横轴旋转180°,定出待定点1′。

(4)盘右重复(2)、(3)步骤,得1″。

(5)取1′和1″的中点为1,则1点为待放样的直线上的点。

在正倒镜分中延线法中采用盘左、盘右测量主要是为了避免经纬仪视准轴不垂直于横轴而引起的视准轴误差的影响。

2. 旋转180°延线法

操作步骤如下(见图3-16):

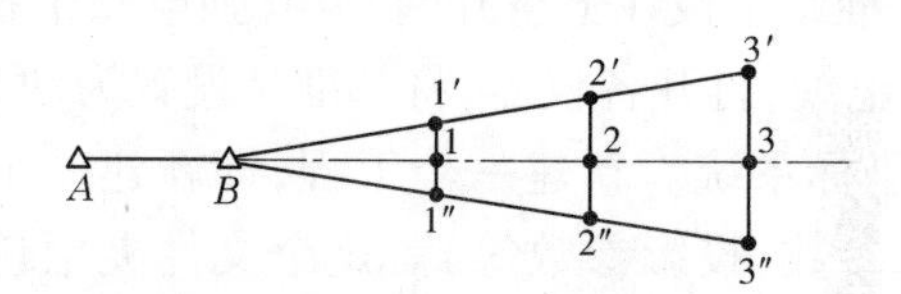

图3-16 旋转180°延线法

(1)将仪器安置在 B 点,整平、对中。

(2)盘右对准 A 点,顺时针旋转180°,固定照准部,视线方向即为延伸的直线方向。

(3)依次在此视线上定出1′、2′、3′等点。

(4)盘右重复上述步骤得1″、2″、3″等点。

(5)取1′、1″,2′、2″,3′、3″的中点1、2、3,即为最后标定的直线点。

此法优点在于仪器误差较小,且不需延伸太长,或是精度要求不太高时采用。当在一个点上架设仪器不够标出所有点时,可搬迁测站,则此时应逆转望远镜照准部,如此反复。当有延伸点时,相邻点间距离不应有太大的变化。

3. 正倒镜投点法

当已知两点无法安置仪器,或是两点间因地形起伏而不通视时,可用正倒镜投点法定出直线上的点。

其具体作业步骤如下(见图3-17):

(1)在能与 A、B 两点通视且大致在 AB 直线上找一点(如 P′ 或 P″)架设仪器,对中、整平。

(2)用盘左镜位后视 A 点，倒转望远镜，根据 B 点偏离十字丝纵丝的方向和距离移动仪器，直到用盘左能照准 A 点，倒镜后能照准 B 点，随即在视线方向上投下一点 1′。

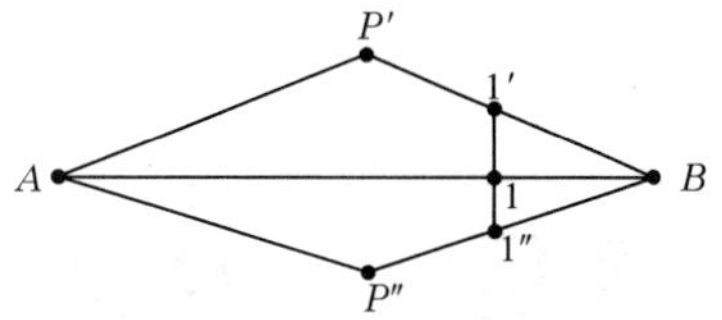

(3)取盘右位置，重复上一步，在视线方向投一点 1″。

图 3-17　正倒镜投点法

(4)取 1′和 1″的中点，即为 AB 直线上的一点。

(5)将仪器安置在 1 点，设置直线上其他点。

用这种方法定线的精度主要取决于望远镜瞄准的精度，而与度盘读数误差的关系不大，与轴系误差的关系也不大。虽然误差因素少，但定线量的瞄准误差通常要比测角时的误差要大些；由于测角时目标为静止不动，而定直线时的目标是移动的。故放样直线时，主要误差为瞄准误差。

复习和思考题

3-1　放样工作的实质是什么？与测图工作相比较，它们之间有何不同？

3-2　比较几种点位放样方法的特点和各自的适用范围。

3-3　用极坐标法放样 M_1、M_2 点，已知点和待测设点的坐标见表 3-1。

表 3-1　坐标

点名		X(m)	Y(m)
控制点	A	21 236.310	3 578.234
	B	2 120.454	3 529.401
待测设点	M_1	11 211.635	2 582.741
	M_2	11 185.409	2 552.539

(1)计算放样中所需的测设数据。

(2)假若距离放样误差 $\frac{m_s}{s} = \frac{1}{5\ 000}$，角度测设误差 $m_\beta = \pm 20''$，仪器对中误差为 ±5 mm，点位标定误差为 ±3 mm，试求 M_1、M_2 点间的纵、横向中误差。

3-4　试述 RTK 坐标放样点位法与传统点位放样法比较的优点。

3-5　如果需要大批量放样点位，最好应用什么方法？为什么？

项目4 公路工程测量

模块1 概 述

公路勘测设计一般是分阶段进行的,通常按其工作的顺序可划分为可行性研究、初测、定测三个阶段。

建设项目的可行性研究工作,应根据各行业各部门颁发的各种建设项目可行性报告编制办法执行。在工作中应根据该地区的资源开发,利用工业布局、农业发展、国防运输等情况,结合各种线路工程规划,通过深入勘察和研究,对建设项目在技术、规划和经济上是否合理和可行,进行全面分析、论证,做多种方案以供选择,提出方案的评价和各方案的投资估算,为编制和审批设计书提供可靠依据。

设计阶段必须利用1:5万或1:10万比例尺地形图,利用地形图可以快速、全面、宏观地了解该地区的地形条件,地形图也提供一部分地质、水文、植被、居民点分布、各种线路工程的分布等信息。因此,通常以地形图为主要资料,在室内选择方案。

有时完全在地形图上难以判断,需要做一些实地考察,以收集更详细的资料,为比较不同方案的优劣、分析方案技术上的先进性和经济上的合理性提供更有利的信息。实地考察时可利用罗盘仪、步测或车测距离、气压计测高等方法进行草测。

在经过可行性调查研究定出方案后,需要实地进行初测。初测工作主要是沿小比例尺地形图上选定的线路,去实地测绘大比例尺带状地形图,以便在该地形图上进行比较精密的纸上定线,即确定公路工程的具体位置和走向。为确定线路方案、主要技术标准、主要设计原则、主要工程数据收集足够的资料,为线路方案比选和编制初步设计文件提供依据。

带状地形图比例尺通常为1:2 000或1:1 000,有时也可采用1:5 000。其宽度在山区一般为100 m,在平坦地区为250 m。在有争议的地段,带状地形图应加宽包括几个方案,或为每个方案单独测绘一段带状地形图。

有了大比例尺带状地形图后,设计人员作纸上定线,要考虑站场的布置及各种工程建筑物的布置及处理,还要从公路工程的建造以及运行维修加以综合考虑。

设计人员在初测的图纸上考虑各种综合因素后在图纸上设计出规则的图纸资料,将这些资料测设到实地的工作称为定测。这部分工作包括两个方面的内容,一是把设计在图上的中线在实地标出来,即实地放样;二是沿实地标出的中线测绘纵横断面图。

当新建项目的技术方案明确或方案问题可采用适当措施解决时,也可采用一次定测,编制初步设计文件,然后根据批准的初步设计,通过补充测量编制施工文件。

模块2　公路初测

初步测量又称踏勘测量，简称初测，它是在视察的基础上，根据已经批准的计划任务书和视察报告，对拟定的几条路线方案进行初测，初测阶段的测量工作有导线测量、水准测量和地形测量。

4.2.1　导线测量

根据在1:5万或1:10万比例尺地形图上标出的经过批准规划的线路位置，结合实际情况，选择线路转折点的位置，打桩插旗，标定点位，在图上标明大旗位置，并记录沿线特征。大旗插完后需要绘制线路的平、纵断面图，以研究确定地形图测绘的范围。当发现个别大旗位置不当或某段线路还可改善时，应及时改插或补插。大旗间的距离以能表示线路走向及清晰地观察目标为原则。

初测导线的选点工作是在插大旗的基础上进行的，导线点的位置应满足以下几项要求：

(1)尽量接近线路通过的位置。大桥及复杂中桥和隧道口附近、严重地质不良地段以及越岭垭口地点，均应设点。

(2)地层稳固，便于保存。

(3)视野开阔，测绘方便。

(4)点间的距离以不小于50 m、不大于400 m为宜。

(5)在大河两岸及重要地物附近，都应设置导线点。

(6)当导线边比较长时，应在导线边上加设转点，以方便测图。

导线点位一般用大木桩标志，并钉上小钉。为防止破坏，可将本桩打入与地面齐平，并在距点30～50 cm处设置指示桩，在指示桩上注明点名。

导线利用全站仪观测，用水平角观测一个测回，一般观测左、右角以便检核。公路勘测中要求上、下半测回角值相差值为：高速及一级公路为±20″，二级及以下公路为±60″。导线边用全站仪往返观测。

初测导线一般延伸很长，为了检核并控制测量误差的累积，导线的起、终点，以及中间每隔一定距离(30 km左右)的导线点，应尽可能与国家或其他部门不低于四等的平面控制点进行联测。当与已知控制点联测有困难时，可采用天文测量的方法或用陀螺经纬仪测定导线边的方位，以控制角度测量的误差积累。

初测导线也可以布设成D级或E级带状GPS控制网。在道路的起点、终点和中间部分尽可能收集国家等级控制点，考虑加密导线时，作为起始点应有联测方向，一般要求GPS网每3 km左右布设一对点，每对点之间的间距约为0.5 km，并保证点对之间通视。

当利用已知控制点进行联测时，要注意所用的控制点与被检核导线的起算点是否处于同一投影带内。若在不同带，应进行换带计算，然后进行检核计算。换带计算方法见《控制测量学》中相关内容。

4.2.2　水准测量

公路水准测量的任务是沿着线路设立水准点，并测定各水准点的高程，在此基础上测定

导线点和桩点的高程。前者称为基平测量,后者称为中平测量。

初测阶段,要求每1~2 km设立一个水准点,在山区水准点密度应加大。遇有300 m以上的大桥和隧道,大型车站或重点工程地段应加设水准点。水准点应选在离线路100 m的范围内,设在未被风化的基岩或稳固的建筑物上,亦可在坚实地基上埋设。其标志一般采用木桩、混凝土桩或条石等,也可将水准点选在坚硬稳固的岩石上,或利用建筑物基础的顶面作为其标志。

基平测量应采用不低于S_3的水准仪,用双面水准尺、中丝法进行往返测量,或两个水准组各测一个单程。读数至mm,闭合差限差为 $\pm 40\sqrt{L}$(mm)(L为相邻水准点之间的路线长度,以km计),限差符合要求后,取红黑面高差的平均数作为本站测量成果。

基平测量视线长度≤150 m,满足相应等级水准测量规范要求。当跨越200 m以上的大河或深沟时,应按跨河水准测量方法进行。有关跨河水准测量具体作业在"控制测量"课程中相关章节中详细阐述。

中平测量一般可使用S_3级水准仪,采用单程。水准路线应起、闭于基平测量中所测位置的水准点上。闭合差限差为 $\pm 50\sqrt{L}$(mm)(L为相邻水准点之间的路线长度,以km计),在加桩较密时,可采用间视法。在困难地区,加桩点的高程路线可起闭于基平测量中测定过高程的导线点上,其路线长度一般不宜大于2 km。

4.2.3 地形测量

公路勘测中的地形测量,主要是以导线点为依据,测绘线路数字带状地形图。数字带状地形图比例尺多数采用1:2 000和1:1 000,测绘宽度为导线两侧各100~200 m。对于地物、地貌简单的平坦地区,比例尺可采用1:5 000,但测绘宽度每侧不应小于250 m。对于地形复杂或是需要设计大型构筑物地段,应测绘专项工程地形图,比例尺采用1:500~1:1 000,测绘范围视设计需要而定。

地形测量中尽量利用导线点作测站,必要时设置支点,困难地区可设置第二支点,一般采用全站仪数字测图的方法。地形点的分布及密度应能反映出地形的变化,以满足正确内插等高线的需要。当地面横坡大于1:3时,地形点的图上间距一般不大于图上15 mm;当地面横向坡度小于1:3时,地形点的图上间距一般不大于图上20 mm。

4.2.4 初测后应提交的资料

1. 初测后应提交的测量资料

(1)线路(包括比较线路)的数字带状地形图及重点工程地段的数字地形图;

(2)横断面图,比例尺为1:200;

(3)各种测量表格,如各种测量记录本、水准点高程误差配赋表、导线坐标计算表。

2. 初步勘测的说明书

(1)线路勘测的说明书;

(2)选用方案和比较方案的平面图,比例尺为1:10 000或1:2 000;

(3)选用方案和比较方案的纵断面图,比例尺横向为1:10 000,竖向为1:1 000;

(4)有关调查资料。

模块3　公路定测

定测的主要任务是把图纸上初步设计的公路测设到实地，并根据现场的具体情况，对不能按原设计之处作局部调整。另外，在定测阶段还要为下一步施工设计准备必要的资料。

定测的具体工作如下：

(1)定线测量，将批准了的初步设计的中线移设于实地上的测量工作，也称放线。

(2)中线测量，在中线上设置标桩并量距，包括在路线转向处放样曲线。

(3)纵断面高程测量，测量中线上诸标桩的高程，利用这些高程与已量距离，测绘纵断面图。

(4)横断面测量。

4.3.1　定线测量

定线测量中所讲的设计中线仅仅是在带状地形图上图解设计的中线，并不是解析设计的数据。因此，放样所需的数据要从带状地形图上量取。

常用的定线测量方法有穿线放线法、拨角定线法、导线法三种。当相邻两交点互不通视时，需要在其连线或延长线上测设出转点，供交点、测角、量距或延长直线时瞄准之用。现将几种方法分述如下。

1. 穿线放线法

支距定线法也叫穿线放线法，其基本原理是根据初测导线和初步设计的线路中的相对位置，图解出放样的数据，然后将纸上的线路中心放样到实地。相邻两直线延长相交得路线的交点(或称转向点)，其点位用JD表示。具体测设步骤如下：

1)量支距

如图4-1所示，C_{47}、C_{48}，…，C_{52}为初测导线点，JD_{14}、JD_{15}、JD_{16}为设计线路中心的交点。所谓支距，就是从各导线点作垂直于导线边的直线，交线路中心线于47、48，…，52等点，这一段垂线长度称为支距，如d_{47}、d_{48}，…，d_{52}等。然后以相应的比例尺在图上量出各点的支距长度，便得出支距法放样的数据。

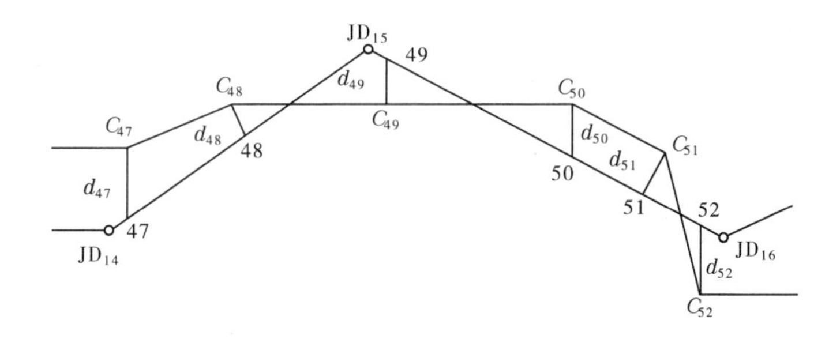

图4-1　穿线放线法

2)放支距

当采用支距法放线时，应将经纬仪安置在相应的导线上，例如，在导线点C_{47}上，以导线点C_{48}定向，拨直角，在视线方向上量取该点上的支距长度d_{47}，定出线路中心线上的47号点,同法,逐一放出48、49,…,52各点。为了检查放样工作,每一条直线边上至少放样三个点。

3)穿线

由于原测导线、图解支距和放样的误差影响,同一条直线段上的各点放样出来以后,一般不可能在同一条直线上。由于线路本身的要求,必须将它们调整到同一直线上,这项工作称为穿线。如图4-2所示,点50、51、52为支距法放样出的中心线标点,由于图解数据和测设工作的误差,使测设的这些点位不严格在一条直线上,可用经纬仪或全站仪视准法,定出一条直线,使之尽可能靠近这些测设点,也就是穿线,根据穿线的结果得到中线直线段上的A、B点(称为转点)。

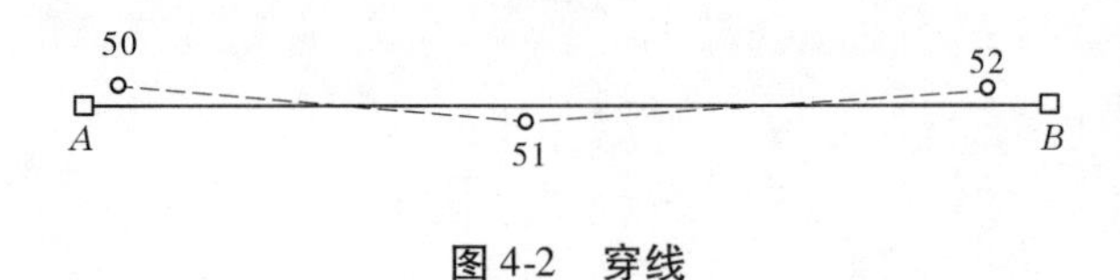

图4-2　穿线

4)测设交点

当相邻两条直线在实地放出后,就要求出线路中心的交点。该交点是线路中线的重要控制点,是放样曲线主点和推算各点里程的依据。

如图4-3所示,测设交点时,可先在49号点上安置经纬仪或全站仪,以48号点定向,用正倒镜分中的办法,在48—49直线上设立两个木桩a和b,使a、b分别位于51—50延长线的两侧,称为骑马桩,钉上小钉,并在其间拉一细线。然后安置仪器于50号点,延长51—50直线,在仪器视线与骑马桩间的细线相交处钉交点桩。钉上小钉,表示点位。同时,在桩的顶面用红油漆写明交点号数。为了寻找点位及标记里程方便,在曲线外侧、距交点桩30 cm处,钉一标志桩,面向交点桩的一面应写明交点及定测的里程。穿线、测设交点工作完成后,考虑到中线测定和其他工程勘测的需要,还要用正倒镜分中法在定测的线路中心线上,于地势较高处设置线路中心线标桩,习惯上称为"转点"。转点桩距离约为400 m,在平坦地区可延长至500 m。若采用电磁波测距,转点间距离只视其他专业的需要而定。在大桥和隧道的两端以及重点构筑物工程地段则必须设置。设置转点时,正倒镜分中法定点较差在5~20 mm。

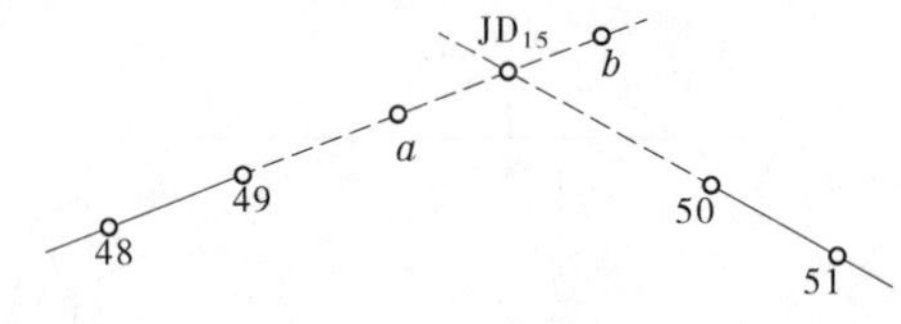

图4-3　测设交点

5)测交角β

中桩交点以后,就可测定两直线的交角(见图4-4)。《公路勘测规范》(JTG C10—2007)规定:高速公路、一级公路应使用不低于DJ_6级经纬仪,采用方向观测法测量右测角β一测回。两半测回间应变动度盘位置,角值相差的限差在±20″以内取平均值,取位至1″;二级及二级以下公路角值相差的限差在±60″以内取平均值,取位至30″。

偏角(亦称转向角)α按下式计算:

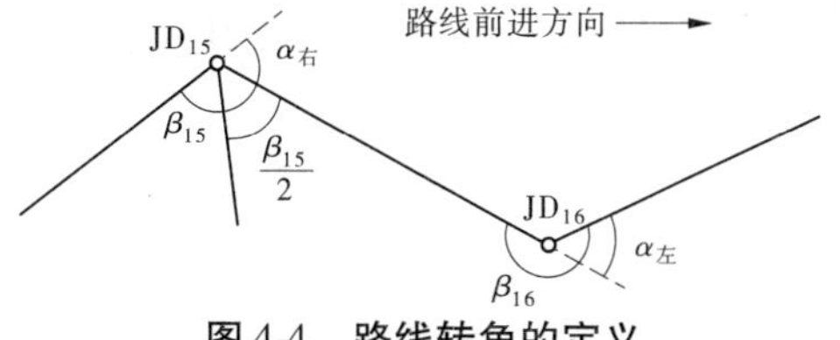

图4-4 路线转角的定义

$$\alpha_{右} = 180° - \beta_{右} \quad (\beta_{右} < 180°) \tag{4-1}$$

或

$$\alpha_{左} = \beta_{右} - 180° \quad (\beta_{右} > 180°)$$

推算的偏角 α 取至10″,当 $\beta_{右} < 180°$,推算的偏角 α 为右转角,反之为左转角。

2. 拨角定线法

当初步设计的图纸比例尺大、测交点的坐标比较精确可靠,或线路的平面设计为解析设计时,定线测量可采用拨角定线法。当使用这种方法时,应首先根据导线点的坐标和交点的设计坐标,用坐标反算方法计算出测设数据,用极坐标法、距离交会法或角度交会法测设交点。如图4-5所示,拨角定线时,首先标定分段定线的起点 JD_{13}。这时可将经纬仪置于 C_{45} 点上,以 C_{46} 定向,拨 β_0 角,量取水平距离 L_0,即可放样 JD_{13}。然后迁仪器于 JD_{13},以 C_{45} 点定方向,拨 β_1 角,量取 L_1 定交点 JD_{14}。同法放样其余各交点。

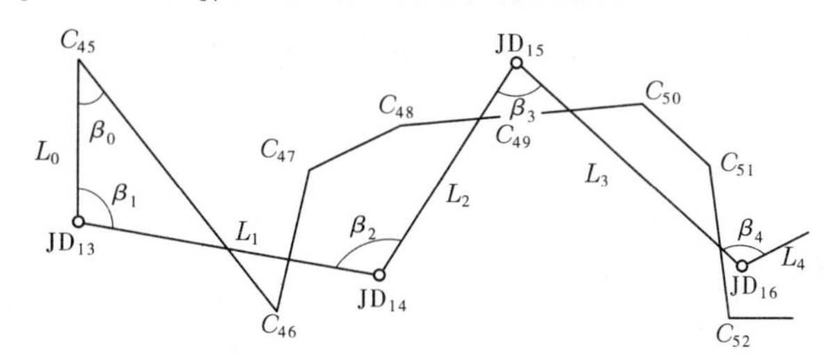

图4-5 拨角定线

为了减少拨角定线的误差积累,每隔5 km将放样的交点与初测导线点联测,求出交点的实际坐标(或设计坐标)进行比较,求得闭合差。

若方向和坐标闭合差超过 $\pm\frac{1}{2\,000}$,则应查明原因,改正放样的点位。若方向和坐标闭合差在允许的范围以内,对前面已经放样的点位常常不加改正,而是按联测所得的实际坐标推算后面交点的放样数据,继续定向。

3. 导线法

当交点位于陡壁、涤沟、河流及建筑物内时,人往往无法到达,不能将交点标定于实地。这种情况称为虚交,此时可采用全站仪导线法、全站仪自由设站法或用GPS - RTK实时动态定位的方法进行。

4. 转点的测设

在路线测量中,当相邻两交点间互不通视时,需要在其连线或延长线上定出一点或数点以供交点、测角、量距或延长直线时瞄准之用。这样的点称为转点,其测设方法如下。

1) 在两交点间设转点

如图4-6所示,设 JD_5、JD_6 为相邻两交点,互不通视,ZD′为粗略定出的转点位置。将经纬仪置于ZD′,用正倒镜分中法延长直线 JD_5—ZD′于 JD'_6。如 JD_6' 与 JD_6 重合或偏差 f 在路

线容许移动的范围内，则转点位置即为 ZD′，这时应将 JD_6 移至 JD'_6，并在桩顶上钉上小钉表示交点位置。

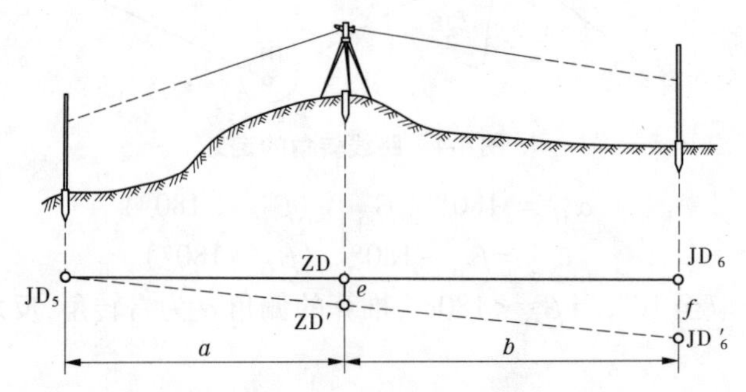

图 4-6　在两个不通视交点间测设转点

当偏差 f 超过容许范围或 JD_6 不许移动时，则需重新设置转点。设 e 为 ZD′应横向移动的距离，仪器在 ZD′用视距测量方法测出距离 a、b，则

$$e = \frac{a}{a+b} \cdot f \tag{4-2}$$

将 ZD′沿偏差 f 的相反方向横移 e 至 ZD。将仪器移至 ZD，延长直线 ZD_5—ZD，看是否通过 JD_6，或偏差 f 是否小于容许值。否则应再次设置转点，直至符合要求。

2）在两交点延长线上设转点

如图 4-7 所示，设点 JD_8、JD_9 互不通视，ZD′为其延长线上转点的概略位置。将仪器置于 ZD′，盘左均改瞄准 JD_8，在 JD_9 处标出一点；盘右再瞄准 JD_8，在 JD_9 处也标出一点，取两点的中点得 JD'_9。若 JD'_9 与 JD_9 重合或偏差 f 在容许范围内，即可将 JD'_9 代替 JD_9 作为交点，ZD′即作为转点。否则，应调整 ZD′的位置。设 e 为 ZD′应横向移动的距离，用视距测量方法测量出距离 a、b，则

$$e = \frac{a}{a-b} \cdot f \tag{4-3}$$

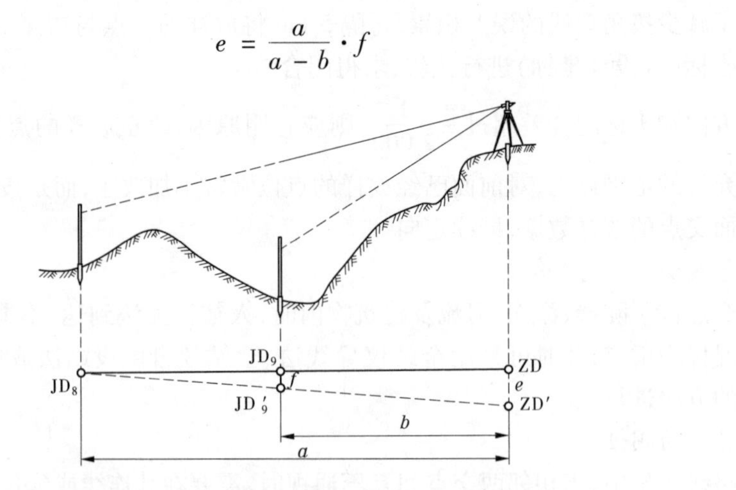

图 4-7　在两个不通视交点延长线上测设转点

将 ZD′沿与 f 相反方向移动 e，即得新转点 ZD。置仪器于 ZD，重复上述方法，直至 f 小于容许值，最后将转点 ZD 和交点 JD_9 用木桩标定在地上。

4.3.2　中线测量

中线测量的任务是沿定测的线路中心线丈量距离，设置百米桩及加桩，并根据测定的交角、设计的曲线半径 R 和缓和曲线长度，计算曲线元素，放样曲线的主点和曲线的细部点（见项目6），如图4-8所示。

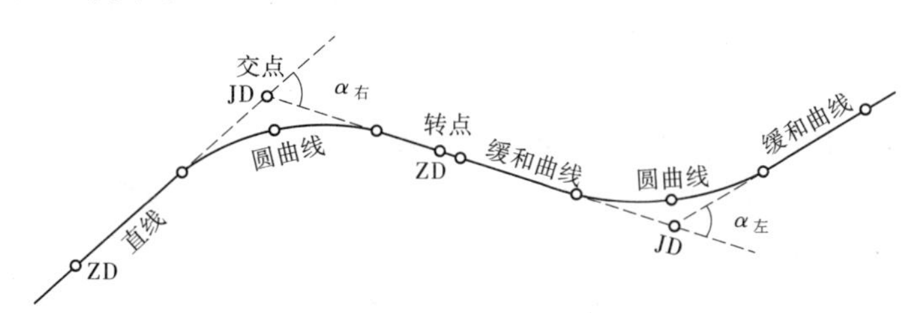

图4-8　路线中线

1. 里程桩及桩号

在路线定测中，当路线的交点、转角测定后，即可沿路线中线设置里程桩（由于路线里程桩一般设置在道路中线上，故又称中桩），以标定中线的位置。里程桩上写有桩号，表示该中桩至路线起点的水平距离。如果中桩距起点的距离为1 234.56 m，则该桩号记为K1 + 234.56，如图4-9(a)所示。

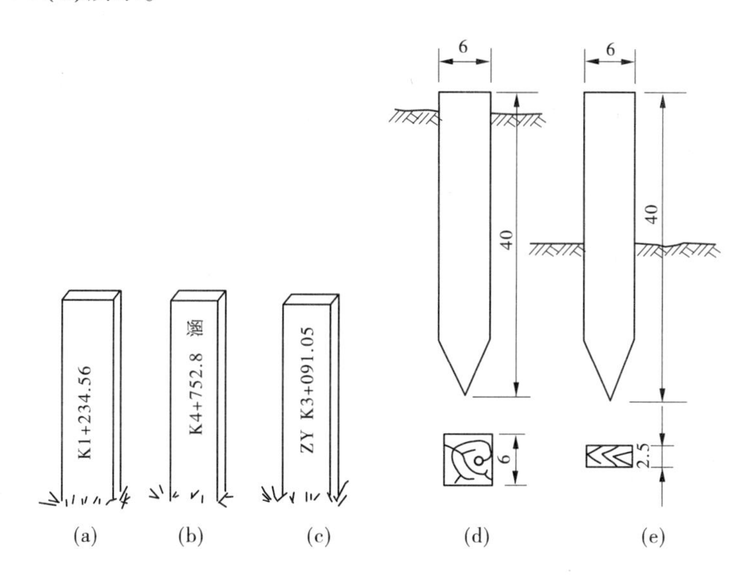

图4-9　里程桩　（单位：cm）

如图4-9所示，中桩分为整桩和加桩两种。路线中桩的间距，不应大于表4-1的规定。整桩是按规定间隔（一般为10 m、20 m、50 m）桩号为整倍数设置的里程桩，如百米桩、公里桩均属于整桩。加桩分为地形加桩、地物加桩、曲线加桩与关系加桩，如图4-9(b)和图4-9(c)所示。

(1)地形加桩是指沿中线地面起伏变化处、地面横坡有显著变化处以及土石分界处等地设置的里程桩。

(2)地物加桩是指沿中线为拟建桥梁、涵洞、管道、防护工程等人工构建物处，与公路、铁路、田地、城镇等交叉处及需拆迁等处理的地物处所设置的里程桩。

(3)曲线加桩是指曲线交点(如曲线起、中、终)处设置的桩。

表 4-1　中桩间距

直线(m)		曲线(m)			
平原微丘区	山岭重丘区	不设超高的曲线	$R>60$	$30<R<60$	$R<30$
≤50	≤25	25	20	10	5

注:表中 R 为曲线半径,以 m 计。

(4)关系加桩是指路线上的转点(ZD)桩和交点(JD)桩。

钉桩时,对于交点桩、转点桩、距路线起点每隔 500 m 处的整桩、重要地物加桩(如桥、隧位置桩)以及曲线主点桩,均应打下 6 cm×6 cm 的方桩(见图 4-9(d)),桩顶露出地面约 2 cm,并在桩顶中心钉一小钉,为了避免丢失,在其旁边钉一指示桩(见图 4-9(e))。交点桩的指示桩应钉在圆心和交点连线外离交点约 20 cm 处,字面朝向交点。曲线主点的指示桩应字面朝向圆心。其余里程桩一般使用板桩,一半露出地面,以便书写桩号,字面一律背向路线前进方向。中桩测设的精度要求见表 4-2。曲线测量闭合差,应符合表 4-3 的规定。

表 4-2　中线量距精度和中桩桩位限差

公路等级	距离限差	桩位纵向误差(m)		桩位横向误差(cm)	
		平原微丘区	山岭重丘区	平原微丘区	山岭重丘区
高速公路、一级公路	1/2 000	S/2 000+0.05	S/2 000+0.1	5	10
二级及以下公路	1/1 000	S/1 000+0.10	S/1 000+0.1	10	15

注:表中 S 为转点或交点至桩位的距离,以 m 计。

表 4-3　曲线测量闭合差

公路等级	纵向闭合差		横向闭合差(cm)		曲线偏角闭合差(″)
	平原微丘区	山岭重丘区	平原微丘区	山岭重丘区	
高速公路、一级公路	1/2 000	1/1 000	10	10	60
二级及以下公路	1/1 000	1/500	10	15	120

当书写曲线加桩和关系加桩时,应先写其缩写名称,后写桩号,如图 4-9 所示,曲线主点缩号名称有汉语拼音缩写和英语缩写两种(见表 4-4),目前我国公路主要采用汉语拼音的缩写名称。

2. 断链处理

中线丈量距离,在正常情况下,整条路线上的里程桩号应当是连续的。但是当出现局部改线,或者在事后发现距离测量中有错误时,都会造成里程的不连续,这在线路中称为“断链”。

表4-4 中线控制桩点缩写名称

标志名称	简称	汉语拼音缩写	英语缩写
交点	交点	JD	IP
转点	转点	ZD	TP
圆曲线起点	直圆点	ZY	BC
圆曲线中点	曲中线	QZ	MC
圆曲线终点	圆直点	YZ	EC
公切点	公切点	GQ	CP
第一缓和曲线起点	直缓点	ZH	TS
第一缓和曲线终点	缓圆点	HY	SC
第二缓和曲线起点	圆缓点	YH	CS
第二缓和曲线终点	缓直点	HZ	ST

断链有长链与短链之分，当原路线记录桩号的里程长于地面实际里程时，为短链，反之，则叫长链。

出现断链后，要在测量成果和有关设计文件中注明断链情况，并要在现场设置断链桩。断链桩要设置在直线段中的10 m整倍数上，桩上要注明前后里程的关系及长(短)距离。如图4-10所示，在K7+550桩至K7+650出现断链，所设置的断链上写有

K7+581.80=K7+600(短18.20 m)

其中，等号前面的桩号为来向里程，等号后面的桩号为去向里程，即表明断链与K7+550桩间的距离为31.8 m，而与K7+650桩的距离是50 m。

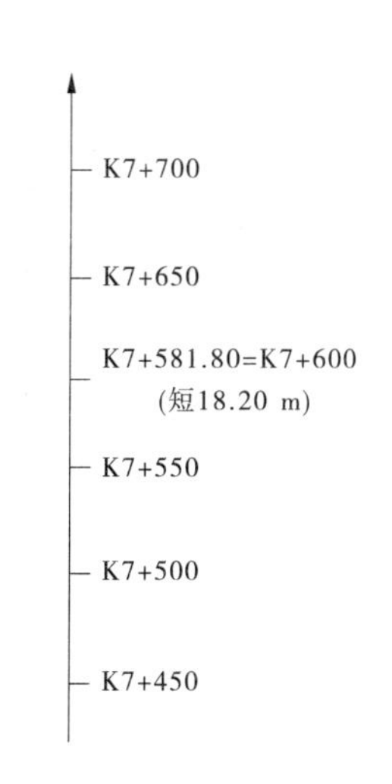

图4-10 断链处理

4.3.3 水准测量

定测阶段的水准测量也称为线路的纵断面测量，它是根据基平测量中设置的水准点施测中线上所有中桩点的地面高程，然后按测得的中桩点高程和其里程(桩号)绘制纵断面图。纵断面图反映线路沿中线的地面起伏情况，它是设计路面高程、坡度和计算土方量的重要依据。

进行纵断面测量前，先要对初测阶段设置的水准点逐一进行检测，当其不符值在 $\pm 30\sqrt{L}$ mm(L 为相邻水准点间的路线长度，以km计)以内时，采用初测成果；当超过 $\pm 30\sqrt{L}$ mm时，如果是附合水准路线，则应在高级水准点间进行往返测量，确认初测中有错或点位被破坏，需要根据新的资料重新平差，推算其高程。另外，还应根据工程的需要，在部分地段加密或增补水准点，新设的水准点的测量要求与基平测量相同。

纵断面测量一般都采用间视水准测量的方法，间视点的标尺读数需要读到cm，路线水准闭合差不应超过 $\pm 50\sqrt{L}$ mm(L 为路线长的km数)。

在纵断面测量中，当线路穿过架空线路或跨越涵管时，除了要测出中线与它们相交处（一般都已设置了加桩）的地面高程，还应测出架空线路至地面的最小净空和涵管内径等，这些参数需要注记在纵断面上。当线路跨越河流时，应进行水深和水位测量，以便在纵断面图上反映河床的断面形状及水位高。

4.3.4 横断面测量

定测阶段的横断面测量，是要在每个中桩点测出垂直于中线的地面线、地物点至中桩的距离和高差，并绘制成横断面图。横断面图反映垂直于线路中线方向上的起伏情况，它是进行路基设计、土石方计算及施工中确定路基填挖边界的依据。

横断面施测的宽度，根据路基宽度及地形情况确定，一般为中线两侧各测 15 ~ 50 m。地面点距离和高差精度为 0.1 m，检测限差应符合表 4-5 的规定。

表 4-5 横断面检测限差 （单位：m）

路线	距离	高程
高速公路、一级公路	$\pm(L/100+0.1)$	$\pm(h/100+L/200+0.1)$
二级及以下公路	$\pm(L/50+0.1)$	$\pm(h/50+L/100+0.1)$

注：L 为测点至中桩的水平距离，m；h 为测点至中桩的高差，m。

横断面测量应逐桩施测，其方向应与路线中线垂直，曲线段与测点的切线垂直。

整个横断面测量可分为测定横断面方向、施测横断面和绘制横断面三步。现分述如下。

1. 测定横断面方向

1) 直线段横断面方向的测设

在直线段上，横断面方向可利用经纬仪测设直角后得到，但通常是采用十字方向架来测定的。

方向架的结构如图 4-11(a)所示，它是由相互垂直的照准杆 aa'、bb' 构成的十字架，cc' 为定向杆，支撑十字架的杆约高 1.2 m。

工作时，将方向架置于中线桩点上，以方向架上的两个小钉，瞄准线路中心的标桩，并固定十字架，这时方向架另一个所指方向即为横断面方向，如图 4-11(b)所示。

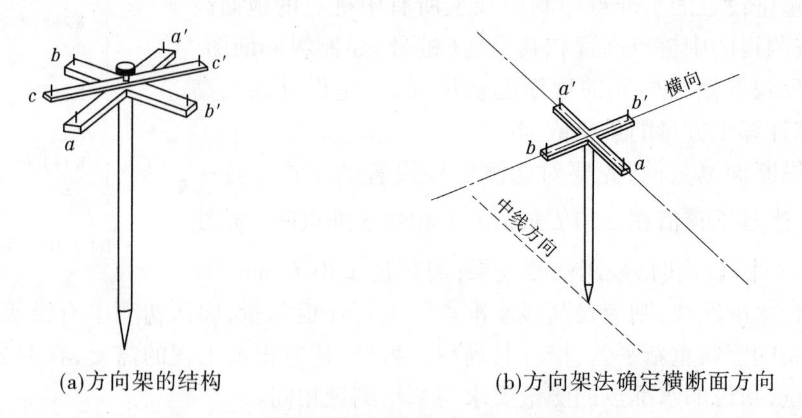

(a)方向架的结构　(b)方向架法确定横断面方向

图 4-11 使用方向架测设直线的横断面方向

2)圆曲线横断面方向的测设

在曲线段上,横断面的方向与该点处曲线的切线方向相垂直,标定的方法如下。

如图4-12所示,将方向架置于ZY点,使照准杆 aa' 指向交点JD,这时照准杆 $b'b$ 方向指向圆心。旋松定向杆 cc',使其照准圆曲线上的第一个细部点 P_i,旋紧定向杆 cc' 的制动钮。将方向架置于 P_i 点,使照准杆 bb' 指向ZY点,这时定向杆 cc' 所指的方向就是圆心方向。

2. 施测横断面

施测横断面的方法主要有水准仪施测法、经纬仪施测法、花杆皮尺法等。

1)水准仪施测法

当横向坡度小、测量精度较高时,横断面测量常采用水准施测法,如图4-12所示。欲测中心标桩(K0+050.00)处的横断面,可用方向架定出横断面方向后在此方向上插两根花杆,并在适当位置安置水准仪。持水准尺者在线路中线标桩上以及在两根花杆所标定的横断面方向内选择的坡度变化点上逐一立尺,并读取各点的标尺读数,先用皮尺量出各点的距离,然后将这些观测数据记入横断面测量手簿中(见表4-6)。各点的高程可由视线高程推算而得。

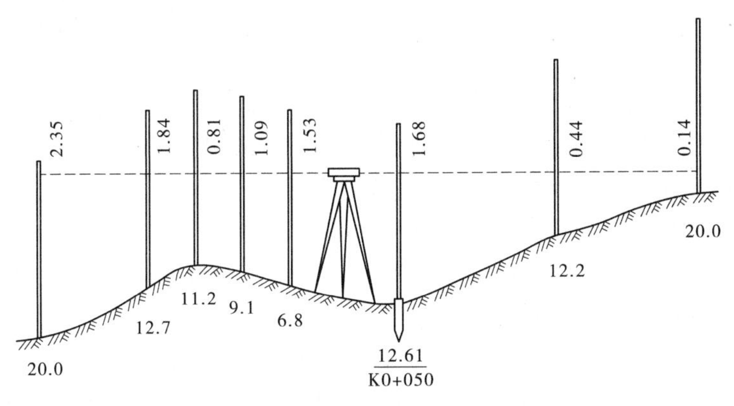

图4-12 水准仪施测

表4-6 横断面测量记录

$\frac{\text{前视读数}}{\text{距离}}$(左侧)	$\frac{\text{后视读数}}{\text{桩号}}$	$\frac{\text{前视读数}}{\text{距离}}$(右侧)
$\frac{2.35}{20.0}$ $\frac{1.84}{12.7}$ $\frac{0.81}{11.2}$ $\frac{1.09}{9.1}$ $\frac{1.53}{6.8}$	$\frac{1.68}{\text{K0}+050}$	$\frac{0.44}{12.2}$ $\frac{0.14}{20.0}$

如果横断面方向上坡度较大,一次安置仪器不能施测线路两侧的坡度变化点,可用两台水准仪分别施测左右两侧的断面。

水准仪施测横断面的精度较高,但在横向坡度大或地形复杂的地区则不宜采用。

2)经纬仪施测法

当横向坡度变化较大时,横断面的施测常采用经纬仪进行。先在欲测横断面的中线桩点上安置经纬仪,并用钢尺量出仪器高,然后照准横断面方向,并将水平方向制动。持尺者在经纬仪视线方向的坡度变化点上立尺。观测者用视距测量的方法读取视距读数、中丝读数、竖直角 α ,并计算出各个地形特征点与中桩的平距和高差。

3)花杆皮尺法

当横断面精度要求较低时,多采用花杆皮尺法。

4.3.5 纵横断面图的绘制

1.纵断面图的绘制

纵断面图是以中桩的里程为横坐标,以中桩的地面高程为纵坐标绘制的,展绘比例尺、里程(横向),其比例尺应与线路带状地形图的比例尺一致,高程(纵向)比例尺通常比里程(横向)大10倍,如,里程比例尺为1:1 000,则高程比例尺为1:100。纵断面图应使用透明的毫米格纸的背面自左至右进行展绘和注记,图幅设计应视线路长度、高差变化及晒印的条件而定。纵断面图包括图头、注记、展线、图尾等4部分。图头内容包括高程比例尺和测图比例尺。设计应注记的主要内容(如桩号、地面高、设计高、设计纵坡、平曲线等)因工程不同,注记的内容不一样。

当中线加桩较密、桩号注记不下时,可注记最高和最低高程变化点的桩号,但当绘制地面线时,不应漏点。中线有断链,应在纵断面图上注记断链桩的里程及线路总长应增减的数值,增值为长链,地面线应相互搭接或重合;减值为短链,地面线应断开。

纵断面图是反映中平测量成果的最直观的图件,是进行线路竖向设计的主要依据,纵断面图包括图头、注记、展线和图尾四部分。不同的线路工程其具体内容有所不同,下面以道路设计纵断面图为例,说明纵断面图的绘制方法。

如图4-13所示,在图的上半部,从左至右绘有两条贯穿全图的线,一条是细线,表示中线方向的地面线,是以中桩的里程为横坐标、以中桩的地面高程为纵坐标绘制的。里程的比例尺一般与线路带状地形图的比例尺一致,高程比例尺则是里程比例尺的若干倍(一般取10倍),以便更明显地表示地面的起伏情况。例如,里程比例尺为1:1 000,高程比例尺可取1:100。另一条是粗线,表示带有竖曲线在内的纵坡设计线,根据设计要求绘制。

在图4-13的顶部是一些标注,例如,水准点位置、编号及其高程,桥涵的类型、孔径、跨数、长度、里程桩号及其设计水位,与某公路、铁路交叉点的位置、里程及其说明等,根据实际情况进行标注。

图4-13的下部绘有七栏表格,注记有关测量和纵坡设计的资料,自下而上分别是平曲线栏、桩号栏、现有地面高程栏、路面设计高程栏、路面设计与地面高程的高差栏、竖曲线栏、坡度及距离栏。其中,平曲线是中线的示意图,其曲线部分用成直角的折线表示,上凸的表示曲线右偏,下凸的表示曲线左偏,并注明交点编号和曲线半径,带有缓和曲线的应注明其长度,在不设曲线的交点位置,用锐角折线表示;里程栏按横坐标比例尺标注里程桩号,一般标注百米桩和公里桩;现有地面高程栏按中平测量成果填写各里程桩的地面高程;路面设计高程栏填写设计的路面高程;路面设计高程与现有地面高程的高差栏填写各里程桩处,路面设计高程减现有地面高程所得的高差;竖曲线栏标绘竖曲线的示意图及其曲线元素;坡度及

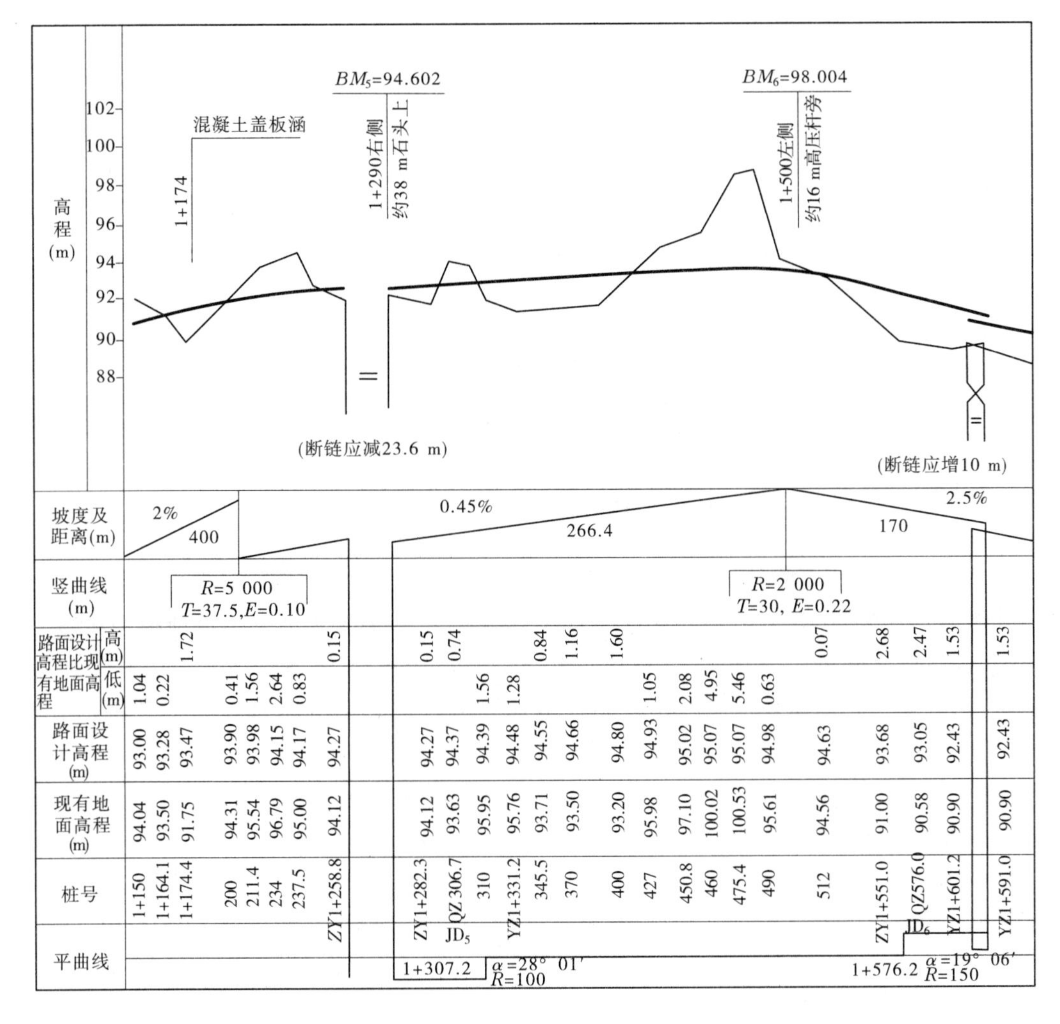

图 4-13　道路纵断面

距离栏用斜线表示设计纵坡，从左至右向上斜的表示上坡，下斜的表示下坡，并在斜线上以百分比注记坡度的大小，在斜线下注记坡长。

2. 横断面图的绘制

根据横断面测量得到的各点间的平距和高差，在毫米方格纸上绘出各中桩的横断面图。用水平方向表示距离，竖直方向表示高程。为了便于土方计算，一般水平比例尺应与竖直比例尺相同，采用 1∶100 或 1∶200 的比例尺绘制横断面图。如图 4-14 中的细实线所示，绘制时，先标定中桩位置，由中桩开始，逐一将特征点画在图上，再直接连接相邻点，即绘出横断面的地面线。

横断面图画好后，经路基设计，先在透明纸上按与横断面图相同的比例尺分别绘出路堑、路堤和半填半挖的路基设计线，称为标准断面图，然后按纵断面图上该中桩的设计高程把标准断面图套在实测的横断面图上。也可将路基断面设计线直接画在横断面图上，绘制成路基断面图，该项工作俗称“戴帽子”。

图 4-14 中粗实线所示为半填半挖的路基断面图。根据横断面的填、挖面积及相邻中桩

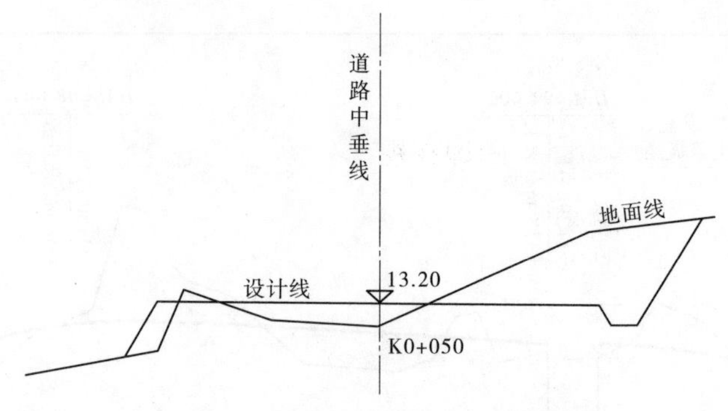

图 4-14　道路横断面与设计路基

的桩号,可以算出施工的土、石方量。

模块 4　公路施工测量

公路施工测量的主要任务包括恢复中线测量、施工控制桩、边桩和竖曲线的测设。

在恢复中线测量后,就要进行路基的放样工作,在放样前首先要熟悉设计图纸和施工现场情况,通过熟悉图纸、了解设计意图及对测量的精度要求,掌握道路中线与边坡脚和边坡顶的关系,并从中找出施测数据,方能进行路基放线。常采用的路基有如下几种形式,如图 4-15所示。只有深刻了解了典型的路基、路面结构,才能很好地进行施工测量。

所谓的典型路基、路面就是在公路建设中经常出现和采用的几种特例。以上几种路基形式归纳起来分为一般路堤、一般路堑、半挖半填路基、陡坡路基、沿河路基及挖渠土填筑路基。在施工测量中应认真研究其特点,从中找出放样规律,为日后工作打下基础。

不同等级的公路,其路面形式、结构是不同的。高速公路、一级公路是汽车专用公路,通常用中央隔离带分为对向行驶的四车道(当交通量加大时,车道路数可按双数增加)。

二、三级公路一般在保证汽车正常运行的同时,允许自行车、拖拉机和行人通行,车道为对向行驶的双车道。

四级公路一般采用 3.5 m 的单车道路面和 6.5 m 的路基。当交通量较大时,可采用 6.0 m 的双车道和 7.0 m 的路基。

4.4.1　恢复中线测量

道路勘测完成到开始施工这一段时间内,有一部分中线桩可能被碰动或丢失,因此施工前应进行复核,按照定测资料配合仪器先在现场寻找。若直线段上转点丢失或移位,可在交点桩上用经纬仪按原偏角值进行补桩或校正;若交点桩丢失或移位,可根据相邻直线校正的两个以上转点放线,重新交出交点位置,并将碰动和丢失的交点桩和中线桩校正和恢复好。当恢复中线时,应将道路附属物,如涵洞、检查井和挡土墙等的位置一并定出。对于部分改线地段,应重新定线,并测绘相应的纵、横断面图。

4.4.2　施工控制桩的测设

由于中线桩在路基施工中都要被挖掉或堆埋,为了在施工中能控制中线位置,应在不受

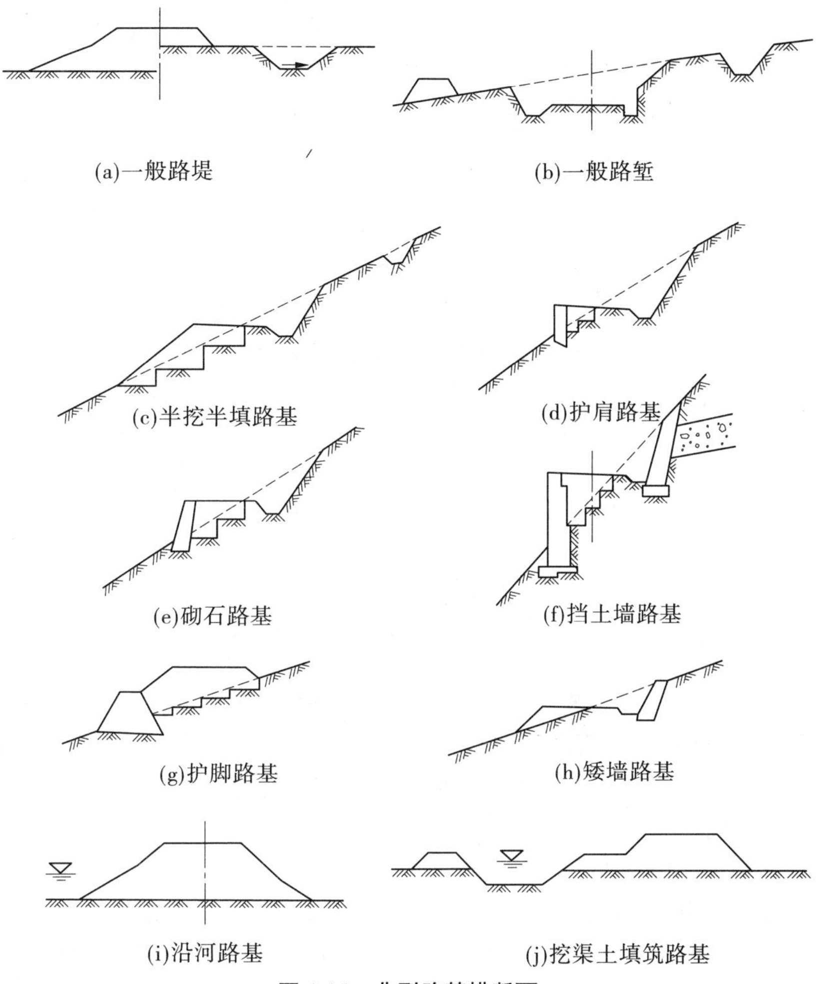

图4-15　典型路基横断面

施工干扰、便于引用、易于保存桩位的地方,测设施工控制桩。测设方法主要有平行线法和延长线法两种,可根据实际情况互相配合使用。

1. 平行线法

如图4-16所示,平行线法是在设计的路基宽度以外,测设两排平行于中线的施工控制桩。为了施工方便,控制桩的间距一般取10～20 m。平行线法多用于地势平坦、直线段较长的道路。

2. 延长线法

如图4-17所示,延长线法是在道路转折处的中线延长线上,以及曲线中点至交点的延长线上测设施工控制桩。每条延长线上应设置两个以上的控制桩,量出其间距及与交点的距离,做好记录,据此恢复中线交点。延长线法多用于地势起伏较大、直线段较短的道路。

4.4.3　平路基边桩的测设

平路基边桩测设就是根据设计断面图和各中桩的填挖高度,把路基两旁的边坡与原地面的交点在地面上钉设木桩(称为边桩),作为路基的施工依据。

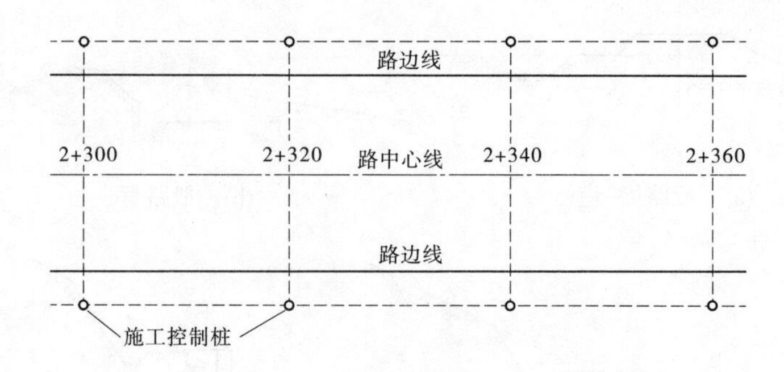

图 4-16　平行线法测设施工控制桩

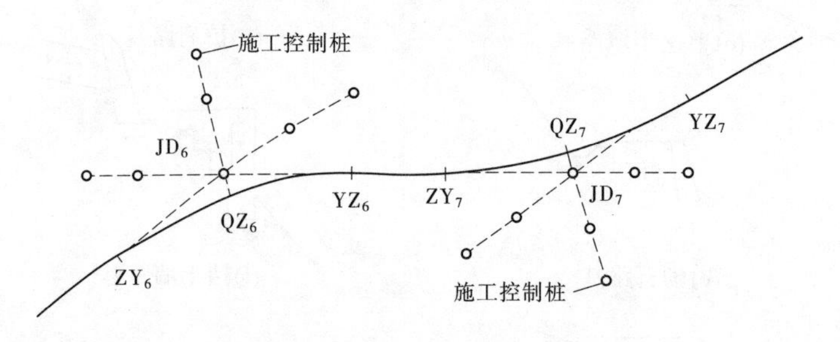

图 4-17　延长线法测设施工控制桩

每个断面在中桩的左、右两边各测设一个边桩,边桩距中桩的水平距离取决于设计路基宽度、边坡坡度、填土高度或挖土深度以及横断面的地形情况。边桩的测设方法如下所述。

1. 图解法

图解法是将地面横断面图和路基设计断面图绘在同一张毫米方格纸上,设计断面高出地面部分采用填方路基,其填土边坡线按设计坡度绘出,与地面相交处即为坡脚;设计断面低于地面部分采用挖方路基,其开挖边坡线按设计坡度绘出,与地面相交处即为坡顶。得到坡脚或坡顶后,用比例尺直接在横断面图上量取中桩至坡脚点或坡顶点的水平距离,然后到实地以中桩为起点,用皮尺沿着横断面方向往两边测设相应的水平距离,即可定出边桩。

2. 解析法

解析法是通过计算求出路基中桩至边桩的距离,从图 4-18 与图 4-19 中可以看出,路基断面大体分为平坦地面和倾斜地面两种情况。下面分别介绍。

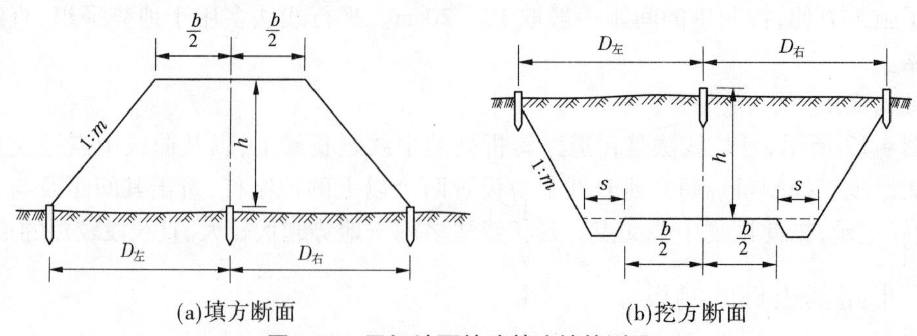

图 4-18　平坦地面的路基边桩的测设

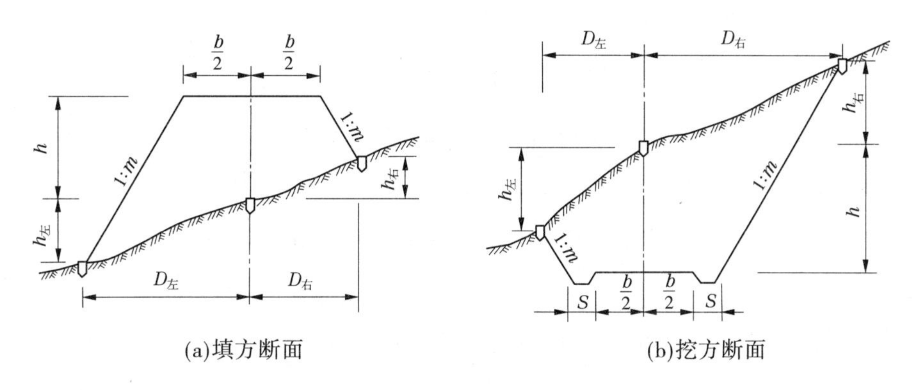

(a)填方断面　　(b)挖方断面

图 4-19　倾斜地面路基边桩测设

1)平坦地面

如图 4-18 所示,平坦地面路堤与路堑的路基放线数据可按下列公式计算:

路堤

$$D_{左} = D_{右} = \frac{b}{2} + mh \tag{4-4}$$

路堑

$$D_{左} = D_{右} = \frac{b}{2} + S + mh \tag{4-5}$$

式中　$D_{左}$、$D_{右}$——道路中桩至左、右边桩的距离,m;

b——路基的宽度,m;

$1:m$——路基边坡坡度;

h——填土高度或挖土深度,m;

S——路堑边沟顶宽,m。

2)倾斜地面

图 4-19 为倾斜地面路基横断面图,设地面为左边低、右边高,则由图 4-19 可知:

路堤

$$D_{左} = \frac{b}{2} + m(h + h_{左}) \tag{4-6}$$

$$D_{右} = \frac{b}{2} + m(h - h_{右}) \tag{4-7}$$

$$D_{左} = \frac{b}{2} + S + m(h - h_{左}) \tag{4-8}$$

$$D_{右} = \frac{b}{2} + S + m(h + h_{右}) \tag{4-9}$$

其中,b、m 和 S 均为设计时已知,因此 $D_{左}$、$D_{右}$ 随 $h_{左}$、$h_{右}$ 而变,而 $h_{左}$、$h_{右}$ 分别为左右边桩地面与路基设计高程的高差,由于边桩位置是待定的,故 $h_{左}$、$h_{右}$ 均不能事先知道。在实际测设工作中,沿着横断面方向,采用逐渐趋近法测设边桩。

现以测设路堑左边桩为例进行说明。如图 4-19(b)所示,设路基宽度为 10 m,左侧边沟顶宽度为 2 m,中心桩挖深为 5 m,边坡坡度为 1∶1,测设步骤如下:

(1)估计边桩位置。根据地形情况,估计左边桩处地面比中桩地面低 1 m,即 $h_{左} = 1$ m,

则代入式(4-8)得左边桩的近似距离：

$$D_{左} = \frac{10}{2} + 2 + 1 \times (5 - 1) = 11(\text{m})$$

在实地沿横断面方向往左侧量 11 m，在地面上定出 1 点。

(2)实测高差。用水准仪实测 1 点与中桩之高差为 1.5 m，则 1 点距中桩之平距应为

$$D_{左} = \frac{10}{2} + 2 + 1 \times (5 - 1.5) = 10.5(\text{m})$$

此值比初次估算值小，故正确的边桩位置应在 1 点的内侧。

(3)重估边桩位置。正确的边桩位置应在距离中桩 10.5～11 m，重新估计边桩距离为 10.8 m，在地面上定出 2 点。

(4)重测高差。测出 2 点与中桩的实际高差为 1.2 m，则 2 点与中桩的平距应为

$$D_{左} = \frac{10}{2} + 2 + 1 \times (5 - 1.2) = 10.8(\text{m})$$

此值与估计值相符，故 2 点即为左侧边桩位置。

4.4.4 路基边坡放样

当路基边桩放出后，为了指导施工，使填、挖的边坡符合设计要求，还应把边坡放样出来。

1. 用麻绳竹竿放样边坡

(1)当路堤不高时，采用一次挂绳法，如图 4-20 所示。

(2)当路堤较高时，可选用分层挂线法，如图 4-21 所示。每层挂线前应标定公路中线位置，并将每层的面用水准仪抄平，方可挂线。

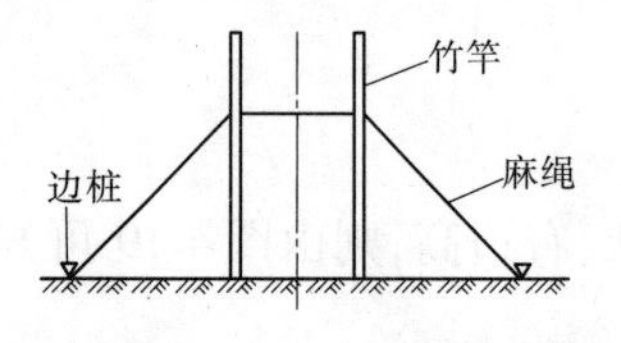

图 4-20 麻绳竹竿放样边坡

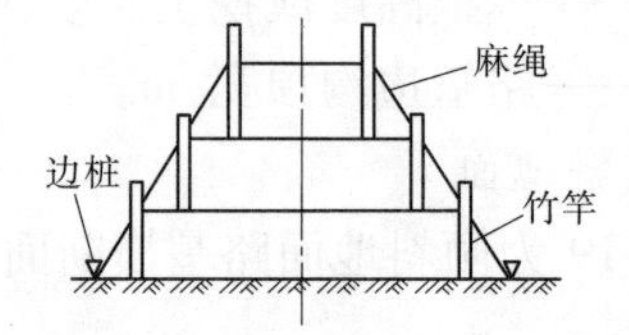

图 4-21 分层挂线放样边坡

2. 用固定边坡架放样边坡

如图 4-22 所示，开挖路堑时，在坡顶外侧即开口桩处立固定边坡架。

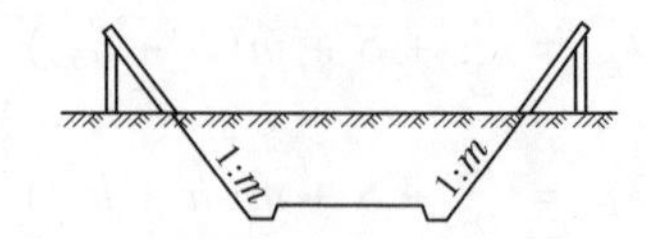

图 4-22 固定边坡架放样边坡

4.4.5 公路竣工测量

公路在竣工验收时的测量工作，称为竣工测量。在施工过程中，由于修改设计变更了原来的设计中线的位置或者是增加了新的建(构)筑物，如涵洞、人行通道等，使建(构)筑物的竣工位置往往与设计位置不完全一致。为了给公路运营投产后改建、扩建和管理养护提供

可靠的资料和图纸,应测绘公路竣工总图。

竣工测量的内容与线路测设基本相同,包括中线竣工测量、纵横断面测量和竣工总图的编绘。

1. 中线竣工测量

中线竣工测量一般分两步进行。首先,收集该线路设计的原始资料、文件及修改设计资料、文件,然后根据现有资料情况分两种情况进行。当线路中线设计资料齐全时,可按原始设计资料进行中桩测设,检查各中桩是否与竣工后线路中线位置相吻合。当设计资料缺乏或不全时,则采用曲线拟合法,即先对已修好的公路进行分中,将中线位置实测出来,并以此拟合平曲线的设计参数。

2. 纵横断面测量

纵横断面测量是在中桩竣工测量后,以中桩为基础,将道路纵横断面情况实测出来,看是否符合设计要求,其测量方法同前。

上述中桩和纵、横断面测量工作,均应在已知的施工控制点的基础上进行,如已有的施工控制点已被破坏,应先恢复控制系统。

在实测工作中对已有资料(包括施工图等)要进行详细的实地检查、核对。其检查结果应满足国家有关规程。

当竣工测量的误差符合要求时,应对曲线的交点桩、长直线的转点桩等路线控制桩或坐标法施测时的导线点,埋设永久桩,并将高程控制点移至永久性建筑物上或牢固的桩上,然后重新编制坐标、高程一览表和平曲线要素表。

3. 竣工总图的编制

对于以事实证明按设计图施工,没有变动的工程,可以按原设计图上的位置及数据绘制竣工总图, 各种数据的注记均利用原图资料。对于施工中有变动的,按实测资料绘制竣工总图。

不论利用原图还是实测竣工总图绘制,其图式符号、各种注记、线条等格式都应与设计图完全一致,对于原设计图没有的图式符号,可以按照相关标准设计图例。

编制竣工总图时,若竣工测量所得出的实测数据与相应的设计数据之差在施工测量的允许误差范围内,则应按设计数据编绘竣工总图,否则按竣工测量数据编绘。

复习和思考题

4-1　在公路定测和初测阶段分别有哪些测量工作?

4-2　试述测角放线法和拨角放线法的主要步骤。作业中应如何检核或调整定线中的错误?

4-3　什么叫断链? 如何处置断链后的情况?

4-4　如何确定曲线的横断面?

4-5　如何设置施工控制桩?

项目5　客运专线测量

轨道的高平顺性是实现列车高速运行的最基本条件,实现和保持高精度的轨道几何状态是客运专线建设的关键技术之一。高速铁路和客运专线铁路在建设方面与传统铁路的主要区别是,一次性建成稳固、可靠的线下工程和高平顺性的轨道结构。

工程测量是建设和养护客运专线铁路和高速铁路的最重要基础技术工作之一。我国客运专线铁路工程测量是在大规模客运专线铁路建设中不断认识、提高、深化和完善的,现已基本构建完成了我国客运专线铁路的工程测量体系。

客运专线,是只有客运列车运行的线路;高速铁路,是旅客列车运行时速不低于200 km/h的线路。而高速铁路既可以只有客运列车运行(此时和客运专线一致),也可以客货运共线运行(德国模式,但前提条件是货运列车的速度不能低于120 km/h),还有货运专线。可以说,客运专线只是高速铁路其中的一部分。在我国铁路范围内,客运专线等同于高速铁路,所有旅客列车时速达到或超过200 km/h并只允许客车运行的线路称为客运专线。

模块1　传统的铁路工程测量方法

由于过去我国铁路建设的速度目标值较低,对轨道平顺性的要求不高,在勘测、施工中没有要求建立一套适应于勘测、施工、运营维护的、完整的控制测量系统。各级控制网测量的精度指标主要是根据满足线下工程的施工控制要求而制定的,没有考虑轨道施工和运营对测量控制网的精度要求,其测量作业模式和流程如下所述。

5.1.1　初测

1. 平面控制测量——初测导线

(1)坐标系统采用1954北京坐标系;

(2)测角中误差为12.5″($25''\sqrt{n}$);

(3)导线全长相对闭合差,光电测距为1/6 000,钢尺丈量为1/2 000。

2. 高程控制测量——初测水准

(1)高程系统采用1956年黄海高程或1985国家高程基准;

(2)测量精度为五等水准($30\sqrt{L}$)。

5.1.2　定测

以初测导线和初测水准点为基准,按初测导线的精度要求放出交点、直线控制桩、曲线控制桩(五大桩)。

1. 线下工程施工测量

以定测放出交点、直线控制桩、曲线控制桩(五大桩),作为线下工程施工测量的基准。

2. 铺轨测量

直线用经纬仪穿线法测量,曲线用弦线矢距法或偏角法进行铺轨控制。

平面坐标系投影差大,采用1954北京坐标系3°带投影,投影带边缘边长投影变形值最大可达340 mm/km,不利于采用GPS、全站仪等新技术,采用坐标法定位进行勘测和施工放线。

没有采用逐级控制的方法建立完整的平面高程控制网,线路施工控制仅靠定测放出交点、直线控制桩、曲线控制桩(五大桩)进行控制,线路测量可重复性较差,当出现中线控制桩连续丢失后,就很难进行恢复。

测量精度低,由于导线方位角测量精度要求较低($25''\sqrt{n}$),施工单位复测时,经常出现曲线偏角超限问题,施工单位只有以改变曲线要素的方法来进行施工。在普通速度条件下,不会影响行车安全和舒适度,但在高速行车条件下,就可能会有影响。

轨道的铺设不是以控制网为基准按照设计的坐标定位,而是按照线下工程的施工现状,采用相对定位进行铺设,这种铺轨方法由于测量误差的积累,往往造成轨道的几何参数与设计参数相差甚远。根据有关报道,在浙赣线提速改造中已出现类似问题,如浙赣线出现的圆曲线半径与设计半径相差几百米,大半径长曲线变成了很多不同半径圆曲线的组合,缓和曲线长度不够,曲线控制桩(五大桩)位置与设计位置相差太大,纵断面整坡变成了很多碎坡等。

模块2　客运专线铁路精密工程测量

5.2.1　客运专线铁路精密工程测量

客运专线铁路精密工程测量是相对于传统的铁路工程测量而言的,为了保证客运专线铁路非常高的平顺性,轨道测量精度要达到毫米级,其测量方法、测量精度与传统的铁路工程测量完全不同。我们把适合于客运专线铁路工程测量的技术体系称为客运专线铁路精密工程测量。

5.2.2　客运专线铁路精密工程测量的内容

(1)线路平面高程控制测量;

(2)线下工程施工测量;

(3)轨道施工测量;

(4)运营维护测量。

5.2.3　建立客运专线铁路精密工程测量体系的必要性

客运专线铁路速度高(200~350 km/h),为了达到在高速行驶条件下,旅客列车的安全性和舒适性,要求客运专线铁路必须具有非常高的平顺性和精确的几何线性参数。为了达到在高速行驶条件下,旅客列车的安全性和舒适性,要求严格按照设计的线形施工,即要保持精确的几何线性参数,必须具有非常高的平顺性,精度要保持在毫米级的范围以内。根据《高速铁路工程测量规范》(TB 10601—2009)规定,客运专线铁路的平顺性要求参数分别见

表5-1～表5-4。

表5-1　无砟轨道静态几何尺寸允许偏差　　（单位：mm）

设计速度	项目				
	高低	轨向	水平	轨距	扭曲基长6.25 m
350 km/h≥v>200 km/h	2	2	1	±1	—
v=200 km/h	2	2	2	+1 −2	3
弦长（m）	10		—		

表5-2　有砟轨道静态几何尺寸允许偏差　　（单位：mm）

设计速度	项目				
	高低	轨向	水平	轨距	扭曲基长6.25 m
350 km/h≥v>200 km/h	2	2	2	±2	2
v=200 km/h	3	3	3	±2	3
弦长（m）	10		—		

表5-3　有砟轨道轨面高程、轨道中线、线间距允许偏差

序号	项目		允许偏差（mm）
1	轨面高程与设计比较	一般路基	±20
		在建筑物上	±10
		紧靠站台	+20 0
2	轨道中线与设计中线差		30
3	线间距		+20 0

表5-4　无砟轨道轨面高程、轨道中线、线间距允许偏差

序号	项目		允许偏差（mm）
1	轨面高程与设计比较	一般路基	+4
		在建筑物上	−6
		紧靠站台	+4 0
2	轨道中线与设计中线差		10
3	线间距		+10 0

从上述表中对比可知，对于时速200 km/h以上无砟和有砟铁路轨道平顺度均制定了较

高的精度标准。对于无砟轨道，轨道施工完成后基本不再具备调整的可能性，由于施工误差、线路运营以及线下基础沉降所引起的轨道变形，只能依靠扣件进行微量的调整。客运专线扣件技术条件中规定扣件的轨距调整量为±10 mm，高低调整量为－4 mm、＋26 mm，用于施工误差的调整量非常小，这就要求对施工精度有着较有砟轨道更严格的要求。

要实现客运专线铁路轨道的高平顺性，除了对线下工程和轨道工程的设计施工等有特殊的要求，必须建立一套与之相适应的精密工程测量体系。纵观世界各国铁路客运专线铁路建设，都建立有一个满足施工、运营维护需要的精密测量控制网。

5.2.4　客运专线铁路精密工程测量的特点

1. 确定了客运专线铁路精密工程测量“三网合一”的测量体系

1)“三网合一”

(1)勘测控制网：$CP_{Ⅰ}$、$CP_{Ⅱ}$、水准基点；

(2)施工控制网：$CP_{Ⅰ}$、$CP_{Ⅱ}$、水准基点、$CP_{Ⅲ}$；

(3)运营维护控制网 ：$CP_{Ⅲ}$、加密维护基桩。

2)“三网合一”的内容和要求

(1)勘测控制网、施工控制网、运营维护控制网坐标高程系统的统一；

(2)勘测控制网、施工控制网、运营维护控制网起算基准的统一；

(3)线下工程施工控制网与轨道施工控制网、运营维护控制网的坐标高程系统和起算基准的统一；

(4)勘测控制网、施工控制网、运营维护控制网测量精度的协调统一。

3)“三网合一”的重要性

(1)勘测控制网、施工控制网起算基准不统一的后果。例如，在武广客运专线建设中，由于原勘测控制网的精度和边长投影变形值不能满足无砟轨道施工测量的要求，后来按《客运专线无砟轨道铁路工程测量暂行规定》(铁建设〔2006〕189 号)的要求建立了 $CP_{Ⅰ}$、$CP_{Ⅱ}$平面控制网和二等水准高程应急网。采用了利用新旧网结合使用的办法，即对满足精度的旧控制网仍用其施工；对不满足精度要求的旧控制网，则采用 $CP_{Ⅰ}$、$CP_{Ⅱ}$平面施工控制网与施工切线联测，分别更改每个曲线的设计进行施工，待线下工程竣工后，再统一贯通测量进行铺轨设计的方法。由于工程已开工，新旧两套坐标在精度和尺度上都存在较大的差异，只能通过单个曲线的坐标转换来启用新网，给设计施工都造成了极大的困难。

在京津城际铁路建设中，由于线下工程施工高程精度与轨道施工高程控制网精度不一致，造成了部分墩台顶部施工报废、重新施工的情况。

(2)线下工程施工控制网与轨道施工控制网的坐标系统和测量精度不统一的后果。防止线下工程与轨道工程错开和净空限界不足等问题出现。

2. 确定了客运专线铁路工程平面控制测量分三级布网的布设原则

(1)基础平面控制网($CP_{Ⅰ}$)，为勘测、施工、运营维护提供坐标基准。采用 GPS B 级(无砟)/ GPS C 级(有砟)网精度要求施测；

(2)线路控制网($CP_{Ⅱ}$)，为勘测和施工提供控制基准，采用 GPS C 级(无砟)/ GPS D 级(有砟)网精度要求施测或采用四等导线精度要求施测；

(3)基桩控制网/施工加密网($CP_{Ⅲ}$)，为线下工程、无砟轨道施工和运营维护提供控制基准,采用五等导线精度要求施测或后方交会网的方法施测。

客运专线铁路工程测量三级平面控制网如图 5-1 所示。

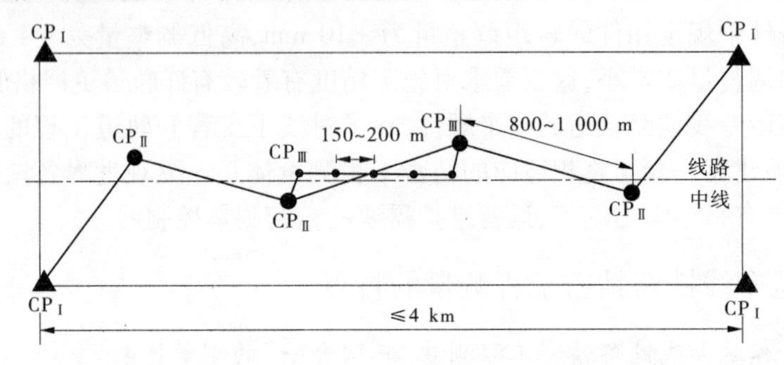

图 5-1　客运专线铁路工程测量三级平面控制网示意

客运专线铁路工程测量精度要求高,施工中要求由坐标反算的边长值与现场实测值应一致,即所谓的尺度统一。由于地球面是个椭球曲面,地面上的测量数据需投影到施工平面上,曲面上的几何图形在投影到平面时,不可避免地会产生变形。采用国家 3°带投影的坐标系统,在投影带边缘的边长投影变形值达到 340 mm/km,这对无砟轨道的施工是很不利的,它远远大于目前普遍使用的全站仪的测距精度(1 ~ 10 mm/km),对工程施工的影响呈系统性。从理论上来说,边长投影变形值越小越有利。因此,规定客运专线无砟轨道铁路工程测量控制网采用工程独立坐标系,把边长投影变形值控制在 10 mm/km,以满足无砟轨道施工测量的要求。

《高速铁路工程测量规范》(TB 10601—2009)中有砟轨道铁路测量规范各级控制网测量的精度指标主要是为满足线下工程的施工控制的要求而制定的,没有考虑轨道施工对测量控制网的精度要求,轨道的铺设是按照线下工程的施工现状,采用相对定位的方法进行铺设的,即轨道的铺设是按照 20 m 弦长的外矢距来控制轨道的平顺性,没有采用坐标对轨道进行绝对定位,用相对定位的方法能很好地解决轨道的短波不平顺性,而对于轨道的长波不平顺性无法解决。对于客运专线铁路,曲线的半径大、弯道长,如果仅采用相对定位的方法进行铺轨控制,而不采用坐标进行绝对控制,轨道的线形根本不能满足设计要求。

曲线外矢距

$$F = \frac{C^2}{8R} \tag{5-1}$$

式中　C——弦长,m;

　　R——半径,m。

现有一半径为 2 800 m(时速 200 ~ 250 km 有砟轨道铁路的最小曲线半径)的弯道,铺轨时若按 10 m 弦长、3 mm 的轨向偏差(即用 20 m 弦长的外矢距偏差)来控制曲线,则当轨向偏差为 0 时,$R = 2\ 800$ m;当轨向偏差为 +3 mm 时,$R = 2\ 397$ m;当轨向偏差为 -3 mm 时,$R = 3\ 365$ m,即一个大弯道由几个不同半径的曲线组成,且半径相差几百米。

由此可见,只采用 10 m 弦长、3 mm(有砟)或 10 m 弦长、2 mm(无砟)的轨向偏差来控制轨道的平顺性是不严密的,必须采用相对控制与坐标绝对控制相结合的方法来进行轨道铺轨控制。

客运专线无砟轨道铁路首级高程控制网应按二等水准测量精度要求施测;铺轨高程控

制测量按精密水准测量（每千米高差测量中误差2 mm）要求施测。

模块3 客运专线无砟轨道铁路工程测量技术要求

5.3.1 平面控制测量

1. 平面控制测量作业流程

(1) CP_{I}平面控制测量：一般在初测时完成，为客运专线无砟轨道铁路工程提供平面基准。

(2) CP_{II}平面控制测量：一般在定测时完成，作为客运专线无砟轨道铁路工程施工平面控制网。

(3) CP_{III}平面控制测量：在施工测量时施测，线下工程施工时，作为施工加密平面控制网；铺设无砟轨道时，作为无砟轨道铺设基桩控制网。

2. 平面控制测量方法

(1) GPS测量：用于建立CP_{I}、CP_{II}控制网；

(2) 导线测量：用于建立CP_{II}、CP_{III}平面控制网；

(3) 后方交会网测量：用于建立无砟轨道铺设基桩控制网。

5.3.2 高程控制测量

高程控制测量分为勘测高程控制测量、水准基点高程控制测量、CP_{III}控制点高程测量。

(1) 勘测高程控制网应优先采用二等水准测量，困难时可采用四等水准测量。

(2) 当勘测阶段，不具备二等水准测量条件时，分两阶段实施水准测量。勘测阶段按四等水准测量要求施测，线下工程施工完成后，全线再按二等水准测量要求建立水准基点控制网。

(3) 当线下工程为桥隧相连、线路纵断面调整余地较小时，应在工程施工前按二等水准测量要求建立水准基点控制网。

各级高程控制测量等级及布点要求见表5-5。

表5-5 各级高程控制测量等级及布点要求

控制网级别	测量等级	点间距
勘测高程控制测量	二等水准测量	≤2 000 m
	四等水准测量	
水准基点高程控制测量	二等水准测量	≤2 000 m
CP_{III}控制点高程测量	精密水准测量	≤200 m

注：长大桥隧及特殊路基结构施工高程控制网等级应按相关专业要求执行。

模块 4　施工阶段测量

5.4.1　施工阶段测量内容

施工阶段测量内容包括:

(1)施工控制网复测;

(2)施工控制网加密;

(3)线路施工测量;

(4)路基施工测量;

(5)桥涵施工测量;

(6)隧道施工测量。

5.4.2　施工控制网复测

(1)复测的控制桩包括:全线 CP_{I} 控制点、CP_{II} 控制点、水准点;

(2)复测的方法、使用的仪器和精度应符合相应等级的规定。

5.4.3　施工控制网加密

(1)当平面采用导线测量时按五等导线进行加密,按 CP_{III} 控制点的要求进行选点、埋石,导线边长以 200 ~ 300 m 为宜。

(2)当采用 GPS 加密时,应按 D 级 GPS 控制测量的要求进行测量,按 CP_{III} 控制点的要求进行选点、埋石,边长以 300 ~ 350 m 为宜。

(3)高程控制点加密按精密水准测量要求进行加密,点位尽量与加密的平面控制点共桩。

5.4.4　线路施工测量

(1)测量内容:直线控制桩、曲线控制桩、百米桩、中线桩。

(2)测量方法:采用全站仪极坐标法或 GPS RTK 测设。

5.4.5　路基施工测量

(1)测量内容:路堤路堑施工放样测量、地基加固工程施工放样、桩板结构路基施工放样。

(2)测量方法:地基加固范围中的施工放样测量和路堤路堑的施工放样测量可在恢复中线的基础上采用横断面法、极坐标法或 GPS RTK 法施测。桩板结构路基平面控制测量应采用 GPS 测量、导线测量,桩板结构路基施工放样采用极坐标法测量。

5.4.6　桥梁施工测量

1. 桥梁施工平面、高程控制网测量

特大桥、复杂大桥,当 CP_{I} 或 CP_{II} 控制点下加密的桥梁控制网精度不能满足桥梁施工测量的精度要求时,应建立独立的桥梁控制网。

2. 桥梁墩台定位测量

岸上墩台中心点定位可直接利用桥中线两侧的墩旁控制点,按光电测距极坐标法进行测量。

当水中桥墩基础采用水上作业平台施工时,用光电测距极坐标法或交会法进行墩中心点定位。使用方向交会法测设时,应至少选择三个方向进行交会。

5.4.7　隧道施工测量

1. 洞外控制测量

洞外平面控制测量宜结合隧道长度、平面线形、地形和环境等条件,采用GPS测量或导线测量。洞外高程控制测量应根据设计精度,结合地形情况、水准路线长度以及仪器设备条件,采用水准测量或光电测距三角高程测量。

2. 洞内控制测量

洞内平面控制网宜布设成多边形导线环,导线点应布设在施工干扰小、稳固、可靠的地方,点间视线应离开洞内设施0.2 m以上。洞内高程控制点应每隔200~500 m设置一对。

模块5　客运专线铁路测量技术方案与技术报告

客运专线测量是一项精度要求极高的线路工程,因此针对这项工程,需要制订较为详细、准确的测量方案与技术设计,并在整体工程结束后编写技术报告。为了更直观、具体地让学生了解方案的编写,现列举如下几个案例(具体的方案编写中会涉及部分测量保密数据,进行了删除)。

案例　××标段客运专线测量技术方案

一、任务概述(略)

(一)任务名称、测量阶段

(二)工作依据

(三)工作范围及工作内容

(四)执行单位和工期

二、线路概况(略)

(一)线路经由

(二)地形、气象及地质条件

(1)地形地貌

(2)气象特征

(3)工程地质

三、既有资料情况

略。

四、主要技术依据

(1)《高速铁路工程测量规范》(TB 10601—2009);
(2)《铁路工程卫星定位测量规范》(TB 10054—2010);
(3)《全球定位系统(GPS)测量规范》(GB/T 18314—2009);
(4)《国家一、二等水准测量规范》(GB 12897—2006)。

五、坐标与高程系统

(一)坐标系统

在定测阶段进行了工程独立坐标系的设计,长度投影变形设计精度满足《高速铁路工程测量规范》(TB 10601—2009)十万分之一的精度要求。为了保证起点与客运专线的衔接,以及终点处的衔接,起点第一工程独立坐标系利用客运专线第二工程独立坐标系(2000国家大地坐标系椭球参数),终点第五工程独立坐标系利用第三工程独立坐标系(2000国家大地坐标系椭球参数)。

2000国家大地坐标系采用的地球椭球参数的数值为:长半轴 $a=6\ 378\ 137$ m,扁率为1/298.257 222 101,为了满足设计成图和地方规划的需要,引入1980西安坐标系,中央子午线为120°。

(二)高程系统

高程成果采用1985国家高程基准。

六、控制网的测量方案

(一)平面控制网

1.一般规定

本次精密工程控制测量平面控制网按分级布网的原则,分三级布设,第一级为框架控制网(CP_0),第二级为基础平面控制网($CP_Ⅰ$),第三级为线路平面控制网($CP_Ⅱ$)。

平面控制测量布网要求见表1。

表1 平面控制测量布网要求

控制网级别	测量方法	测量等级	点间距	相邻点的相对点位中误差(mm)	备注
CP_0	GNSS	一等	50 km	20	可利用A/B级点
$CP_Ⅰ$	GNSS	二等	≤4 km一个点	10	
$CP_Ⅱ$	GNSS	三等	600~800 m	8	最短不宜小于600 m

注:相邻点的相对中误差为平面 x、y 坐标分量中误差。

GNSS测量平差成果精度指标应符合表2的规定。

表 2　GNSS 测量平差成果精度指标

控制网级别	基线边方向中误差	最弱边相对中误差
CP_0	—	1/2 000 000
$CP_Ⅰ$	≤1.3″	1/180 000
$CP_Ⅱ$	≤1.7″	1/100 000

2. 选点、埋石

1) 平面网的选点要求

CP_0 点按照稳固、安全的原则布设，充分利用国家 A/B 级 GNSS 点，不满足要求的可单独设置。单独设置的设在宾馆楼顶或开阔地带，利用铁架或者挡墙的方式埋设。

$CP_Ⅰ$、$CP_Ⅱ$ 测量等级平面控制网布设须沿线路布设，由技术负责人会同相关人员在线路平面图上进行控制网的方案设计、图上选布点位、编号，选点、埋石人员按设计好的点位进行现场选点、埋石工作，但要根据现场实际情况按布网设计原则灵活确定点位，并在图上修改标示。

$CP_Ⅰ$、$CP_Ⅱ$ 控制点布设应充分考虑即将施工的影响，布设在不易被破坏的范围内，对高路基、桥梁等段落，尽量考虑将 $CP_Ⅰ$、$CP_Ⅱ$ 布设于线路一侧，避免因施工后高路基、桥墩等造成点间不通视的现象，以方便施工使用。埋设于路边坡顶上时应注意考虑坡顶外肩至桩体的距离满足冻土影响，并要考虑路边坡顶冲刷对桩体滑动的影响。

使用 GNSS 观测的点位均应便于安置仪器，周围视野开阔，通视情况良好，高度角 15°以上无障碍物阻挡卫星信号；远离高于安置天线高度的树木、建筑物等阻挡卫星信号的障碍物；为了避免电磁场对 GNSS 卫星信号的干扰，点位远离大功率无线电发射源、高压输电线；在点位附近应避免有大面积水域，以避免多路径效应的影响；点位布设于交通方便、基础稳定、易于保存，有利于导线联测的地方。

$CP_Ⅰ$ 控制点沿线路单点布设，不大于 4 000 m 布设一个点，应选在距线路中线 50 ~ 1 000 m。如布设点对边长应在 800 ~ 1 000 m 且相互通视，困难地段应有一点靠近线路，方向点可远离线路，在长大隧道（大于 1 km），于隧道进出口处布设一对相互通视的 $CP_Ⅰ$ 点，每对点两点间距 800 ~ 1 000 m；在隧道进出口困难地区、通视条件受限的情况下，每对点间距最小不宜小于 600 m；为兼顾 GNSS 网形，在实地条件允许时，$CP_Ⅰ$ 可在铁路中心线两侧错开布点。

$CP_Ⅱ$ 用 GNSS 法测量时满足靠近线路点为等边直伸形式，应选在距线路中线 50 ~ 200 m 稳固、可靠且不易被施工破坏的范围内，点位应便于长期保存和测设中线，只作为后视点的可远离线路，点间距 600 ~ 800 m，点间尽量相互通视，要保证每一个点至少有一个通视方向。

标石埋设时，需与坎边距离保持在 2 m 以上，以保证标志的稳定性。

2) 平面控制点编号

CP_0、$CP_Ⅰ$、$CP_Ⅱ$ 点标石上应注记控制点编号。CP_0 点位编号由两位组成，$CP_{0+两位数字}$，比如，第三个设置的 CP_0 控制点，点号命名为 CP_{003}，后面两位数字从左至右方向依次递加。$CP_Ⅰ$ 点编号由四位数字组成：$CP_{Ⅰ××××}$，编号范围测绘院三队为 $CP_{Ⅰ6001}$ ~ $CP_{Ⅰ6999}$，测绘院一

队为 $CP_{I1001} \sim CP_{I1999}$；$CP_{II}$点编号由四位数字组成：$CP_{II\times\times\times\times}$，$CP_{II}$编号范围测绘院三队为 $CP_{II6001} \sim CP_{II6999}$，测绘院一队为 $CP_{II1001} \sim CP_{II1999}$；编号顺序从左至右方向依次递加。控制点的编号应考虑与交叉铁路连接处不能重号，并不能与他们的点位混淆，利用其桩点时应在现场标记清楚，在成果中写明备注。

3）平面控制点埋设标准

埋设采用现场浇筑混凝土桩，混凝土的配比按水泥：砂子：碎石的重量比为1：2：3进行，将控制点标志固定在桩面内，桩面应低于地面0.2 m。当气温在0 ℃及以下时，混凝土应加入防冻液和速凝剂。在部分市区内，由于地面开挖困难，可在稳固建筑物上设标，也可在稳固水泥路面设标。水泥路面设标要用电钻打孔后，将金属标志用固结剂或速凝水泥镶嵌在路面上。

（1）控制点标志。

金属标志制作材料上部为不锈钢，下部采用普通钢筋焊接而成。标志标识规格应符合图1的规定。

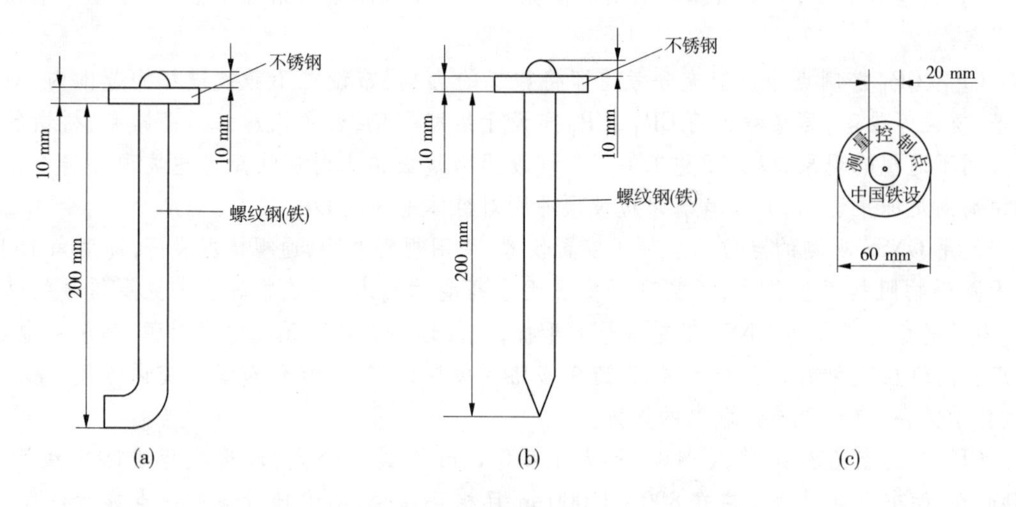

图1　测量标志尺寸

（2）控制点标石。

建筑物顶上设置标石，标石应和建筑物顶面牢固连接，并对标石位置的建筑物顶进行防水处理。建筑物上各等平面控制点标石设置规格应符合图2的规定（包括 CP_I、CP_{II}）。

CP_I、CP_{II}及水准标石控制点埋设规格应符合图3的规定。对于不能挖到深度的，应注明情况，并采取稳固措施；挖埋方式可采用人工或机械方式，使用钻孔机时，钻孔直径不小于30 cm。

CP_I、CP_{II}及水准标石桩底深度在最大冻结深度0.3 m以下，全线埋桩深度统一按照1.2 m设计。

4）点之记绘制要求

（1）点之记要在埋标时现场绘制草图，绘制时要符合要求，要素齐全，标识点位的距离用皮尺现场实测，交通路线图指向要齐全、清楚。

（2）埋标时，先用手持GNSS在测区测量已知点，将参数调整在测量误差10 m以内，然

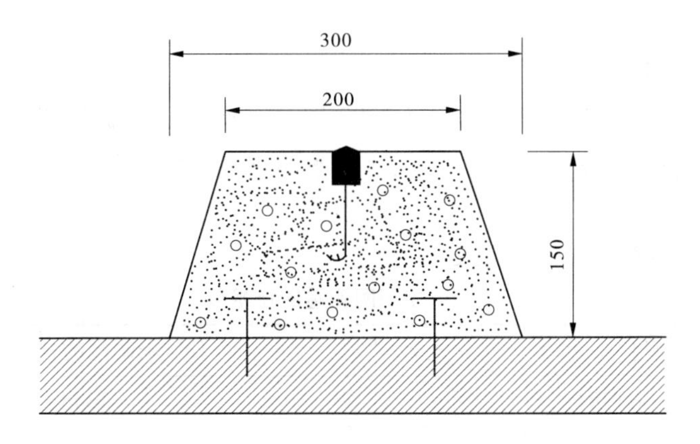

图2　建筑物上各等平面控制点标石设置　（单位:mm）

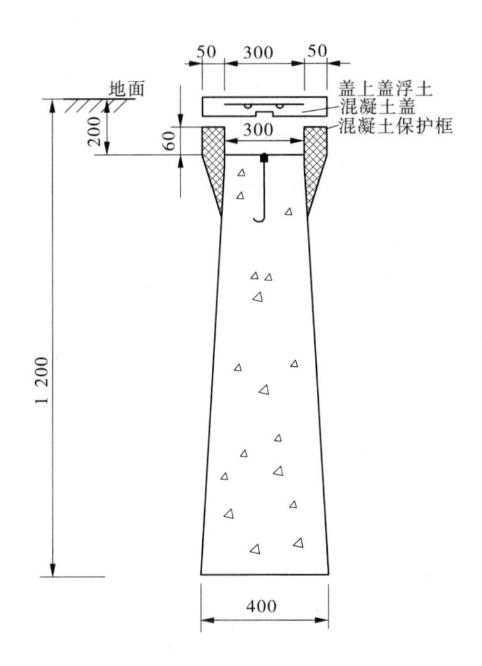

图3　控制点埋桩尺寸示意　（单位:mm）

后进行选点,选点完成后采集WGS-84概略坐标,绘制点之记时进行标注。

(3)选点埋标人员在点之记绘制记录上签名。

(4)每个点用数码相机拍摄辅助点之记(JPG文件格式)三张,一张为钢尺丈量埋深图(照片文件名称:点号-1),一张为标石顶面图(照片文件名称:点号-2),一张为一人站在点位上,拍摄点位附近明显参照物(照片文件名称:点号-3)。

(5)根据点之记草图,及时绘制电子图。

(6)测绘院将在埋标过程中进行实挖检查,对检查不符合规格标准的埋标单位和埋石人员进行严肃处理。

(7)点之记样例。

3. 观测

1) CP_0 控制网的观测

CP_0 的观测采用双频 GNSS 接收机，以 2000 国家大地坐标系作为坐标基准，以 IGS 参考站或国家 A/B 级 GNSS 控制点作为约束点，进行控制网整体三维约束平差，所有联测的国家 GNSS 点应有照片存档。

CP_0 控制网测量的技术要求见表 3。

表 3　CP_0 控制网测量的技术要求

项目	CP_0 控制网的技术要求
卫星截止高度角(°)	≥15
同时观测有效卫星数	≥4
观测时段数	≥4
有效时段长度(min)	≥300
数据采样间隔(s)	30
有效卫星的最短连续观测时间(min)	≥15

2) CP_I 控制网的施测

CP_I 按二等卫星定位测量要求，全段一次布网，统一测量，整体平差。卫星定位测量前按要求进行仪器检校，经常对光学对中器进行检校。卫星定位作业时对中误差小于 1 mm，每个时段观测前、后各量天线高一次，两次较差值小于 2 mm，取均值作为最后成果。观测过程中不得在天线附近 50 m 以内使用电台，10 m 以内使用对讲机；在一时段观测过程中不允许进行以下操作：接收机关闭又重新启动、进行自测试、改变卫星高度截止角、改变数据采样间隔、按动关闭文件和删除文件等。

观测时应用仪器电子手簿自动记录点号、天线高，同时认真填写静态观测手簿，技术指标要求按表 4 执行。

表 4　CP_I 测量作业的基本技术要求

项目		二等
静态测量	卫星截止高度角(°)	≥15
	同时观测有效卫星数	≥4
	时段长度(min)	≥90
	观测时段数	≥2
	数据采样间隔(s)	10 ~ 60
	接收机类型	双频
	PDOP 或 GDOP	≤6

3) CP_{II} 级控制网测量

卫星定位测量基本技术要求如表 5 所示。

表5 $CP_{Ⅱ}$测量作业的基本技术要求

项目		三等
静态测量	卫星截止高度角(°)	≥15
	同时观测有效卫星数	≥4
	时段长度(min)	≥60
	观测时段数	1~2
	数据采样间隔(s)	10~60
	接收机类型	双频
	PDOP 或 GDOP	≤8

4. 数据处理

CP_0 控制网基线向量解算采用精密星历和精密基线解算软件,使用软件为 Gamit,并采用 bernse 软件进行复核。

$CP_{Ⅰ}$ 基线向量解算采用广播星历和商用软件,统一应用商用软件 LGO 进行基线解算,以保证其数据的一致性。如果所用仪器不是 Leica,应将原始观测文件转换为标准 RINEX 格式文件后进行基线解算。网平差采用同济大学测量系的 TGPPS Win32 软件进行计算,以 CP_0 点成果作为起算数据。

$CP_{Ⅰ}$、$CP_{Ⅱ}$ 卫星定位网平差计算成果的精度指标应符合表6的要求。

表6 基线质量检验限差

检验项目	限差要求			
	X 坐标分量闭合差	Y 坐标分量闭合差	Z 坐标分量闭合差	环线全长闭合差
独立环(附合路线)	$W_x \leqslant 3\sqrt{n}\sigma$	$W_y \leqslant 3\sqrt{n}\sigma$	$W_z \leqslant 3\sqrt{n}\sigma$	$W \leqslant 3\sqrt{3n}\sigma$
重复观测基线较差	$d_s \leqslant 2\sqrt{2}\sigma$			

注:本表中 $\sigma = \sqrt{a^2 + (b \cdot d)^2}$, $a = 5$ mm, $b = 1 \times 10^{-6}$。

当各项标准满足规范要求后,应以整网有效观测时间最长网点的 WGS-84 三维坐标作为起算数据,进行卫星定位网的三维无约束平差。无约束平差中基线向量各分量的改正数绝对值应满足下式要求:

$$\begin{cases} V_{\Delta_x} \leqslant 3\sigma \\ V_{\Delta_y} \leqslant 3\sigma \\ V_{\Delta_z} \leqslant 3\sigma \end{cases} \tag{1}$$

式中 σ——相应级别规定的基线的精度。

在三维无约束平差确定的有效数据基础上,进行三维约束平差。约束平差中基线向量各分量改正数与无约束平差同一基线改正数较差的绝对值应满足下式要求:

$$\begin{cases} dV_{\Delta_x} \leqslant 2\sigma \\ dV_{\Delta_y} \leqslant 2\sigma \\ dV_{\Delta_z} \leqslant 2\sigma \end{cases} \tag{2}$$

$CP_{Ⅰ}$控制点相邻点相对点位中误差为 10 mm,最弱边相对中误差为 1/180 000,基线方位角中误差为 1.3″;$CP_{Ⅱ}$控制点相邻点相对点位中误差为 8 mm,最弱边相对中误差为 1/100 000,基线方位角中误差为 1.7″,坐标成果保留到 0.1 mm。

(二)高程控制网

高程控制网沿线布设深埋水准点和普通线路水准基点两种类型的高程控制点,组成统一的高程控制网。各类高程控制点沿线路布设,水准点位设在线路施工的影响范围外。

1. 埋标水准点

1)深埋水准点

按照 10 km 左右布设一个,可在稳固的建筑物和邻近线位的桥墩、涵洞上设置墙脚标石,如图 4 所示。

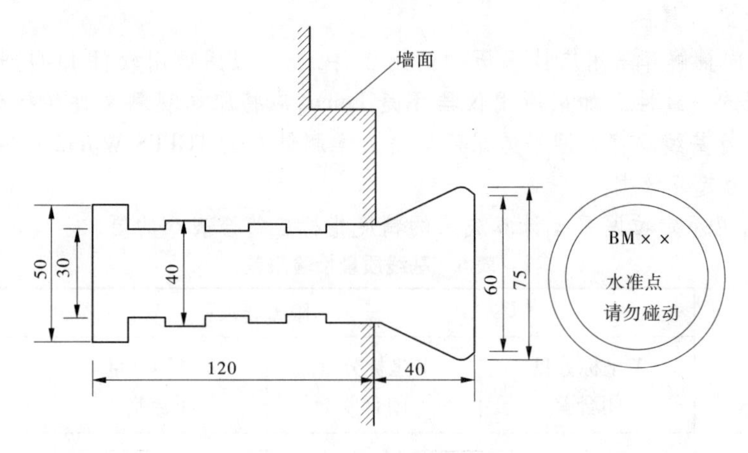

图 4　墙脚标水准点标石埋设　(单位:mm)

2)线路水准基点

线路水准基点为不大于 2 km 布设一个,复杂特大桥、隧道口附近和车站范围内应增设水准点。为便于施工单位施工放样对高程点的引用,应考虑线路水准点与$CP_{Ⅰ}$、$CP_{Ⅱ}$级点共用,线路水准基点标石埋设规格同$CP_{Ⅰ}$点的规定。

还可在稳固的建(构)筑物如楼房、桥墩等上设墙脚标石,埋设时要加固结剂或速凝水泥,埋设规格应符合图 6 的规定。

水准基点编号:当与$CP_{Ⅰ}$或$CP_{Ⅱ}$共用时,编号采用平面点编号;单独设置时,编号为$BM_{6\times\times\times}$或$BM_{1\times\times\times}$,按里程从小到大顺序编号。

点之记绘制要求同$CP_{Ⅰ}$、$CP_{Ⅱ}$。

2. 观测

高程控制网的观测应按照国家二等水准测量要求执行,沿线路不大于 20 km 应联测一个定测水准点。水准路线应充分利用各种比例尺地形图资料,结合现场选点埋石情况确定最短观测路线。

仪器使用 Leica DNA03/Trimble Dini12 等不低于DS_1级的精密电子水准仪及配套 2 m

或 3 m 铟瓦条码水准尺、尺垫。水准仪与水准尺在使用前,必须检校合格。自动观测记录,采用单路线往返观测,一条路线的往返测必须使用同一类型仪器和转点尺垫,沿同一路线进行。观测成果的重测和取舍按《国家一、二等水准测量规范》(GB/T 12897—2006)的有关要求执行。

观测时,视线长度≤50 m,前后视距差≤1.0 m,前后视距累积差≤3.0 m,视线高度≥0.55 m,且≤2.8 m;测站限差:两次读数差≤0.5 mm,两次所测高差之差≤0.7 mm,检测间歇点高差之差≤1.0 mm;观测时,奇数站按后—前—前—后、偶数站按前—后—后—前的顺序进行,每一测段应为偶数测站。一组往返观测宜安排在不同的时间段进行;由往测转向返测时,应互换前后尺再进行观测。晴天观测时应给仪器打伞,避免阳光直射;扶尺时应借助尺撑,使标尺上的气泡居中,标尺垂直。

3. 数据处理

(1)线路高程控制网按照国家二等水准精度计算,以联测的国家水准点为起算点进行整体严密平差计算,采用专业评审通过的平差软件进行平差计算,并使用科傻或其他专业平差软件进行核算,高程成果保留到 0.1 mm。

(2)水准测量作业结束后,全线应按测段往返测高差不符值计算偶然中误差 M_Δ;当水准网的环(段)数超过 20 个时,应按环线闭合差计算 M_W。每千米高差偶然中误差 M_Δ 和每千米高差全中误差 M_W 应符合表 7 的规定,否则应对较大闭合差的路线进行重测。M_Δ 和 M_W 应按下列公式计算:

$$M_\Delta = \sqrt{\frac{1}{4n}\left[\frac{\Delta\Delta}{L}\right]} \tag{3}$$

$$M_W = \sqrt{\frac{1}{N}\left[\frac{WW}{L}\right]} \tag{4}$$

二等水准测量限差精度要求应符合表 7 的规定。

表 7　二等水准测量限差精度要求　(单位:mm)

水准测量等级	每千米水准测量偶然中误差 M_Δ	每千米水准测量全中误差 M_W	限差			
			检测已测段高差之差	往返测不符值	附合路线或环线闭合差	左右路线高差不符值
二等水准	≤1.0	≤2.0	$6\sqrt{L}$	$4\sqrt{L}$	$4\sqrt{L}$	—

注:表中 L 为往返测段、附合或环线的水准路线长度,km。

(三)平面、高程控制网联测

1. 平面控制网联测

平面控制网联测应选满足要求的国家 A/B 级控制点;联测客运专线、CP_{I} 控制点分别不少于 2 个;每隔 10 ~ 20 km 联测 1 个定测平面控制点,并分析精测网与定测网、相关工程的平面控制网的兼容性。

2. 高程控制网联测

高程控制网联测应选满足要求的国家水准点;联测客运专线、水准基点分别不少于 2 个;每隔 10 ~ 20 km 联测 1 个定测高程控制点,并分析精测网与定测网、相关工程的高程控制网的兼容性。

七、控制网复测与维护

城际铁路精密控制网的建设是一项系统性、持续性强的工作，需要在施工期间进行定期复测和维护。复测时采用的方法、使用的仪器和精度应按建网时相应等级的规定进行，维护时应采用同精度扩展的方法进行。

（一）控制网的复测周期

CP_{I}、CP_{II}平面控制网和二等水准网的复测周期为每年一次，直至工程施工完成交付运营，其中精密控制网在设计单位交桩后，由建设单位组织施工单位复测一次；CP_{III}建网前，应复测一次；工程静态验收前，应复测一次。这三次复测可结合工程进度合理安排。

（二）不定期复测

由于点位均在施工沿线，考虑丢桩、桩位移动等情况，施工过程中按工程实际需要开展不定期复测。

（三）复测与维护的职责分工

复测与维护的职责分工按照《关于进一步规范铁路工程测量控制网管理工作的通知》（铁建设〔2009〕20号）的规定执行。

八、上交和存档的资料

（一）平面测量

平面测量成果如下所述：

（1）控制网坐标成果；

（2）环闭合差报告、无约束平差成果报告、约束平差成果报告；

（3）网形图；

（4）点之记；

（5）既有资料清单、起算点检测和检验资料；

（6）原始记录本、原始数据文件、计算文件；

（7）仪器检定证书。

（二）高程测量

高程测量成果有：墙脚标水准点、水准基点高程成果，平差计算及精度评定报告，水准测量路线示意图，水准点点之记记录，仪器检定证书，水准测量原始记录。

（三）成果报告

编写××铁路精密工程控制测量技术报告。

（四）电子文档

电子文档包括所有电子记录、过程数据、成果数据的电子文档。

九、注意事项和要求

（1）充分认识本项目的重要性，加强对参加测量人员的技术、质量和责任意识的培训、教育工作。

（2）开工后及时编制生产技术指标表，细化工作安排，作业过程及时汇总工作进度，发现问题及时反馈。

(3)加强仪器常规检校。

①本项目投入的各类测量仪器,如GNSS、水准仪等,须在计量检定有效期内使用。

②项目开工前以及作业过程中,按有关规定做好仪器的常规检校工作,并认真填写仪器常规检校记录。

(4)各单位技术负责人切实负责,严格管理,认真贯彻执行有关规范及本设计书。

(5)数据处理时,加强计算、复核工作,未经复核、检算的数据严禁提交接续单位使用。

(6)加强数据和成果数据的保存、保管工作,严禁外传、泄密、丢失等现象的发生。

(7)本项目工作必须认真贯彻安全生产的方针,结合各阶段工作的特点和具体情况,制订相应的安全生产措施。

复习和思考题

5-1　$CP_{Ⅲ}$控制网测量中的平面与高程控制是如何完成的?

5-2　为什么$CP_{Ⅲ}$控制网测量的相对精度会比上一等级的控制网精度还要高?

5-3　针对项目5内容,结合给出的几个案例,总结在客运专线测量过程中应注意哪些问题,请分级别、分类别依次说明。

项目 6　曲线测设

模块 1　曲线概述

在确定公路形状的过程中，由于受到地形、地物、地质条件等因素的影响和限制，经常要改变线路前进的方向。在线路方向发生变化的地段，连接直线转向处的曲线称为平曲线，但当线路转向角 α 较大时，就要用回头曲线来连接，如图 6-1(a) 所示。平曲线和回头曲线都是由圆曲线和缓和曲线组成的。

圆曲线是具有一定曲率半径的圆弧，它分为单曲线和复曲线两种。其中，单曲线是具有单一半径的曲线，如图 6-1(b) 所示，而复曲线是具有两个或两个以上不同半径的同向曲线直接连接而成的，如图 6-1(c) 所示。

缓和曲线是为连接直线与圆曲线而设置的一段过渡曲线，其曲率半径由直线的曲率半径无穷大逐渐变化至圆曲线的曲率半径 R，如图 6-1(d) 所示。在此曲线上，任意一点的曲率半径与曲线长度成反比，曲线上任意一点的曲率半径与曲线长度乘积为常数 C，称为曲线半径变更率 。缓和曲线可以采用双纽线、三次抛物线（见图 6-1(e)）、回旋线(辐射螺旋线，见图 6-1(f))等线形。我国采用辐射螺旋线。

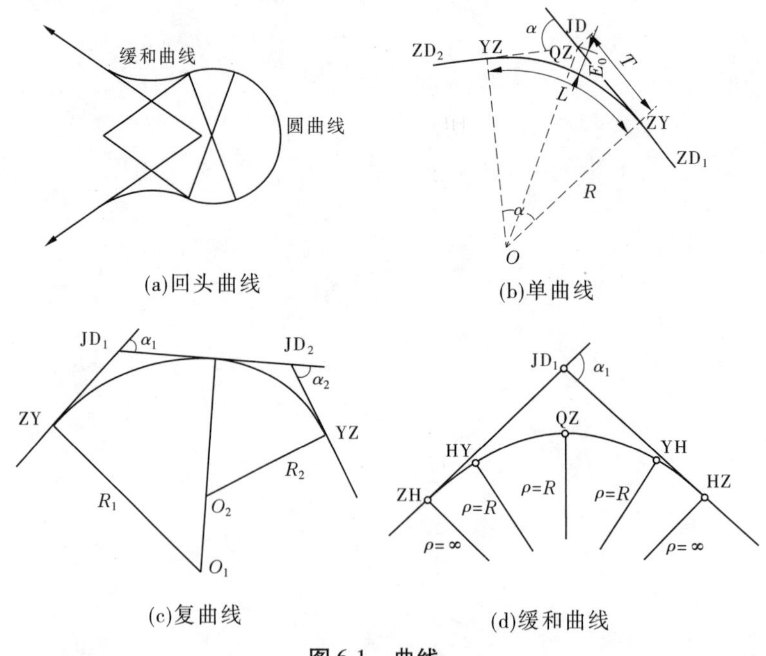

图 6-1　曲线

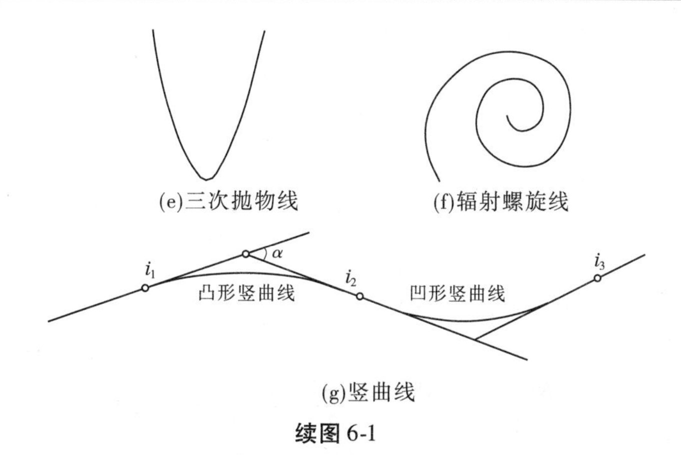

续图6-1

除此之外，当相邻两直线间存在不同坡度时，在路线纵坡变更处，为了行车的平稳和视距的要求，在竖直面内应以曲线衔接，这种曲线称为竖曲线。竖曲线有抛物线形和圆曲线形两种。竖曲线一般采用圆曲线，因为在一般情况下，相邻坡度差都很小，而选用的竖曲线半径都很大，即使采用二次抛物线等其他曲线，所得到的结果也与圆曲线相同。竖曲线有凸形和凹形两种，如图6-1(g)所示。

模块2 圆曲线的测设

6.2.1 圆曲线要素及其计算

如图6-2所示，线路从直线方向ZD_1—JD转向直线方向JD—ZD_2的时候，中间必须经过一段半径为R的圆曲线，这段圆曲线的起点和终点分别称为直圆(ZY)点和圆直(YZ)点，而圆曲线的中点称为曲中(QZ)点。这三点对圆曲线的位置起着控制作用，称为圆曲线的主点。线路在交点(JD)处的转向角α、切线长T、曲线长L、外矢距E_0、圆曲线的半径R，以及切曲差q，称为圆曲线的元素。其中，线路的转向角α是线路设计时选定的，并以线路前进方向为准，分为左偏和右偏，分别用$\alpha_{左}$和$\alpha_{右}$来表示。$\alpha_{左}$表示线路中线在JD点转向左侧，如图6-2所示。圆曲线的半径R是根据实地情况和线路的等级由设计人员决定的。

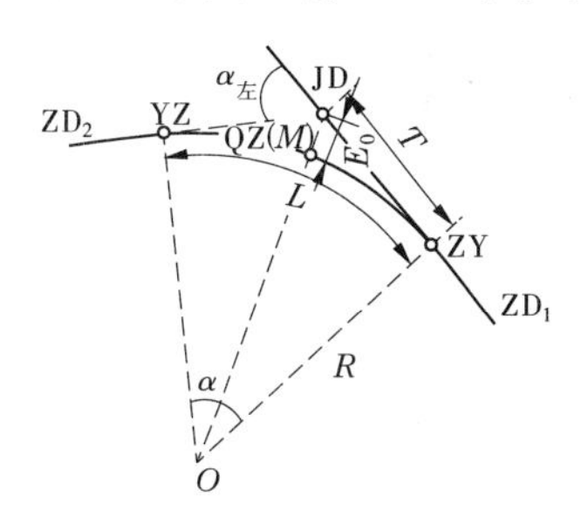

图6-2 圆曲线的主点及要素

$$
\begin{cases}
T = \dfrac{R\tan\alpha}{2} \\
L = \dfrac{\pi R\alpha}{180^\circ} \\
E_0 = R(\dfrac{\sec\alpha}{2} - 1) \\
q = 2T - L
\end{cases}
\tag{6-1}
$$

【例 6-1】 已知 $\alpha = 32°19'26''$, $R = 500$ m,求圆曲线要素 T、L、E_0 和 q 的值。

解:由公式得

$$T = \frac{R\tan\alpha}{2} = \frac{500 \times \tan 32°19'26''}{2} = 158.19(\text{m})$$

$$L = \frac{\pi R \cdot \alpha}{180°} = \frac{3.1416 \times 500 \times 32°19'26''}{180°} = 282.08(\text{m})$$

$$E_0 = R(\frac{\sec\alpha}{2} - 1) = 500(\frac{\sec 32°19'26''}{2} - 1) = 20.57(\text{m})$$

$$q = 2T - L = 34.3(\text{m})$$

6.2.2 圆曲线主点里程的计算

在圆曲线主点放样之前,必须将其里程(即路线中线上任一点至线路起点的里程数,也称该点的桩号)计算出来,计算方法如下:直圆点里程等于交点里程减去切线长,圆直点里程等于直圆点里程加上圆曲线长,曲中点里程等于圆直点里程减去曲线长的一半,即

$$
\begin{cases}
K_{ZY} = K_{JD} - T \\
K_{YZ} = K_{ZY} + L \\
K_{QZ} = K_{YZ} - \dfrac{L}{2}
\end{cases}
\tag{6-2}
$$

曲线中点的里程用 $K_{JD} = K_{QZ} + \dfrac{q}{2}$ 校核。

【例 6-2】 设交点 JD 里程为 K2 + 938.23(单位为 m),圆曲线元素 $T = 143.91$ m, $L = 282.08$ m, $E_0 = 20.57$ m, $q = 5.74$ m,求曲线主点里程。

解:

JD 里程	K2 + 938.23
$-T$	− 143.91
ZY	K2 + 794.32
$+L$	+ 282.08
YZ	K3 + 1 076.40
$-\dfrac{L}{2}$	− 141.04
QZ	K2 + 935.36
$+\dfrac{q}{2}$	+ 2.87
JD	K2 + 938.23 (校核)

6.2.3 圆曲线的主点放样

1. 测设圆曲线的起点和终点

先在JD上安置经纬仪,后视相邻的交点或转点方向,顺次定出距离丈量的两直线方向,然后从JD出发,沿着确定的直线方向量取切线长度 T,插上测钎。再用钢尺丈量钢钎点与最近的直线桩点的距离,如果两者的水平长度之差在允许的范围之内,则在测钎处打下ZY桩和YZ桩。如果两者的水平长度之差超出允许的范围,要找出原因,并且加以改正,否则重新测量。

2. 测设圆曲线的曲中点

保持经纬仪的位置不动,转动望远镜,瞄准测定路线转角时所测定的分角线方向(曲线中点的方向),该直线上丈量外矢距 E_0,得到曲线的中点。同样按照以上方法丈量与相邻桩点的距离进行校核,如果误差在允许的范围之内,则在测钎处打下QZ桩。

6.2.4 圆曲线的详细放样

当地形变化不大、曲线长度小于40 m时,测设曲线的3个主点能够满足设计和施工的要求。当地形变化较大或曲线较长时,除了测设3个主点,要在圆曲线上每隔一定距离标定百米桩和其他加桩,以详细表示圆曲线在地面上的位置。曲线上各桩间距的大小取决于曲线的半径和工程的性质。一般情况下,曲线半径小、桩间距就小。通常,当曲线半径 R 在300 m以上时,曲线上每隔20 m定一个加桩;当曲线半径在200 m以下时,曲线上每隔10 m定一个加桩,把此工作称为圆曲线的详细放样。

圆曲线详细放样的方法有偏角法、切线支距法、极坐标法以及自由设站法等。

1. 偏角法

偏角法实质上是方向距离交会法。偏角是弦线和切线的夹角,以曲线的起点(或者其他点)为坐标原点,以该点的切线为 x 轴,如图6-3所示。若需测设曲线上的 i 点(设 i 点以前各点已测设),则可在ZY点置镜,后视 JD_3 点,拨出测角 δ_i,再自 $i-1$ 点以规定的长度 c 与ZY点拨出的视线方向相交得出 i 点。根据圆曲线半径 R 和弧长 L,可以计算偏角 δ_i

$$\delta_i = i \cdot \frac{\varphi}{2} = i \cdot \frac{c}{2R} \cdot \frac{180°}{\pi} = i\delta \quad (i = 1,2,\cdots,n) \tag{6-3}$$

2. 切线支距法(直角坐标法)

1)测设原理

如图6-4所示,切线支距法是以圆曲线的起点ZY或终点YZ为坐标原点,以切线 T 为 x 轴,以通过原点的半径为 y 轴,建立独立坐标系,用圆曲线上特定点在直角坐标系中的坐标 (x_i,y_i) 来对应细部点 p_i。

$$\begin{cases} x_i = R\sin\alpha_i \\ y_i = R - R\cos\alpha_i \\ \quad = R(1-\cos\alpha_i) \qquad (i = 1,2,\cdots,n) \\ \alpha_i = \dfrac{l_i}{R} \cdot \dfrac{180°}{\pi} \end{cases} \tag{6-4}$$

其中,R 为圆曲线半径;l_i 为曲线点 i 至ZY(或YZ)的曲线长,一般定为10 m、20 m、30

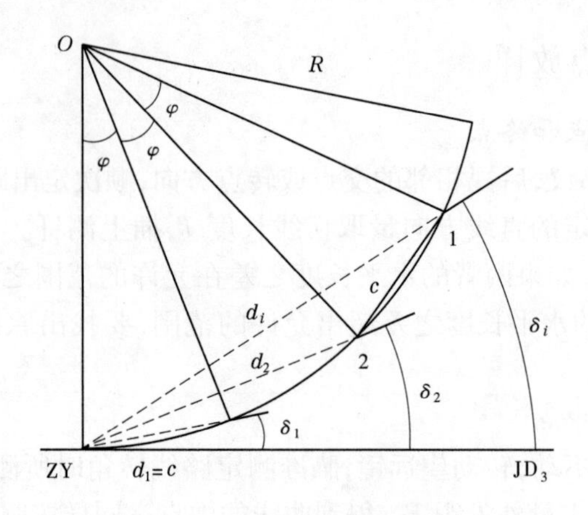

图 6-3　偏角法测设圆曲线

m,…,即每 10 m 一桩。根据 R 及 l_i 值,即可计算相应的 x_i、y_i 值。

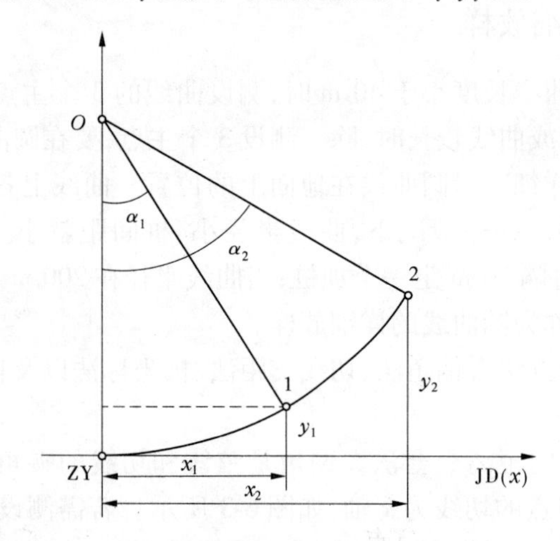

图 6-4　切线支距法放样圆曲线

【例 6-3】　如图 6-4 所示,现有一圆曲线,半径 $R=600$ m,要距 ZY 点每隔 10 m 设置一桩,请按切线支距法计算 10 m、20 m、30 m、40 m 桩的测设元素 x_i 和 y_i。

解:计算结果见表 6-1。

表 6-1　计算结果

l_i(m)	x_i(m)	y_i(m)
10	10.0	0.08
20	20.0	0.33
30	29.99	0.75
40	39.97	1.33

2) 测设方法

如图 6-5 所示,测设时,先在地面上用钢尺从曲线的起点 ZY 沿切线方向量取 x_1、x_2、x_3 等距离,在各点上插上测钎,然后在各点上测出切线的垂线,并分别量出 y_1、y_2、y_3 等距离,便可定出 1、2、3 等各点的位置。

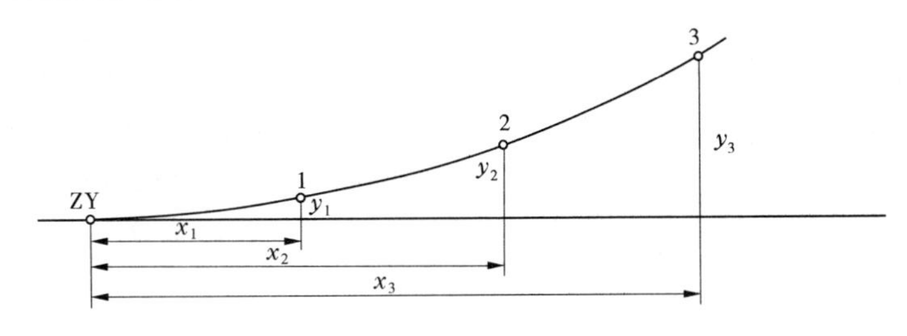

图 6-5　切线支距法测设方法

测设时先从曲线的起点 ZY 开始到曲线中点 M,然后由曲线终点 YZ 开始用同样的方法测设到曲线中点 M,定出各点的位置。

切线支距法适用于曲线半径小或地势较平坦、易于丈量的地区,计算比较简便,在测设各点时都是独立进行的,各测点之间的误差不易累积,但是对通视要求较高;在量距范围内应该没有障碍物,如果地面起伏较大或者各个测设主点之间的距离过长,会对测距带来较大的影响;如果用全站仪或者测距仪可以避免。

模块 3　综合曲线的测设

由缓和曲线和圆曲线组成的曲线通常称为综合曲线。图 6-6 所示为两个缓和曲线(ZH—HY 和 YH—HZ)和圆曲线(HY—QZ—YH)组成的综合曲线。其中,缓和曲线的两个起点分别称为直缓(ZH)点和缓直(HZ)点,两个终点分别称为缓圆(HY)点和圆缓(YH)点,圆曲线的中点仍然称为曲中(QZ)点,这五个点起着对曲线的控制作用,称为综合曲线的主点。

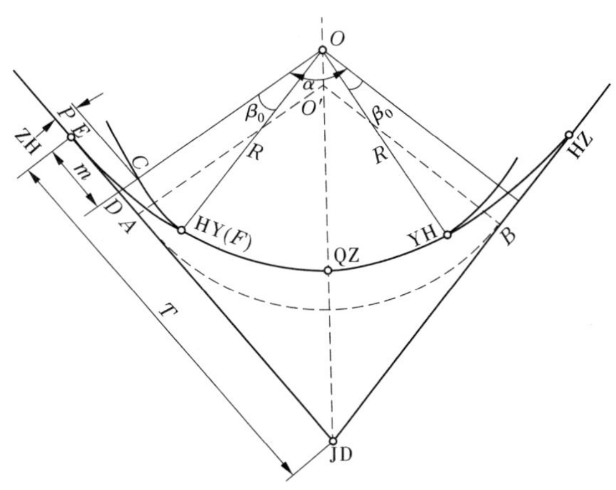

图 6-6　综合曲线

6.3.1　缓和曲线及其放样

1. 缓和曲线

当车辆在曲线上行驶时，会产生离心力，受此影响，车辆容易向曲线的外侧倾倒，直接影响车辆的行驶安全性以及舒适性。为了减少离心力对行驶车辆的影响，在曲线段部分的路面外侧必须加高，称为超高。此外，由于车辆的构造要求，需进行内轨加宽。外轨超高、内轨加宽都需逐渐完成。在曲线段如果超高为 h，而在直线段的超高为 0，这样需要在直线段与圆曲线之间插入一段曲率半径 ρ 由 ∞ 逐渐过渡到圆曲线曲率半径 R 的曲线，能使其超高从 0 逐渐变为 h，在此曲线上任一点 p 的曲率半径 ρ 与曲线的长度 l 成反比。这样的曲线称为缓和曲线。用公式表示为

$$\rho \infty \frac{1}{l} \quad 或 \quad \rho l = C \tag{6-5}$$

其中，C 为常数，表示缓和曲线曲率半径 ρ 的变化率，称为曲线半径变更率，与行车速度有关系。当 $l=10$ 时，$\rho=R$，按 $\rho l=C$，应有

$$C = \rho l = R l_0 \tag{6-6}$$

综合曲线的基本线型是在圆曲线与直线之间加入缓和曲线，成为具有缓和曲线的圆曲线，如图 6-6 所示，图中虚线部分为一转向角为 α、半径为 R 的圆曲线 AB，今欲在两侧插入长度为 l_0 的缓和曲线。圆曲线的半径不变而将圆心从 O' 移至 O 点，使得移动后的曲线离切线的距离为 P。曲线起点沿切线向外侧移至 E 点，设 $DE = m$，同时将移动后圆曲线的一部分（图中的圆弧 $\overset{\frown}{CF}$）取消，从 E 点到 F 点之间用弧长为 l_0 的缓和曲线代替，故缓和曲线大约有一半在原圆曲线范围内，另一半在原直线范围内，缓和曲线的倾角 β_0 即为圆弧 $\overset{\frown}{CF}$ 所对的圆心角。

缓和曲线的常数包括缓和曲线的倾角 β_0、圆曲线的内移值 P 和切线外移量 m，根据设计部门确定的缓和曲线长度 l_0 和圆曲线半径 R，其计算公式如下：

$$\left.\begin{aligned} \beta_0 &= \frac{l_0}{2R} \cdot \frac{180^\circ}{\pi} = \frac{l_0}{2R}\rho \\ P &= \frac{l_0^2}{24R} - \frac{l_0^4}{2\,688R^3} \approx \frac{l_0^2}{24R} \\ m &= \frac{l_0}{2} - \frac{l_0^3}{240R^2} \approx \frac{l_0}{2} \end{aligned}\right\} \tag{6-7}$$

2. 缓和曲线的放样

1）切线支距法

如图 6-7 所示，切线支距法是以 ZH 点或者 HZ 点为坐标原点，以过该点的切线为 x 轴，过该点的法线（半径）方向为 y 轴，计算缓和曲线与曲线上的坐标 (x,y)，然后测设曲线。缓和曲线上各点的坐标基本计算公式为

$$\begin{cases} x = l - \dfrac{l^5}{40R^2 l_S^2} \\ y = \dfrac{l^3}{6Rl_S} \end{cases} \tag{6-8}$$

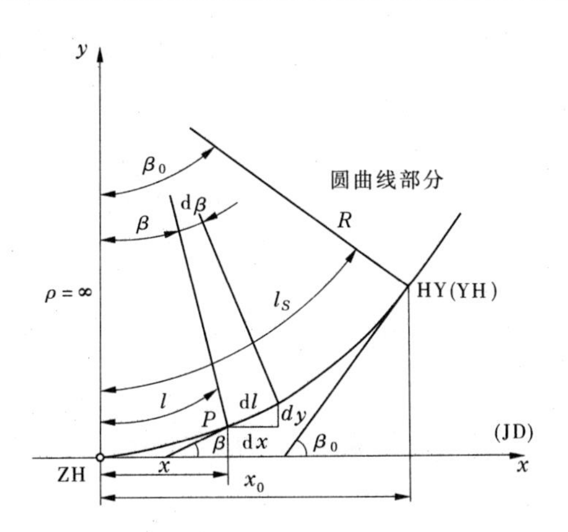

图 6-7　切线支距法放样缓和曲线

当 $l=l_0$时,式(6-8)变为

$$\begin{cases} x_0 = l_0 - \dfrac{l_0^3}{40R^2} \\ y_0 = \dfrac{l_0^2}{6R} \end{cases} \tag{6-9}$$

圆曲线上各点的坐标计算公式为

$$\begin{cases} x = R\sin\varphi + m \\ y = R(1-\cos\varphi) + p \end{cases} \tag{6-10}$$

$$\varphi = \frac{l-l_0}{R} \times \frac{180^\circ}{\pi} + \beta_0 \tag{6-11}$$

其中,φ 为圆曲线上某点的切线与综合曲线切线的夹角。特别注意的是,l 为该点到 HY 或 YH 点的曲线长,仅限圆曲线部分的长度。

计算出曲线上各点的坐标,将各桩点设置完毕后,应进一步量测相邻桩间的距离,与相应的桩号之差作比较,并考虑弦弧差的影响,若较差均在限差之内,则曲线测设合格,否则要查明原因,并进行纠正。

2)偏角法

对于缓和曲线上的各点,可将经纬仪安置于缓和曲线的 ZH 或(HZ)点上进行测设,可以与用切线支距法计算得到的参数进行换算。如图 6-8 所示,曲线上任意点 P 的坐标为 (x,y),按下式计算 P 点的参数

$$c = \sqrt{x^2 + y^2} \tag{6-12}$$

$$\delta_P = \tan^{-1}\frac{y}{x} \tag{6-13}$$

曲线段上各点的测设,应将仪器安置在 HY 或 YH 点上进行,定出 HY 或 YH 点的切线方向,就可以按圆曲线的测设方法进行。

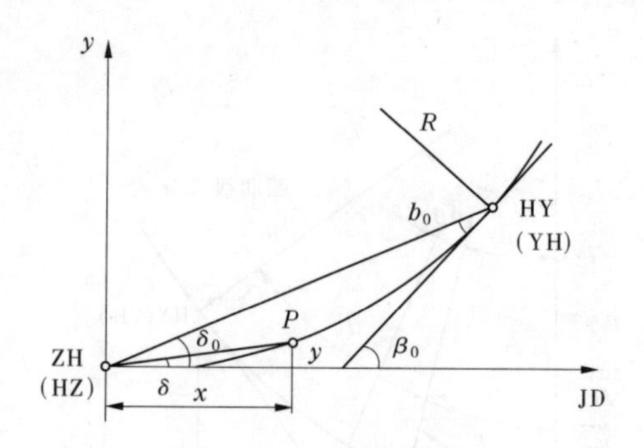

图6-8　偏角法放样缓和曲线

6.3.2　综合曲线的主点放样

1. 综合曲线要素的计算

综合曲线的要素如下:切线长 T,曲线长 L(包括圆曲线长 l 及两倍缓和曲线长 $2l_0$),外矢距 E_0,切曲差 q。

从图6-6的几何关系可得 T、L、E_0、q 的计算公式:

$$T = (R+p)\cdot\tan\frac{\alpha}{2} + m \tag{6-14}$$

$$L = L_0 + 2l_0 = R(\alpha - 2\beta_0)\frac{\pi}{180^\circ} + 2l_0 \tag{6-15}$$

$$E_0 = (R+p)\sec\frac{\alpha}{2} - R \tag{6-16}$$

$$q = 2T - L \tag{6-17}$$

当圆曲线半径 R、缓和曲线长 l_0 及转向角 α 已知时,曲线要素 T、L、E_0 和 q 的数值可根据上述公式计算得到。

2. 主点里程的计算和测设

1)主点里程的计算

由图6-6可知,

$$HY = ZH + l_0 \tag{6-18}$$

$$QZ = HY + \left(\frac{L}{2} - l_0\right) \tag{6-19}$$

$$YH = QZ + \left(\frac{L}{2} - l_0\right) \tag{6-20}$$

$$HZ = YH + l_0 \tag{6-21}$$

检核:

$$HZ = ZH + 2T - q \tag{6-22}$$

2)主点测设

ZH 点(或 HZ 点)及 QZ 点的测设方法与圆曲线主点测设方法相同。另外,两个主点 HY 点和 YH 点,其测设方法一般采用切线支距法,按点的坐标(x_0,y_0)测设。自 ZH 点(或 HZ 点)出发,沿 ZH—JD(或 HZ—JD)切线方向丈量 x_0,打桩、钉小钉,然后在这点垂直于切

线方向丈量 y_0，打桩、钉小钉，定出 HY 点(或 YH 点)。

【例 6-4】　已知 $R=500$ m，$l_0=60$ m，$\alpha=28°36'20''$，ZH 点里程为 K30 + 324.67，求综合曲线要素及主点的里程。

解：(1) 综合曲线要素计算，根据公式计算得：

$$T = 177.57 + 0.11 - 20.12 = 157.56(\mathrm{m})$$

$$L = 349.44 + 0.20 - 40.00 = 309.64(\mathrm{m})$$

$$E_0 = 16.83 + 0.03 - 0.55 = 16.31(\mathrm{m})$$

$$q = 5.70 + 0.01 - 0.24 = 5.47(\mathrm{m})$$

(2) 主点里程计算。

已知 ZH 点里程为 K30 + 324.67，则有

ZH	K30 + 324.67
$+l_0$	60.00
HY	K30 + 384.67
$+(L/2-l_0)$	94.82
QZ	K30 + 479.49
$+(L/2-l_0)$	94.82
YH	K30 + 574.31
$+l_0$	60.00
HZ	K30 + 634.31

6.3.3　综合曲线的详细放样

1. 偏角法测设综合曲线

偏角法是我国常用的一种测设方法。其主要优点是可以进行校核，适用于山区；缺点是有误差积累。在测设的时候要注意经常进行校核。

缓和曲线上的各点，可将经纬仪置于 ZH 或 HZ 点上进行测设，如图 6-8 所示，设缓和曲线上任意一点 P 的偏角为 δ，至 ZH 或 HZ 点的曲线为 l，其弦近似与曲线长相等，亦为 l。由直角三角形得，$\sin\delta = \frac{y}{l}$，又因 δ 很小且 $y = \frac{l^3}{6Rl_S}$，则有

$$\delta = \frac{l^2}{6Rl_S} \tag{6-23}$$

HY 或 YH 点的偏角 δ_0 为缓和曲线的总偏角，将 $l=l_S$ 代入式(6-23)得

$$\delta_0 = \frac{l_S}{6R} \tag{6-24}$$

又 $\beta_0 = \frac{l_S}{2R}$，则

$$\delta_0 = \frac{1}{3}\beta_0 \tag{6-25}$$

因此可得

$$\delta = \left(\frac{l}{l_S}\right)^2 \delta_0 \tag{6-26}$$

由式(6-26)可知，缓和曲线上任一点的偏角与该点至缓和曲线起点的曲线长的平方成正比。按式(6-26)计算出缓和曲线上各点的偏角后，将经纬仪架设于 ZH 点或 HZ 点上，与偏角法测设圆曲线一样进行测设。由于缓和曲线上弦长为

$$C = l - \frac{l^5}{90R^2 l_S^2} \tag{6-27}$$

近似等于相对应的弧长，在测设时，弦长一般以弧长代替。

圆曲线上各点的测设需将仪器迁至 HY 或 YH 点上进行。这时只要定出 HY 或 YH 点的切线方向，就与前面所讲的无缓和曲线的圆曲线一样测设。关键是计算 b_0，如图 6-8 所示，显然

$$b_0 = \beta_0 - \delta_0 = 3\delta_0 - \delta_0 = 2\delta_0 \tag{6-28}$$

将仪器架设于 HY 点上，瞄准 ZH 点，将水平度盘配置在 b_0（当曲线右转时，配置在 $(360° - b_0)$）。旋转照准部，使水平度盘读数为 0°00′00″并倒镜，此时视线方向即为 HY 点的切线方向。

2. 切线支距法测设综合曲线

切线支距法测设圆曲线加缓和曲线的实质是直角坐标法测设点位，其优点是方法简单、误差不积累，缺点是不能发现中间点的测量错误，故适用于平坦地区，不适用于山区。如图 6-9所示，它以 ZH（或 HZ）为坐标原点，以切线为 x 轴，垂直切线方向为 y 轴，利用缓和曲线上各点的 (x,y) 坐标测设曲线。

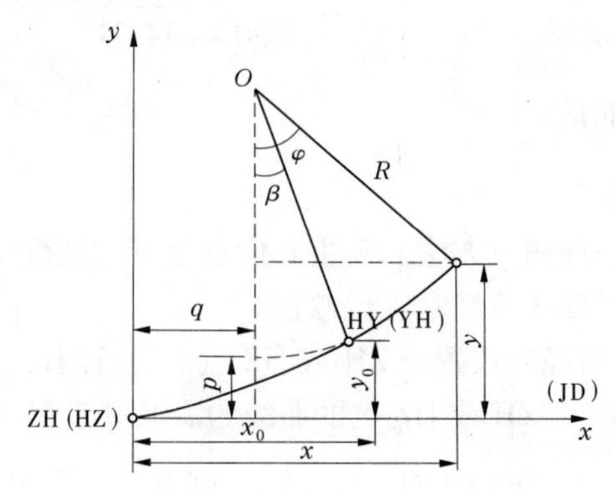

图 6-9　切线支距法测设综合曲线

在缓和曲线部分，测设点的坐标计算公式为

$$\begin{cases} x = l - \dfrac{l^5}{40R^2 l_0^2} \\ y = \dfrac{l^3}{6Rl_0} \end{cases} \tag{6-29}$$

在圆曲线部分，测设点的坐标计算公式为

$$\begin{cases} x = R\sin\varphi + q \\ y = R(1 - \cos\varphi) + p \end{cases} \tag{6-30}$$

其中，$\varphi = \dfrac{l}{R} \cdot \dfrac{180°}{\pi} + \beta_0$，$l$ 为该点至 HY 或 YH 点的曲线长，仅为圆曲线部分的长度 。

经过计算得到缓和曲线和圆曲线上各点的坐标之后，就可以按照圆曲线切线支距法的

测设方法进行设置了。圆曲线上各点同样可以 HY 或 YH 点为坐标原点,用切线支距法进行测设,此时,只要将 HY 或 YH 点的切线定出。如图 6-10 所示,计算出 T_d 之长,就可以确定 HY 或 YH 点的切线了。其中

$$T_d = x_0 - \frac{y_0}{\tan\beta_0} = \frac{2}{3}l_S + \frac{l_S^3}{360R^2} \tag{6-31}$$

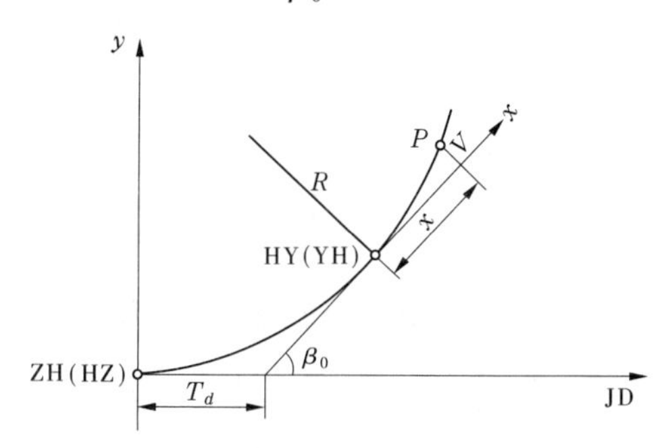

图 6-10 综合曲线 HY 或 YH 点的切线

6.3.4 复曲线和回头曲线的测设

1. 复曲线放样

复曲线是由两个或两个以上半径不同、转向相同的圆曲线相连接或插入缓和曲线组成的。复曲线在铁路的新线设计中很少采用,一般应用在地形复杂的地区、矿区、工业厂区或路线转向处。按其连接方式的不同,可分为三种形式:无缓和曲线的复曲线、有缓和曲线的复曲线和两端有缓和曲线、中间也有缓和曲线。

1)无缓和曲线的复曲线

若复曲线直接由两个不同半径的圆曲线衔接而成,此时多采用辅助基线法,如图 6-11 所示,AB 为基线,用钢尺通过往返丈量来得到其距离。α_1、α_2 为辅助交点转角,通过在 A、B 点分别安置全站仪测得。此时一般先确定受地形控制较严的半径 R_1,并将相应圆曲线作为主曲线,另一圆曲线称为副曲线,其半径 R_2 可以通过下式计算求得。

$$T_1 = R_1\tan\frac{\alpha_1}{2} \tag{6-32}$$

$$T_2 = D_{AB} - T_1 \tag{6-33}$$

$$R_2 = T_2\cot\frac{\alpha_2}{2} \tag{6-34}$$

2)有缓和曲线的复曲线

(1)确定半径及缓和曲线长。

如图 6-12 所示,首先确定 R_1、L_{S_1},然后确定 R_2、L_{S_2},其中的 L_{S_1}、L_{S_2} 分别表示两端的缓和曲线长度,且 $L_{S_1}=L_{H_1}$,$L_{S_2}=L_{H_2}$。R_1、R_2 为两个半径值。

$$p_1 = \frac{L_{S_1}^2}{24R_1} = p_2 = p \tag{6-35}$$

缓和曲线是在圆曲线上插入的,P_1、P_2、P 为圆曲线内移量,是缓和曲线的主要常数之一。

(2)要素计算。

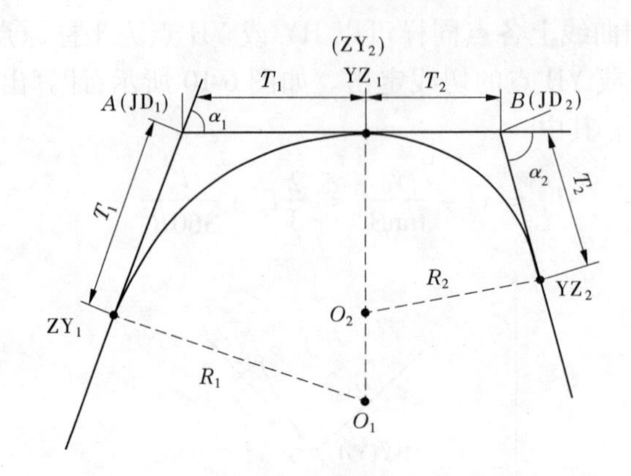

图 6-11　辅助基线法放样复曲线

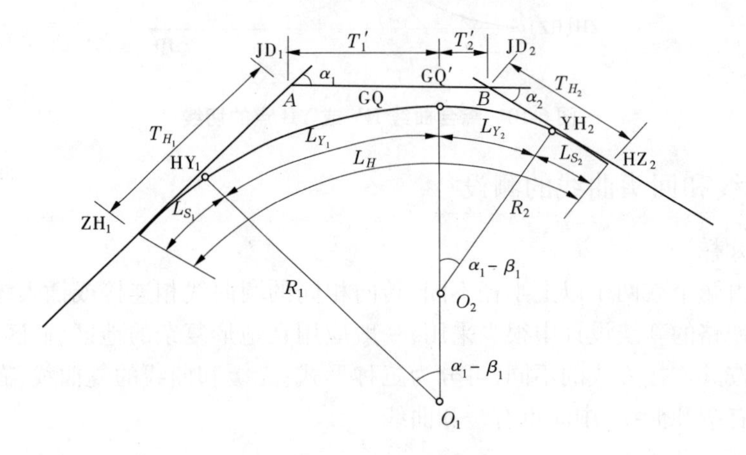

图 6-12　有缓和曲线的复曲线

由几何关系得第一曲线要素为

$$T_{H_1} = (R_1 + p_1)\tan\frac{\alpha_1}{2} + q_1 \tag{6-36}$$

$$L_{Y_1} = R_1(\alpha_1 - \beta_1)\frac{\pi}{180^\circ} \tag{6-37}$$

$$L_{H_1} = L_{Y_1} + L_{S_1} \tag{6-38}$$

$$E_{H_1} = (R_1 + p_1)\sec\frac{\alpha_1}{2} - R_1 \tag{6-39}$$

同理,得第二曲线要素为

$$T_{H_2} = (R_2 + p_2)\tan\frac{\alpha_2}{2} + q_2 \tag{6-40}$$

$$L_{Y_2} = R_2(\alpha_2 - \beta_2)\frac{\pi}{180^\circ} \tag{6-41}$$

$$L_{H_2} = L_{Y_2} + L_{S_2} \tag{6-42}$$

$$E_{H_2} = (R_2 + p_2)\sec\frac{\alpha_2}{2} - R_2 \tag{6-43}$$

(3)桩号计算。

第一曲线起点桩号为

$$ZH_1 = JD_1 - T_{H_1} \tag{6-44}$$

第一曲线缓圆点桩号为

$$HY_1 = ZH_1 + L_{S_1} \tag{6-45}$$

第一曲线终点,即第二曲线起点桩号为

$$GQ = HY_1 + L_{Y_1} \tag{6-46}$$

第二曲线圆缓点桩号为

$$YH_2 = GQ + L_{Y_2} \tag{6-47}$$

第二曲线终点桩号为

$$HZ_2 = YH_2 - L_{S_2} \tag{6-48}$$

JD_1 的桩号为

$$JD_1 = HZ_2 - L_{H_1} - L_{H_2} - T_{H_1} \tag{6-49}$$

JD_2 的桩号为

$$JD_2 = GQ + T_2 \tag{6-50}$$

各种形式的复合曲线、各主点的放样以及曲线的细部放样可参考前面相关内容。

2. 回头曲线放样

在曲线放样中,当曲线转向角 α 接近或大于 180°时,常需放样回头曲线(也称套线或灯泡线)。如图 6-13 所示,综合要素中的切线长为 T、曲线长为 L。

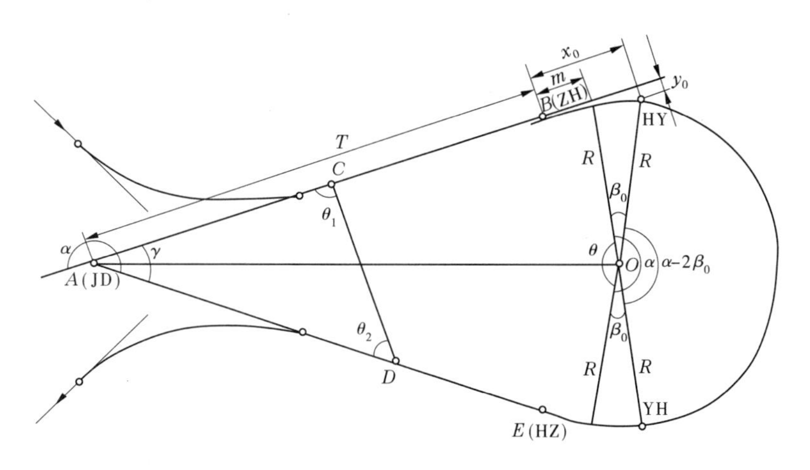

图 6-13　回头曲线放样

图 6-13 中 JD 点偏角 α 大于 180°,O 是回头曲线的圆心,B、E 分别为曲线的起点和终点。一般在 JD 点上我们很难得到 α,这就要求在直线段上选取副交点 C、D 并测得 θ_1、θ_2,量取 CD 的长度,从而间接求出线路偏角与放样主点的位置。

$$\alpha = 360° - (\theta_1 + \theta_2) \tag{6-51}$$

$$T = (R + p) \cdot \tan(180° - \frac{\alpha}{2}) - m \tag{6-52}$$

$$L = \frac{\pi \cdot R}{180°}(\alpha - 2\beta_0) + 2l_0 \tag{6-53}$$

在△ACD中，由正弦定理求得AC、AD的长度，由副交点C沿AC方向量取$D_{CB}=T-AC$，定出直缓点ZH；接着由副交点D沿AD方向量取$D_{DE}=T-AD$，定出缓直点$(HZ)_E$；再由B（或E）点，由直角坐标x_0、y_0定出HY（或YH）点。

进行完曲线的主点放样后，其详细放样可按照圆曲线或缓和曲线的放样方法来进行。

模块4　竖曲线测设

6.4.1　竖曲线的概念及分类

公路或铁路的纵断面是由许多不同坡度的线段连接而成的，其中两相邻坡段的交点为变坡点。为了行车的安全，在两相邻坡段之间应加设竖曲线。竖曲线按顶点的位置可分为凸形竖曲线和凹形竖曲线，分别如图6-14所示。按性质又分为抛物线形竖曲线和圆曲线形竖曲线，公路的竖曲线一般为圆曲线。

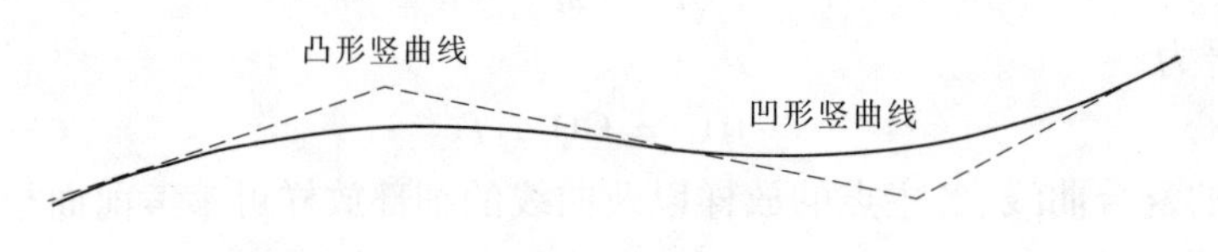

图6-14　竖曲线

6.4.2　竖曲线的计算

1. 变坡角ω的计算

如图6-15所示，i为变坡点，相邻的前后纵坡分别为i_1和i_2。纵断面上的变坡角ω为

$$\omega=\Delta_i=i_1-i_2$$

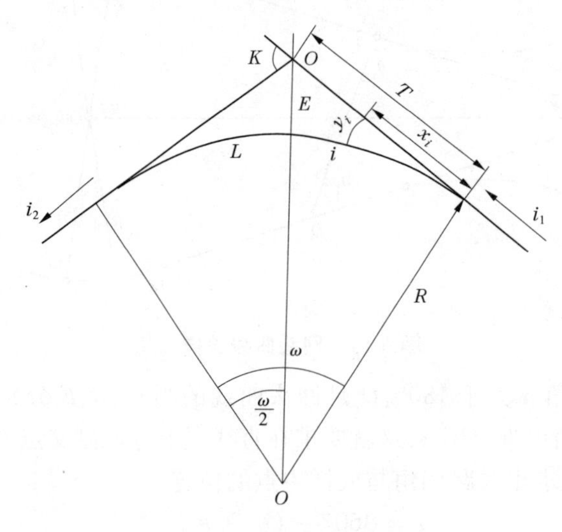

图6-15　圆曲线形竖曲线

一般规定，上坡为正，下坡为负。这样，当$\Delta_i=i_1-i_2>0$时，此处为凸形竖曲线；反之，就为凹形竖曲线。

2. 竖曲线半径 R 的确定

竖曲线半径一般在断面设计时就给出来了，它的确定与线路等级有关，详见表6-2。一般在没有特殊要求或者相邻坡度的代数差 Δ_i 很小的情况下，竖曲线应尽量采用较大的半径，来改善线路的行车条件。

表6-2 竖曲线半径最小长度

公路等级	高速公路		一		二		三		四	
地形	平丘	山丘	平丘	山丘	平丘	山丘	平丘	山丘	平丘	山丘
凸形竖曲线半径(m)	17 000	4 500	10 000	2 000	4 500	700	2 000	400	700	200
凹形竖曲线半径(m)	6 000	3 000	4 500	1 500	3 000	700	1 500	400	700	200
竖曲线最小长度(m)	100	70	85	50	70	35	50	25	35	20

3. 切线长 T 和外矢距 E_0 的计算

由于 ω 较小，而半径 R 较大，结合相关几何知识及近似代换，很容易得到

$$T = \frac{1}{2R(i_1 - i_2)} = \frac{1}{2R} \cdot \Delta_i \tag{6-54}$$

$$E_0 = \frac{T^2}{2R} \tag{6-55}$$

4. 竖曲线长 L 的计算

由于变坡角 ω 很小，近似认为

$$L = 2T \tag{6-56}$$

以竖曲线的起点(或终点)为直角坐标系的原点，坡段的方向(切线方向)为 x 轴，通过起(终)点的圆心方向为 y 轴。由于 ω 很小，可以认为曲线上各点的 y 坐标方向与半径方向一致，而把 y 值当作坡段与曲线的高差，由图6-15可近似得

$$(R + y)^2 = R^2 + x^2 \tag{6-57}$$

因 y^2 与 x^2 相比较，y^2 的值很小，略去 y^2，则有 $2Ry = x^2$，即

$$y = \frac{x^2}{2R} \tag{6-58}$$

当 $x = T$ 时，y 值最大，而 y_{max} 近似等于外矢距 E_0，从而有

$$E_0 = \frac{T^2}{2R} \tag{6-59}$$

【例6-5】 某二级公路在一方为上坡，其坡度为5%；在另一方为下坡，坡度为 -3%，变坡点里程为K5+085.00，设计高程为400.00 m，竖曲线半径 $R = 1\,500$ m，计算并编制圆形竖曲线上各点的高程表。

解：(1)计算曲线的元素如下。

变坡角 $\omega = \Delta_i = i_1 - i_2 = 0.05 - (-0.03) = 0.08$

切线长 $T = \frac{1}{2}R \cdot \Delta_i = \frac{1}{2} \times 1\,500 \times 0.08 = 60.00(\text{m})$

曲线长 $L = 2T = 2 \times 60.00 = 120.00(\text{m})$

外矢距 $E_0 = \frac{T^2}{2R} = \frac{60.00^2}{2 \times 1\,500} = 1.20(\text{m})$

(2)推算竖曲线起、终点的桩号。

变坡点	K5 + 085.00
$-T$	060.00
起点	K5 + 025.00
$+L$	120.00
终点	K5 + 145.00

(3)计算竖曲线上各点 y 坐标值。

若竖曲线上每隔 10 m 计算一点,则有:

$$y_1 = \frac{x^2}{2R} = 0.033 \text{ m}$$

$$y_2 = 0.133 \text{ m}$$

$$y_3 = 0.300 \text{ m}$$

(4)计算坡度线路相应的高程。

$$H_{起} = 400.00 - \frac{5}{100} \times 60 = 397.00(\text{m})$$

$$H_{终} = 400.00 - \frac{3}{100} \times 60 = 398.20(\text{m})$$

圆形竖曲线上各点高程如表 6-3 所示。

表 6-3 圆形竖曲线上各点高程

点号	里程	x (m)	y (m)	坡度线上各点高程(m) $H' = H_0 + i \cdot (T - x)$	竖曲线上各点高程(m) $H = H' \pm y$
终点	K5 + 145.00	0	0	398.20	398.200
11	K5 + 135.00	10	0.033	398.50	398.467
10	K5 + 125.00	20	0.133	398.80	398.668
9	K5 + 115.00	30	0.300	399.10	398.803
8	K5 + 105.00	40	0.533	399.40	398.872
7	K5 + 95.00	50	0.833	399.70	398.875
6	K5 + 85.00	60	1.188	400.00	398.812
5	K5 + 75.00	50	0.833	399.50	398.667
4	K5 + 65.00	40	0.533	399.00	398.467
3	K5 + 55.00	30	0.300	398.50	398.200
2	K5 + 45.00	20	0.133	398.00	397.867
1	K5 + 35.00	10	0.033	397.50	397.467
起点	K5 + 25.00	0	0	397.00	397.000

6.4.3 竖曲线的放样步骤

测设竖曲线是先根据纵断面图上标注的里程和高程附近已放样的某整桩,向前或向后

测设各点的 x 值(水平距离),并设置竖曲线桩。在施工的时候,再根据已知的高程点,进行各曲线高程的测设。

(1)根据坡度代数差和竖曲线设计半径,计算竖曲线要素 T、L、E_0。

(2)推算竖曲线上各点的桩号,一般情况下,竖曲线上每隔 5 m 测设一个点。

(3)根据竖曲线上细部点距曲线起点或终点的弧长,来计算相应的 y 值,然后推算各点高程(见式(6-60)):

$$H_i = H_{坡} + y \tag{6-60}$$

式中 H_i——竖曲线细部点 i 的高程;

$H_{坡}$——i 点的坡段高程,当竖曲线为凸形时取"-"号,竖曲线为凹形时取"+"号。

(4)通过变坡点附近的里程桩来测设变坡点,从变坡点起沿线路前后方向测设切线长度 T,进而得到竖曲线的起点和终点。

(5)从竖曲线的起点(或终点)开始,沿切线方向每隔 5 m 在地面上标定一个木桩。

(6)观测各个细部点的地面高程。

(7)在细部点的木桩上注明地面高程与竖曲线的设计高程之差,也就是所谓的填挖高度。

复习和思考题

6-1 何谓圆曲线主点?曲线元素如何计算?何谓点的桩号?

6-2 已知:某条公路穿越山谷处采用圆曲线,设计半径 $R=800$ m,转向角 $\alpha_{右}=11°26'$,曲线转折点 JD 的里程为 K11+295。试求:

(1)该圆曲线要素;

(2)曲线各主点里程桩号;

(3)当采用桩距 10 m 的整桩号时,试选用合适的测设方法,计算测设数据,并说明测设步骤。

6-3 常见综合曲线由哪些曲线组成?主点有哪些?

6-4 什么是缓和曲线?在圆曲线与直线之间加入缓和曲线应涉及缓和曲线的哪些特征参数?

6-5 圆曲线主点的测设与缓和曲线主点的测设有何不同?

6-6 某综合曲线为两端附有等长缓和曲线的圆曲线,JD 点的转向角为 $\alpha_{左}=41°36'$,圆曲线半径 $R=600$ m,缓和曲线长 $l_0=120$ m,整桩间距 $l=20$ m,JD 点桩号 K50+512.57。试求:

(1)综合曲线参数;

(2)综合曲线元素;

(3)曲线主点里程;

(4)列表计算切线支距法测设该曲线的测设数据,并说明测设步骤。

6-7 若直缓点坐标 ZH 点坐标为(6 354.618,5 211.539),ZH 点到 JD 点坐标方位角为 $\alpha_0=64°52'34''$。附近另有两控制点 M、N,坐标为 M(6 263.880,5 198.221)、N(6 437.712,5 321.998)。试求:在 M 点设站、后视 N 点时,该综合曲线的测设数据,并说明测设步骤。

6-8 一两端带有不等长缓和曲线的圆曲线，$\alpha_{左} = 81°36'$，缓和曲线 $l_1 = 160$ m，$l_2 = 120$ m，圆曲线半径 $R = 500$ m，JD 点桩号 K32 + 472.23。试求：

(1)综合曲线参数；

(2)综合曲线元素；

(3)曲线主点里程；

(4)按间距 $l = 20$ m 的整桩号，列表计算直角坐标法测设该曲线的测设数据，并说明测设步骤。

6-9 何谓复曲线？常见复曲线有哪些形式？有哪些测设方法？

6-10 何谓回头曲线？有什么特点？测设方法有哪些？

项目7　桥梁工程测量

模块1　桥梁工程测量概述

7.1.1　桥梁的分类

桥梁按其多孔跨径总长或单孔跨径可分为:特大桥、大桥、中桥、小桥、涵洞五种形式,如表7-1所示。桥梁施工测量的方法及精度要求随跨径和河道及桥涵结构的情况而定。

表7-1　桥梁按跨径分类

桥涵分类	多孔跨径总长 L(m)	单孔跨径 L_k(m)
特大桥	$L \geqslant 1\,000$	$L_k \geqslant 150$
大桥	$100 \leqslant L < 1\,000$	$40 \leqslant L_k \leqslant 100$
中桥	$30 < L < 100$	$20 \leqslant L_k < 40$
小桥	$8 \leqslant L \leqslant 30$	$5 \leqslant L_k < 20$
涵洞	—	$L_k < 5$

7.1.2　桥梁施工测量的目的和内容

桥梁施工测量的目的,是利用测量仪器设备,根据设计图纸中的各项参数和控制点坐标,按一定精度要求将桥位准确无误地测设在地面上,指导施工。

桥梁施工测量,根据桥梁类型、基础类型、施工工艺的不同,施工测量内容和测量方法、精度要求各有不同,概括起来主要包括桥轴线测量、墩台中心位置放样、墩台纵横轴线放样、主体工程控制测量及各部位尺寸、高程测设和检测。不同类型的桥梁,其施工测量的方法和精度要求不相同,但总体而言,其内容大同小异,主要有:

(1)对设计单位交付的所有桩位和水准点及其测量资料进行检查、核对;

(2)建立满足精度与密度要求的施工控制网,并进行平差计算,已建好施工控制网的,要做复测检查;

(3)定期复测控制网,并根据施工的需要加密或补充控制点;

(4)测定墩(台)基础桩的位置;

(5)进行构造物的平面和高程放样,将设计标高及几何尺寸测设于实地;

(6)对有关构造物进行必要的施工变形观测和施工控制观测,尤其在大型和特大型桥梁施工中,塔柱和梁悬拼(浇)的中轴线及标高的施工控制是确保成桥线形的关键;

(7)测定并检查施工结构物的位置和标高,为工程质量的评定提供依据;

(8)对已完工程进行竣工测量。

7.1.3 桥梁施工测量的特点

桥梁施工测量与施工质量、施工进度息息相关。测量人员在桥梁施工前,必须对设计图纸、测量所需精度有所了解,认真复核图纸上的尺寸和测量数据,了解桥梁施工的全过程,并掌握施工现场的变动情况,使施工测量工作与施工密切配合。

另外,桥梁施工现场工序繁杂、机械作业频繁,对其测量高程及控制点干扰较大,容易造成破坏。因此,控制点复测计测量标志必须埋设稳固,尽量远离施工容易干扰的位置,并注意保护,经常检查,定期复测,如有破坏及时恢复。

7.1.4 桥梁施工测量的原则

为了保证桥梁施工的平面位置及高程均能符合设计要求,施工测量与测绘地形图一样,必须也要遵循“先整体后局部,先控制后碎部”的原则,即先在施工现场建立统一的平面控制网及高程控制网,然后以此为基础,将桥梁测设到预定位置。

7.1.5 桥梁施工控制网的布设与复测

在桥梁施工中,为了保证所有墩台平面位置以规定精度、按照设计平面位置放样和修建,使预制梁安全架设,必须进行桥梁施工控制测量。

一般情况下,桥梁施工测量所建立的控制网均由设计单位勘察设计时建立。作为施工单位,进场后只需安排测量人员对其控制网点进行复测,其精度满足有关规定及桥梁设计要求,即可采用原设计提供的控制网点坐标。对控制网点复测后,为了方便现场施工放样,施工单位需在其之间加设一定数量的加密点,其加密点精度应等同于原控制网点。

桥梁施工控制测量包括平面控制测量和高程控制测量。

1.平面控制测量

建立平面控制网的目的,是测定桥轴线长度和据此进行墩台位置放样,同时也可用于施工过程中的变形监测。对于跨越无水河道的直线小桥,桥梁轴线长度可以直接测定,墩台位置也可直接利用桥轴线的设计控制点测设,无须建立平面控制网。但对于跨越有水河道的大型桥梁,墩台无法直接定位,则必须建立平面控制网。

桥梁控制网选布时应尽可能使桥的轴线作为三角形的1条边,以提高桥轴线的精度。如有可能,也应将桥轴线的2个端点纳入网内,以间接求算桥轴线长度。基线选在桥轴线两端并与桥轴线接近垂直或小于90°,基线长度宜为桥轴线长度的0.7倍。

对于控制点的要求,除了图形强度,还要求地质条件稳定、视野开阔、便于交会墩位,其交会角不能太大或太小,应控制在30°~120°,困难时也不宜小于25°。

在控制点上要埋设标石及刻有“+”字的金属中心标志。如果兼作高程控制点,则中心标志顶部宜做成半球状。

控制网可采用测角网、测边网或边角网。采用测角网时,宜测定2条基线边。由于桥轴线长度及各个边长都是根据基线及角度推算的,为了保证桥轴线有可靠的精度,基线精度要高于桥轴线精度2倍,并使用高精度全站仪来测量基线边长。测边网是测量所有边长,而不测角度。边角网则是边长和角度都测。如果采用测边网或边角网,由于边长是直接测定的,不受或少受测角误差的影响,测边精度与桥轴线要求的精度相当即可。

桥梁施工坐标系的建立,由于桥梁三角网一般都是独立的自由网,没有坐标及方向的约束条件,平差时都按自由网处理。它所采用的坐标系,直线桥一般是以桥轴线作为 x 轴,而以桥轴线始端控制点的里程作为该点的 x 值。曲线桥是以直线转点或曲线起终点为坐标原点,以切线为 x 轴,垂直于坐标原点的垂线方向为 y 轴。这样,直线桥的桥梁墩台的设计里程即为该点的 x 坐标值,可以便于以后施工放样的数据计算。

在布设控制网时,考虑图形强度及其他因素,主网上的点往往不能满足交会墩台位置的需要。因此,需要在首级控制网下将控制点加密,一般采用前方交会、边角交会和附合导线等形式。

2. 高程控制测量

在桥梁施工阶段,除了建立平面控制点,还应建立高程控制网,作为放样高程的依据,即在河流两岸建立若干个水准基点。这些水准基点除用于施工外,还可作为变形观测的高程基准点。

水准基点布设的数量视河宽及桥的大小而异。一般小桥可只布设1个;在桥长200 m以内的大、中桥,宜在两岸各设1个;当桥长超过200 m时,由于两岸联测不便,为了在高程变化时易于检查,则每岸不少于3个。

水准基点是永久性的,必须十分稳固。除了它的位置要求便于保护,根据地质条件,可采用混凝土标石、钢管标石、管柱标石或钻孔标石。在标石上方嵌以凸出半球状的铜质或不锈钢标志。

为了方便施工,也可在附近设立施工水准点,由于其使用时间较短,在结构上可以简化,但要求使用方便、相对稳定,且在施工时不致破坏。

桥梁水准点与路线水准点应采用同一高程系统。与线路水准点联测的精度不需要很高,当包括引桥在内的桥长小于500 m时,可用四等水准联测;当桥长大于500 m时,可用三等水准进行联测。但桥梁本身的施工水准网,则宜用较高精度,因为它是直接影响桥梁各部位放样精度的。当过河视距较长时,会使得读数精度偏低,特别是前后视距相差太大,从而使水准仪的 i 角误差和地球曲率、大气折光的影响都会变大,这时就需要用到跨河水准测量。

3. 桥梁控制网复测

桥梁施工前,应对移交的控制网进行复测,首先应熟悉、理解设计文件中桥梁控制网的形式、等级、相关的技术规范,制订复测技术方案。复测的目的是检查控制点的稳定性。复测内容一般包括基线复测、边长复测、角度复测。复测边长、角度与设计成果反算值进行对比。边长应小于2倍的该级控制网的测边中误差,水平角应小于2倍的该级控制网的测角中误差。复测精度要求和复测方法应与原网相同。复测工作完成后,应向业主、监理提交复测报告和原始记录。若复测的结果与原测结果相差较大,应分析原因,及时上报业主和监理进行复测,确认后向设计单位反映,以便提出解决方案。

对于特大桥、重要桥梁及线形复杂的桥梁应由有相应等级资质的专业测量单位复测。

高程控制网的复测一般按原测路线、原测等级进行。跨河水准测量与两岸水准测量独立进行,高程差值应小于2倍的该等级水准测量的高程中误差,同样提出复测报告。

模块 2　桥梁施工控制网

桥梁施工开始前，必须在桥址区建立统一的施工控制基准，布设施工控制网。桥梁施工控制网的作用主要是桥墩基础定位放样的主梁架设，因此必须结合桥梁的桥长、桥型、跨度，以及工程的结构、形状和施工精度要求，布设合理的施工控制网。

桥梁施工控制网分为施工平面控制网和施工高程控制网两部分。

7.2.1　桥梁施工控制网的技术要求

在建立控制网时，既要考虑三角网本身的精度，即图形强度，又要考虑以后施工的需要。在布网之前，应对桥梁的设计方案、施工方法、施工机具及场地布置、桥址地形及周围的环境条件、精度要求等方面进行研究，在桥址地形图上拟订布网方案，再现场选定点位。点位应选在施工范围以外，且不能位于淹没或土质松软的地区。

控制网应力求满足下列要求：

(1)图形应具有足够的强度，使测得的桥轴线长度的精度能满足施工要求，并能利用这些三角点以足够的精度放样桥墩。当主网的三角点数目不能满足施工需要时，能方便地增设插点。在满足精度和施工要求的前提下，图形应力求简单。

(2)为使控制网与桥轴线连接起来，在河流两岸的桥轴线上应各设一个三角点，三角点距桥台的设计位置也不应太远，以保证桥台的放样精度。放样桥墩时，仪器可安置在桥轴线上的三角点上进行交会，以减小横向误差。

(3)控制网的边长一般为 0.5 ~1.5 倍河宽。由于控制网的边长较短，可直接丈量控制网的一条边作为基线。基线长度不宜小于桥轴线长度的 0.7 倍，一般应在两岸各设一条，以提高三条网的精度及增加检核条件。通常丈量两条基线边、两岸各一条。基线如用钢尺直接丈量，以布设成整尺段的倍数为宜。基线场地应选在土质坚实、地势平坦的地段。

(4)三角点均应选在地势较高、土质坚实稳定、便于长期保存的地方。三角点的通视条件要好，要避免旁折光和地面折光的影响，要尽量避免造标。

(5)桥梁施工的高程控制点即水准点，每岸至少埋设三个，并与国家水准点联测。水准点应采用永久性的固定标石，也可利用平面控制点的标石。同岸的三个水准点，两个应埋设在施工范围以外，以免受到破坏，另一个应埋设在施工区内，以便直接将高程传递到所需要的地方。同时还应在每一个桥台、桥墩附近设立一个临时施工水准点。

7.2.2　桥梁施工平面控制网

1. 桥梁施工平面控制网的基本要求

1)平面控制网的布设形式

随着测量仪器的更新、测量方法的改进，特别是高精度全站仪的普及，给桥梁平面控制网的布设带来了很大的灵活性，也使网形趋于简单化。桥梁施工平面控制网可采用 GPS 网、三角形网和导线网等形式。

桥梁三角网的基本图形为大地四边形和三角形，并以控制跨越河流的正桥部分为主。图 7-1 为桥梁施工平面控制网的基本形式。图 7-1(a)图形适用于桥长较短而需要交会的水中墩、台数量不多的一般桥梁的施工放样；图 7-1(b)、(c)、(d)所示三种图形的控制点数多、稳定性好、精度高，适用于大型、特大桥。图 7-1(e)为利用江河中的沙洲建立控制网的情况，一切都应从实际出发，选择最适宜的网形。

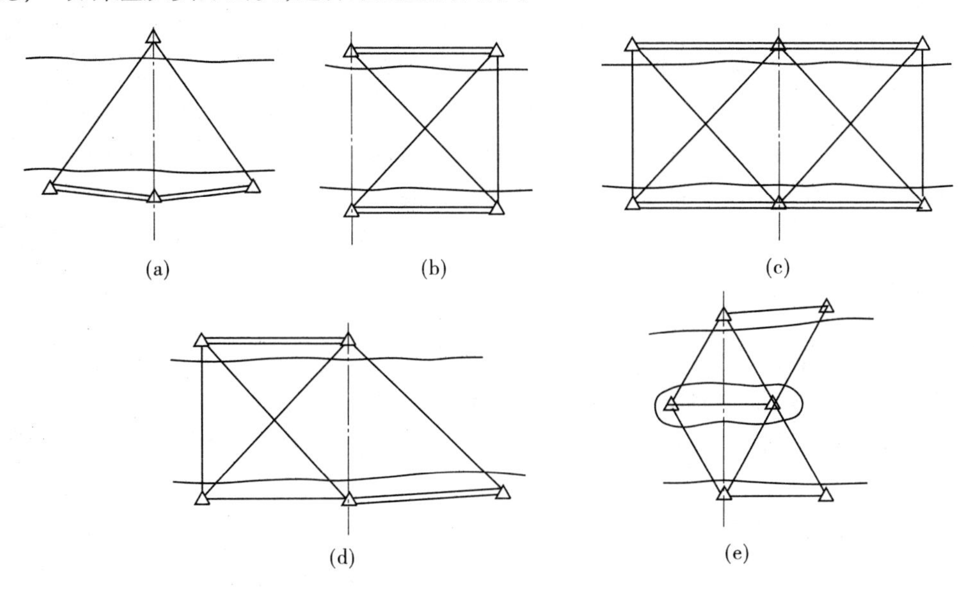

图 7-1　桥梁施工平面控制网的基本形式

特大桥通常有较长的引桥，一般是将桥梁施工平面控制网再向两侧延伸，增加几个点，构成多个大地四边形网，或者从桥轴线点引测，敷设一条光电测距精密导线，导线宜采用闭合环。

对于大型和特大型的桥梁施工平面控制网，自 20 世纪 80 年代以来已广泛采用边角网或测边网的形式，并按自由网严密平差。图 7-2 是某长江公路大桥施工平面控制网。

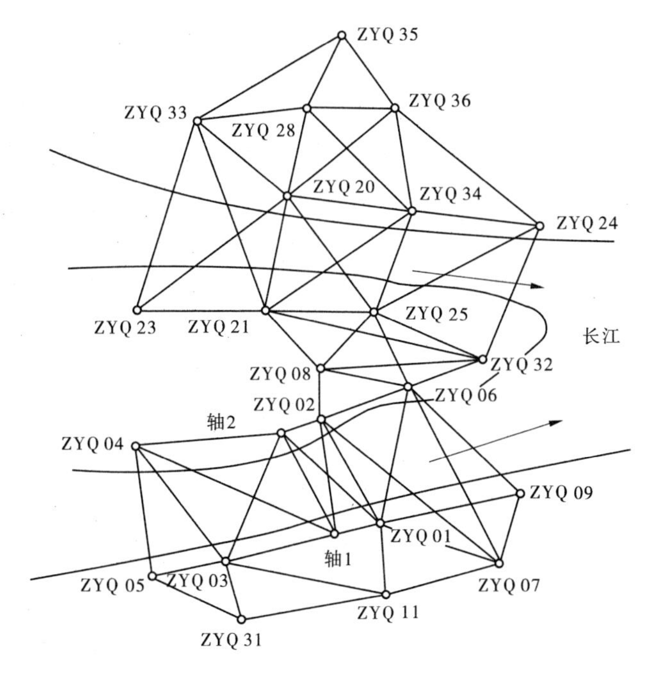

图 7-2　某长江公路大桥施工平面控制网

从图 7-2 中可以看出，控制网在两岸轴线上都设有控制点，这是传统设计控制网的通常做法。传统的桥梁施工放样主要是依靠光学经纬仪，在桥轴线上设有控制点，便于角度放样和检测，易于发现放样错误。全站仪普及后，施工通常采用坐标放样和检测，在桥轴线上设有控制点的优势已不明显，因此在首级控制网设计中，可以不在桥轴线上设置控制点。

无论施工平面控制网布设采用何种形式，首先控制网的精度必须满足施工放样的精度要求，其次考虑控制点应尽可能地便于施工放样，且能长期稳定而不受施工的干扰。一般中、小型桥梁控制点采用地面标石，大型或特大型桥梁控制点采用配有强制对中装置的固定观测墩或金属支架。

2）桥梁控制网的精度确定

桥梁控制网是放样桥台、桥墩的依据。若将控制网的精度定得过高，虽能满足施工的要求，但控制网施测困难，既费时又费工；控制网的精度过低，很难满足施工的要求。目前常用的确定控制网精度的方法有两种：按桥式确定控制网的精度、按桥墩放样的容许误差确定平面控制网的精度。

（1）按桥式确定控制网的精度。

按桥式确定控制网精度的方法是根据跨越结构的架设误差（它与桥长、跨度大小及桥式有关）来确定桥梁施工控制网的精度。桥梁跨越结构的形式一般分为简支梁和连续梁。简支梁在一端桥墩上设固定支座，其余桥墩上设活动支座，如图 7-3 所示。在钢梁的架设过程中，它的最后长度误差来源于两部分：一种是杆件加工装配时的误差，另一种是安装支座的误差。

图 7-3　桥梁跨越结构的形式

根据《铁路钢桥制造规范》（Q/CR 9211—2015）的有关规定，钢桁梁节间长度制造容许误差为 ±2 mm，两组孔距误差 ±0.5 mm，则每一节间的制造和拼装误差为 $\Delta l = \pm\sqrt{0.5^2+2^2} = \pm 2.06$(mm)，当杆件长 16 m 时，其相对容许误差为：

$$\frac{\Delta l}{l} = \frac{2.12}{16\,000} = \frac{1}{7\,547}$$

由 n 根杆件铆接的桁式钢梁的长度误差为：

$$\Delta L = \pm\sqrt{n\Delta l^2} \tag{7-1}$$

设固定支座安装容许误差为 δ，则每跨钢梁安装后的极限误差为

$$\Delta d = \pm\sqrt{\Delta L^2+\delta^2} = \pm\sqrt{n\Delta l^2+\delta^2} \tag{7-2}$$

根据相关规范，δ 的值可根据固定支座中心里程的纵向容许偏差和梁长与桥式来确定，目前一般取 $\delta = \pm 7$ mm。

由上述分析，即可根据各桥跨求得其全长的极限误差

$$\Delta L = \pm \sqrt{\Delta d_1^2 + \Delta d_2^2 + \cdots + \Delta d_N^2} \tag{7-3}$$

式中　N——桥的跨数。

当等跨时，有：

$$\Delta L = \pm \Delta d \sqrt{N}$$

取$\frac{1}{2}$的极限误差为中误差，则全桥轴线长的相对中误差为：

$$\frac{m_L}{L} = \frac{1}{2} \cdot \frac{\Delta L}{L} \tag{7-4}$$

表 7-2 中是根据上述铁路规范列举出的以桥式为主，结合桥长来确定控制网的精度要求；表 7-3 是根据《公路桥涵施工技术规范》(JTG/T F50—2011)列举出的以桥长为主来确定控制网测设的精度。显而易见，铁路规范比公路规范要求高。在实际应用中，尤其是对特大型公路桥，应结合工程需要确定首级网的等级和精度，例如南京长江二桥南汊桥虽为公路桥，按《公路桥涵施工技术规范》(JTG/T F50—2011)要求可只布设四等三角网，但考虑其为大型斜拉桥，要求放样精度较高。因此，按国家规范二等三角网的要求来布设其首级施工控制网，除按全组合法进行测角之外，同时还进行了测边，平差后其精度高于国家二等三角网的要求。

表 7-2　桥位三角网精度要求(1)

等级	测角中误差(″)	桥轴线相对中误差	最弱边相对中误差
一	±0.7	1/175 000	1/150 000
二	±1.0	1/125 000	1/100 000
三	±1.8	1/75 000	1/60 000
四	±2.5	1/50 000	1/40 000
五	±4.0	1/30 000	1/25 000

表 7-3　桥位三角网精度要求(2)

等级	桥轴线桩间距离(m)	测角中误差(″)	桥轴线相对中误差	基线相对中误差	三角形最大闭合差(″)
二	>5 000	±1.0	1/130 000	1/260 000	±3.5
三	2 001 ~ 5 000	±1.8	1/70 000	1/140 000	±7.0
四	1 001 ~ 2 000	±2.5	1/40 000	1/80 000	±9.0
五	501 ~ 1 000	±5.0	1/20 000	1/40 000	±15.0
六	201 ~ 500	±10.0	1/10 000	1/20 000	±30.0
七	≤200	±20.0	1/5 000	1/10 000	±60.0

(2)按桥墩放样的容许误差确定平面控制网的精度。

在桥墩的施工中,从基础至墩台顶部的中心位置要根据施工进度随时放样确定,由于放样的误差使得实际位置与设计位置存在着一定的偏差。

根据桥墩设计理论,当桥墩中心偏差在 ±20 mm 内时,产生的附加力在容许范围内。因此,目前在《公路桥涵施工技术规范》(JTG/T F50—2011)中,对桥墩支座中心点与设计里程纵向容许偏差作了规定,对于连续梁和跨度大于 60 m 的简支梁,其容许偏差为 ±10 mm。

上述容许偏差,即可作为确定桥梁施工控制网的必要精度时的依据。在桥墩的施工放样过程中,引起桥墩点位误差的因素包括两部分:一部分是控制测量误差,另一部分是放样测量过程中的误差。它们可用下式表示

$$\Delta^2 = m_{控}^2 + m_{放}^2 \tag{7-5}$$

式中 $m_{控}$——控制点误差;

$m_{放}$——放样误差。

进行控制网的精度设计,就是根据实际施工条件,按一定的误差分配原则,先确定 $m_{控}$ 和 $m_{放}$ 的关系,再确定具体的数值要求。

结合桥梁施工的具体情况,在建立施工控制网阶段,施工工作尚未展开,不存在施工干扰,有比较充裕的时间和条件进行多余观测,以提高控制网的观测精度;而在施工放样时,现场测量条件差、干扰大、测量速度要求快,不可能有充裕的时间和条件来提高测量放样的精度。因此,控制点误差 $m_{控}$ 要远小于放样误差 $m_{放}$,不妨取 $m_{控}^2 = 0.2\ m_{放}^2$,按式(7-5)可求得:$m_{控} = 0.4\Delta$。

当桥墩中心测量精度要求 $\Delta = \pm 20$ mm 时,$m_{控} = \pm 8$ mm。当以此作为控制网的最弱边边长精度要求时,即可根据设计控制网的平均边长(或主轴线长度或河宽)确定施工控制网的相对边长精度要求。如南京长江二桥南汊桥要求桥轴线边长相对中误差≤1/180 000,最弱边边长相对中误差≤1/130 000,起始边边长相对中误差为 1/300 000。

3)平面控制网的坐标系统

(1)国家坐标系。

桥梁建设中要考虑与周边道路的衔接,因此平面控制网应首先选用国家统一坐标系统。但在大型和特大型桥梁建设中,选用国家统一坐标系统时应具备的条件是:①桥轴线位于高斯正形投影统一 3°带中央子午线附近;②桥址平均高程面应接近于国家参考椭球面或平均海水面。

(2)抵偿坐标系。

由计算可知,当桥址区的平均高程大于 160 m 或其桥轴线平面位置离开统一的 3°带中央子午线东西方向的距离(横坐标)大于 45 km 时,其长度投影变形值将会超过 25 mm/km(1/4 万)。此时,对于大型或特大型桥梁施工来说,仍采用国家统一坐标系统就不适宜了。通常的做法是:人为地改变归化高程,使距离的高程归化值与高斯投影的长度改化值相抵偿,但不改变统一的 3°带中央子午线进行的高斯投影计算的平面直角坐标系统,这种坐标系统称为抵偿坐标系。在大型桥梁施工中,当不具备使用国家统一坐标系时,通常采用抵偿坐标系。

(3)桥轴坐标系。

在特大型桥梁的主桥施工中,尤其是桥面钢构件的施工中,定位精度要求很高,一般小于 5 mm,此时选用国家统一坐标系和抵偿坐标系都不适宜,通常选用高斯正形投影任意带

（桥轴线的经度作为中央子午线）平面直角坐标系，称为桥轴坐标系，其高程归化投影面为桥面高程面，将桥轴线作为 x 轴。

在实际应用中，常常会根据具体情况共用几套坐标系。比如，在南京长江二桥建设中就使用了桥轴坐标系、抵偿坐标系和北京54坐标系。在主桥上使用桥轴坐标系，引桥及引线使用抵偿坐标系，而在与周边接线及航道上则使用北京54坐标系。

4）平面控制网的加密

桥梁施工首级控制网由于受图形强度条件的限制，其岸侧边长都较长。例如，当桥轴线长度在1 500 m左右时，其岸侧边长大约在1 000 m，则当交会半桥长度处的水中桥墩时，其交会边长达到1 200 m以上。这对于在桥梁施工中用交会法频繁放样桥墩是十分不利的，而且桥墩越是靠近本岸，其交会角就越大。从误差椭圆的分析中得到，过大或过小的交会角，对桥墩位置误差的影响都较大。此外，控制网点远离放样物，受大气折光、气象干扰等因素影响也增大，将会降低放样点位的精度。因此，必须在首级控制网下进行加密，这时通常是在堤岸边上合适的位置上布设几个附点作为加密点，加密点除考虑其与首级网点及放样桥墩通视外，更应注意其点位的稳定可靠及精度。结合施工情况和现场条件，可以采用如下的加密方法：

（1）由3个首级网点以3方向前方交会或由2个首级网点以2个方向进行边角交会的形式加密；

（2）在有高精度全站仪的条件下，可采用导线法，以首级网两端点为已知点，构成附合导线的网形；

（3）在技术力量许可的情况下，也可将加密点纳入首级网中，构成新的施工控制网，这对于提高加密点的精度行之有效。

加密点是施工放样使用最频繁的控制点，且多设在施工场地范围内或附近，受施工干扰，临时建筑或施工机械极易造成不通视或破坏而失去效用，在整个施工期间，常常要多次加密或补点，以满足施工的需要。

5）平面控制网的复测

桥梁施工工期一般都较长，限于桥址地区的条件，大多数控制点（包括首级网点和加密点）位于江河堤岸附近，其地基基础并不十分稳定，随着时间的变化，点位有可能发生变化，此外，桥墩钻孔桩施工、降水等也会引起控制点下沉和位移。因此，在施工期间，无论是首级网点还是加密点，必须进行定期复测，以确定控制点的变化情况和稳定状态，这也是确保工程质量的重要工作。控制网的复测周期可以采用定期进行的办法，如每半年进行一次；也可根据工程施工进度、工期，并结合桥墩中心检测要求情况确定。一般应在下部结构施工期间，对首级控制网及加密点进行至少两次复测。

第一次复测宜在桥墩基础施工前期进行，以便据以精密放样或测定其墩台的承台中心位置。第二次复测宜在墩、台身施工期间进行，并宜在主要墩、台顶帽竣工前完成，以便为墩、台顶帽位置的精密测定提供依据。而这个顶帽竣工中心即作为上部建筑放样的依据。

复测应采用不低于原测精度的要求进行。由于加密点是施工控制的常用点，在复测时通常将加密点纳入首级控制网中观测，整体平差，以提高加密点的精度。

值得提出的是，在未经复测前要尽量避免采用极坐标法进行放样，否则应有检核措施，以免产生较大的误差。无论是复测前或复测后，在施工放样中，除后视一个已知方向之外，应加测另一个已知方向(或用双后视法),以观察该测站上原有的已知角值与所测角值有无超出观测误差范围。这个办法也可避免在后视点距离较长,特别是气候不好、视线不甚良好时发生观测错误的影响。

2. 桥梁三角网

1) 桥梁三角网的外业

桥梁三角网布设好后,就可进行外业观测与内业计算。桥梁三角网的外业主要包括角度测量和边长测量。

由于桥轴线长度不同,对桥轴线长度的精度要求也不同。因此,三角网的测角和测边精度也有所不同。按照桥轴线的长度,可将三角网的精度等级分为六个等级,具体技术指标如表 7-4 所示。

表 7-4　三角网等级和仪器类型与测回数的关系

仪器类型	等级					
	二	三	四	五	六	七
J_1	12	9	6	4	2	
J_2		12	9	6	4	2
J_6			12	9	6	4

角度观测一般采用方向观测法。观测时应选择距离适中、通视良好、成像清晰稳定、竖直角仰俯小、折光影响小的方向作为零方向。

角度观测的测回数由三角网的等级和仪器的类型而定,具体规定见表 7-4。

铟瓦线尺丈量是最精密的测距方法,用于二、三等网的基线丈量,组织这样的一次丈量是极其困难的。目前已有高精度的基线光电测距仪可用于二、三等网基线测量,为测距工作带来诸多方便。三等以下则可用一般光电测距仪测定,也可用钢尺精密量距的方法。直接丈量的测回数为 1 ~ 4。

桥梁三角网一般只测两条基线,其他边长则根据基线及角度推算。在平差中,由于只对角度进行调整而将基线作为固定值,基线测量的精度应远高于测角精度,而使基线误差忽略不计。基线测量精度一般应比桥轴线精度高出 2 倍以上。

边角网一般要测部分或全部边长,平差时要与角度一起参与调整,故要求与测角精度相当即可,一般与桥轴线精度一致就能满足。

外业工作结束后,应对观测成果进行检核。基线的相对中误差应满足相应等级控制网的要求。测角误差可按三角形闭合差计算,亦应满足规范要求。当有极条件或基线条件时,其闭合差的限差按下式计算:

$$W_{限} = 2m\sqrt{[\delta\delta]} \tag{7-6}$$

式中　m——测角中误差,以″计;

δ——传距角正弦对数的秒差,以对数第六位为单位。

2) 桥梁三角网平差与坐标计算

桥梁控制网通常都是独立的自由网。由于对网本身点的相对位置的精度要求很高,即使与国家网或城市网进行联测,也只是取得坐标间的联系,平差时仍按独立的自由网处理。

桥梁三角网通常采用条件观测法平差。对于二、三等三角网可采用方向平差，三等以下一般采用角度平差，视情况还可采用近似平差方法。

边角网的平差亦采用条件观测平差。由于边角网的边、角均参与平差，除其有三角网、三边网的条件外，还有边、角两类观测量共同组成边角条件。

由于边和角是两类不同类型的观测值，需要合理定出角度和边长的权之间的比例关系，否则将会直接影响平差的结果。

角度和边长的权之间的比例关系可由两者的中误差确定，测角中误差 m_β的确定一般通过两种途径实现：

(1)根据所用仪器的类型和测回数，参照相关规范中相应等级的三角测量精度来确定；

(2)根据网中三角形闭合差，按菲列罗公式计算，即

$$m_\beta = \pm\sqrt{\frac{[f_\beta f_\beta]}{3n}} \tag{7-7}$$

式中 f_β——三角形闭合差；

n——三角形的个数。

对于边角网的边长，一般采用光电测距仪测定。因此，边长中误差 m_s可根据仪器给出的标称误差得到，即

$$m_s = \pm(a + b \times 10^{-6}D)$$

式中 a——固定误差；

b——比例误差系数；

D——所测边长。

由于在一般情况下，角度观测的精度是相同的，通常取角度的权为1，此时单位权中误差$\mu = m_\beta$，各边长的权 P_{S_i}可由下式确定

$$P_{S_i} = \frac{m_\beta^2}{m_{S_i}^2} \tag{7-8}$$

桥梁控制网通常采用独立的平面直角坐标系，以桥轴线方向作为纵坐标 x 轴，而以桥轴线始端控制点的里程作为该点的 x 值。这样，桥梁墩、台的设计里程即是其 x 坐标值，给以后的放样交会计算带来方便。

3. 桥梁GPS网

1)GPS控制网的布设

(1)首级GPS平面控制网基本要求。

首级GPS平面控制网要求按《全球定位系统(GPS)测量规范》(GB/T 18314—2009)中GPS B级网的精度指标要求，对外业施测和内业数据处理等技术环节均应适当提高技术指标。外业数据采集时，采用高精度双频GPS接收机静态相对定位作业模式，并在GPS观测的同时，采用精密测距仪加测同岸可通视的较短基线边长，用以检核GPS基线尺度。

(2)桥位GPS控制网布设。

当桥位两岸无法通视时，采用全球卫星定位技术(GPS)布设大桥平面控制网，测量方式采用高精度静态相对定位模式。同时，利用常规测量手段相辅助。由于两岸跨度大，设立的桥位控制点既要满足布网要求，还须满足施工放样的要求，势必形成布网长短边相差较大的现象(跨杭州湾水面的GPS边长有30 km左右，同岸满足施工放样要求的GPS边长为2 km

左右,边长相差较大),此比例达到1/15,构成的网不利于提高点位精度。利用常规测量方法作为辅助手段,用高精度测距仪加测部分边长,检核GPS基线,验证GPS基线尺度,可直观地反映测量的元素及精度。

2)桥位GPS控制网的施测

(1)选点。

根据布设网形进行实地选点,选点时应带测绘器具进行现场踏勘选点。选点须遵循以下几个原则:

①按GPS观测要求,保证卫星信号的正常接收,要减弱信号干扰。远离大功率无线电发射源,注意避开电视转播台、无线电微波站、大功率雷达站,另外,尽量避开高压线,确保观测质量。

②控制点要布设在四周开阔的区域,在地面高度角大于15°范围内不应有障碍物,避免控制点周围有强反射面,尽可能与大面积水域保持一定距离。若确实无法避开,则须通过提高卫星观测高度角等有效措施,保证观测质量。

③点位应有利于安全作业、长期保存。选点时,应根据甲方提供的桥位设计平面图与施工平面布置图,根据施工特点与施工计划等情况,在甲方的协助下,准确估计施工区范围,避免施工时点被破坏。若有需要,点位也可选择在基础稳定、结构坚固的平面房顶上。

④当大桥初步设计的桥轴线为曲线时,两岸桥轴线上的控制点应尽量布设在两岸轴线两端的切线或两岸桥位桩延长线的附近。

⑤绘制点之记,委托保管书。

⑥控制点位须作为等级水准点使用,须符合等级水准点埋设的有关要求进行选埋。

⑦首级控制点点位初步选定后,先用木桩及测旗标示桩位,然后由建设单位请有关施工单位派专家检查、认可后,才最后确定具体点位。

(2)埋石。

为了提高平面控制点的精度,减少对中误差,方便施工放样及形变观测,桥区靠近桥轴线的控制点须建立强制对中的钢筋混凝土观测墩,观测墩顶部埋设不锈钢强制对中基盘。

GPS点位选择与墩标埋设须满足水准测量的有关要求。根据地质资料和现场勘查,桥区两岸地基较松软。为了增强点位的稳定性,在埋标时需对观测墩进行基础打桩处理:在点位底座下打入1个直径为50 cm的混凝土桩或4个直径较小的混凝土桩,打入的深度根据各点的地质或土质条件而定。

7.2.3 桥梁施工高程控制网

1. 桥梁施工高程控制网的布设

1)高程控制网的精度

无论是公路桥、铁路桥或公路铁路两用桥,在测设桥梁施工高程控制网前都必须收集两岸桥轴线附近的国家水准点资料。对城市桥应收集有关的市政工程水准点资料;对铁路及公路铁路两用桥还应收集铁路线路勘测或已有铁路的水准点资料,包括其水准点的位置、编号、等级、采用的高程系统及其最近测量日期等。

桥梁高程控制网的起算高程数据是由桥址附近的国家水准点或其他已知水准点引入的。这是取得统一的高程系统,而桥梁高程控制网仍是一个自由网,不受已知高程点的约束，以保证网本身的精度。

由于放样桥墩、台高程的精度除受施工放样误差的影响，控制点间高差的误差亦是一个重要的影响因素。因此，高程控制网必须要有足够的精度。对于水准网，水准点之间的联测及起算高程的引测一般采用三等。跨河水准测量当跨河距离小于 800 m 时采用三等，大于 800 m 则应采用二等。

2）水准点的布设

水准点的选点与埋设工作一般都与平面控制网的选点与埋石工作同步进行，水准点应包括水准基点和工作点。水准基点是整个桥梁施工过程中的高程基准，在选择水准点时应注意其隐蔽性、稳定性和方便性，即水准基点应选择在不致被损坏的地方，同时要特别避免地质不良、过往车辆影响和易受其他振动影响的地方。此外，还应注意其既不受桥梁和线路施工的影响，又要便于施工应用。在埋石时，应尽量埋设在基岩上。在覆盖层较浅时，可采用深挖基坑或用地质钻孔的方法使之埋设在基岩上；在覆盖层较深时，应尽量采用加设基桩（即开挖基坑后打入若干根大木桩的方法），以增加埋石的稳定性。水准基点除了考虑其在桥梁施工期间使用，要尽可能做到在桥梁施工完毕交付运营后能长期用作桥梁沉降观测。

在布设水准点时，对于桥长在 200 m 以内的大、中桥，可在河两岸各设置一个。当桥长超过 200 m 时，由于两岸联测起来比较困难，水准点高程发生变化时不易复查，每岸至少应设置两个水准点。对于特大桥，每岸应选设不少于 3 个水准点，当能埋设基岩水准点时，每岸也应不少于 2 个水准点；当引桥较长时，应不大于 1 km 设置 1 个水准点，并在引桥端点附近设有水准点。为了施工时便于使用，还可设立若干个施工水准点。

水准点应设在距桥中线 50～100 m，坚实、稳固、能够长久保留，便于引测使用的地方，且不易受施工和交通的干扰。相邻水准点之间的距离一般不大于 500 m。此外，在桥墩较高、两岸陡峭的情况下，应在不同高度设置水准点，以便于放样桥墩的高程。

在桥梁施工过程中，单靠水准基点是难以满足施工放样的需要的，在靠近桥墩附近再设置水准点，通常称为工作基点。这些点一般不单独埋石，而是利用平面控制网的导线点或三角网点的标志作为水准点。当采用强制对中观测墩时，则是将水准标志埋设在观测墩旁的混凝土中。

2. 跨河水准测量

跨河水准测量是桥梁施工高程控制网测设工作中十分重要的一环。这是因为桥梁施工要求其两岸的高程系统必须是统一的。同时，桥梁施工高程精度要求高，即使两岸附近都有国家或其他部门的高等级水准点资料，也必须进行高精度的跨河水准测量，使与两岸自设水准点一起组成统一的高精度高程控制网。

图 7-4 为南京长江三桥首级施工高程控制网，其中有两处跨河水准测量，a_1、a_2 和 b_1、b_2 为 4 个跨河水准点分别位于桥轴线上、下游约 500 m 的位置上，跨河视线长度分别为 1 894 m 和 1 840 m，采用 2 台 T_3 经纬仪，按经纬仪倾角法，以二等跨河水准测量要求进行施测。

3. 水准测量及联测

桥梁高程控制网应与路线采用同一个高程系统，因而要与路线水准点进行联测，但联测的精度可略低于施测桥梁高程控制网的精度。因为它不会影响桥梁各部高程放样的相对精度。

桥梁施工高程控制网测量的大部分工作在跨河水准测量上。在进行跨河水准测量前，应对两岸高程控制网按设计精度进行测量，并联测将用于跨河水准测量的临时（或永久）水

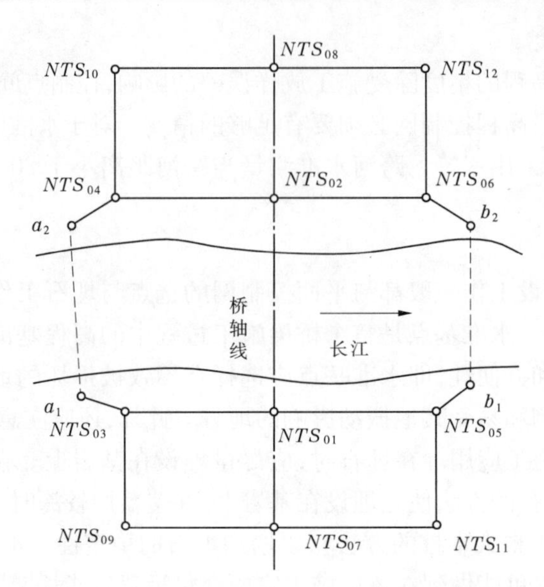

图 7-4　南京长江三桥首级施工高程控制网

准点。同时将两岸国家水准点或部门水准点的高程引测到桥梁施工高程控制网的水准点上,并比较其两岸已知水准点高程是否存在问题,以确定是否需要联测到其他已知高程的水准点上。但最后均采用由一岸引测的高程来推算全桥水准点的高程,在成果中应着重说明其引测关系及高程系统。

桥梁施工高程控制网复测一般配合平面控制网复测工作一并进行,复测时应采用不低于原测精度的方法。当水中有已建成或即将建成的桥墩时,可予以利用,以缩短其跨河视线的长度。

模块 3　直线桥梁施工测量

7.3.1　桥梁施工前的复测与施工控制点加密

1. 路线中线的复测

由于桥梁墩、台定位精度要求很高,而墩、台位置又与路线中线的测设精度密切相关,必须对路线中线进行复测检查。

当桥梁位于直线上时,应复测该直线上所有的转点。位于桥跨上的转点,应在其上安置经纬仪测出右角(右角)β_i,并测量转点间距离 s_i,如图 7-5 所示。以桥梁中线方向为纵坐标方向,根据右角 β_i 和转点间距离 s_i 计算出各转点相对于桥轴线的坐标,以此调整桥跨内转点的位置。

当桥梁位于曲线上时,应对整个曲线进行复测。

曲线转角的测定方法有多种,若以桥梁三角网或导线网作为控制,则可利用路线交点坐标进行计算与测设;若在现场用经纬仪直接测定,须在测定之前检查交点位置的正确性。在转角测定后,应按实测的转角重新计算曲线元素,并测设曲线控制桩。

曲线桥与直线桥一样,要在桥的两端的路线上埋设两个控制桩,用以校核墩、台定位的

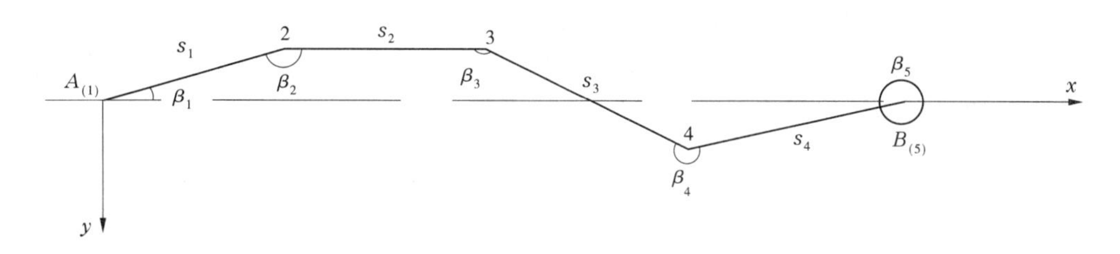

图 7-5　桥梁位于直线上转点的复测

精度,以及作为测设墩、台中心位置的依据。这两个控制桩的测设精度,要满足桥轴线精度的要求。

控制桩测设时,如果控制桩位于曲线上,通常是根据曲线切线方向,用切线支距法进行测设,这就要求切线的测量精度高于桥轴线精度,应先精密测量切线的长度,然后根据控制桩的切线支距 x、y,将其钉设在地面上。两控制点之间的距离既可用光电测距仪测量,也可用钢尺精密丈量或三角网间接测定。其长度相对精度应符合规范有关规定。

2. 桥梁控制网的复测

1) 平面控制网的复测

平面控制网的复测一般包括基线的复测,角度的复测,成果的复算、对比等。复测应尽可能保持原测网的图形。复测精度一般仍按原测的精度要求进行。基线可只复测一条,并以复测结果为准。如果控制点上建有觇标,应在复测前进行归心投影,活动觇标则可强制归心。当标石设有护桩时,应同时检查标石的位移情况。标石顶部测有高程的,应进行水准测量,以检查标石有无沉陷和变动。

当复测的结果与原测相差较大时,则在原起算点坐标(起算里程)不变的情况下,重新计算控制网的坐标,并据以重新编算施工交会用表。如果只检测网中部分控制点,应视其变位大小而采取相应措施。若在限差之内,可按原测值使用,否则应考虑提高检测等级,扩大检测范围,如仍超限,则应采用新的观测成果。

2) 水准控制网的复测

水准控制网的复测一般按原测路线、原测等级进行。跨河水准与两岸水准测量独立进行复测。

跨河水准复测时一般以原跨河水准测量路线中的一条作为复测路线,单线过河。两岸水准点仍用原测点,当所测高差变化较小,如小于 10 mm,可用原测高程值。否则,应重测跨河水准一次,并与原引测的国家水准点或其他已知水准点进行联测,重新计算并核定最后采用的高程值。两岸其他水准点则分别进行复测,其观测精度与原测相同。如果复测高差变化很小,则可采用原测高程值。否则,应重测一次,如仍超限,取其复测平差值。

3. 施工控制点的加密

在布设桥梁控制网时,由于河面较宽,考虑到三角网图形强度必须保证桥轴线达到一定精度,沿两岸布设的控制点一般距桥轴线较远。如果直接用这些控制点交会放样桥墩,就会由于交会角不好而造成放样的点位横向误差过大。在施工中,交会定点测量是一项经常性的工作,观测视线太长也会给放样工作带来不便。为了减少交会定点的横向误差和便于放样工作,在原控制网的基础上,再对控制网进行加密。加密的形式可采用增设节点和插点的方法。如果需要插入的点较多,也可将其构成网状,通常称为插网。在桥梁测量中,插网用于施工复杂的特大桥,在一般桥梁中则较少采用。

此外,由于施工现场的情况经常变化,在观测中常会出现一些意想不到的事情,如施工机具或堆放的材料遮挡住观测视线,因此常会根据需要随时加密控制点,以满足施工放样的需要。

1)节点的设置

节点是在桥梁平面控制网布设基线的同时设置的,即是在基线中间适当部位设置的点。在基线测量时,顺便测出节点至基线端点的距离。由于其方向与基线方向一致,在解算出控制网坐标后,节点坐标即可算出。由此看来,设置节点除需埋设标志外,不会增加太多的观测工作量。

图 7-6 为桥梁控制网基线上设节点,在基线测量的同时,在两基线的中间各设置了一个节点 A 和 B,用以放样与节点居于同一侧附近的桥墩。

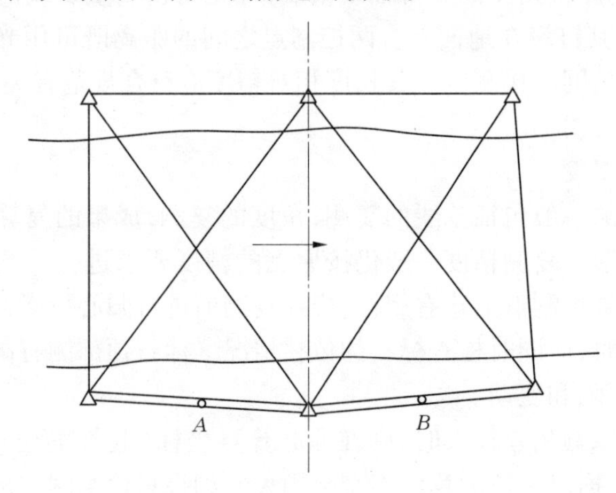

图 7-6 桥梁控制网基线上设节点

由于节点必须位于基线上,因此设点位置受到一定限制。

2)插点

插点的方法是将新增设的点与控制网中的若干点构成一个三角网,在测出各个角值或边长以后,利用控制点的已知坐标,即可推算出新增设的点的坐标。

桥梁控制网插点的位置多设在岸边,当河中有陆洲时,亦可布设插点。为了使插点时的图形坚强,多数情况下是利用插点的对岸控制点进行交会的。插点时可采用前方交会、侧方交会、后方交会和测边交会等。常用的图形如图 7-7 所示。

7.3.2 桥轴线测定

1. 桥轴线测量精度的估算

桥梁的中心线称为桥轴线。桥轴线两岸控制桩 A、B 点间的水平距离称为桥轴线长度,如图 7-8 所示。由于桥梁施工测量的主要任务之一是正确地测设出墩、台的位置,而桥轴线长度又是设计与测设墩、台位置的依据,必须保证桥轴线长度的测量精度。下面按桥型给出桥轴线精度的估算方法。

1)混凝土梁与钢筋混凝土梁

设墩中心点位的放样限差为 Δ_l,全桥共有 n 跨,则桥轴线长度中误差为:

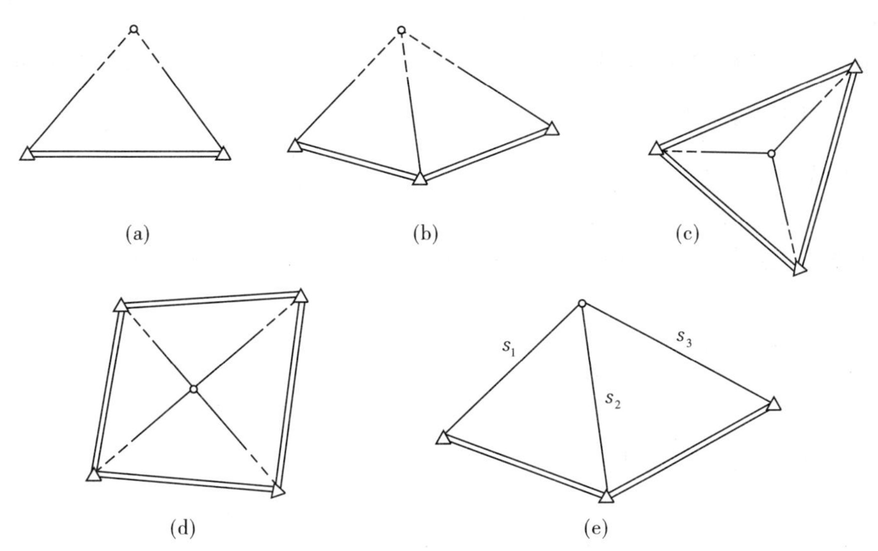

图7-7　桥梁控制网插点常用的交会方法

$$m_D = \frac{\Delta_l}{\sqrt{2}}\sqrt{n} \tag{7-9}$$

Δ_l 一般取 ±10 mm。

2）钢板梁与短跨（跨距不大于64 m）简支钢桁梁

设钢梁的梁长为 l，其制造限差为 $l/5\ 000$，支座的安装限差为 δ，则单跨桥梁的桥轴线长度中误差为：

$$m_d = \pm \frac{1}{2}\sqrt{\left(\frac{l}{5\ 000}\right)^2 + \delta^2} \tag{7-10}$$

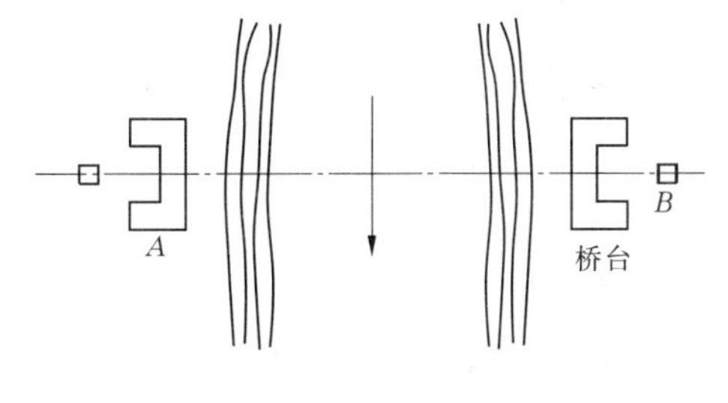

图7-8　桥梁轴线

δ 一般取 ±7 mm。

当桥梁为多跨且跨距相等时，则桥轴线长度中误差 m_D 为：

$$m_D = m_d\sqrt{n} \tag{7-11}$$

当桥梁为多跨而跨距不等时，则桥轴线长度中误差为：

$$m_D = \pm\sqrt{m_{d_1}^2 + m_{d_2}^2 + \cdots + m_{d_n}^2} \tag{7-12}$$

3）连续梁及长跨（跨距大于64 m）简支钢桁梁

设单联或单跨桥梁组成的节间数为 N，一个节间的拼装限差为 Δ_l，则其桥轴线长度中误差为：

$$m_d = \pm\frac{1}{2}\sqrt{N\Delta_l^2 + \delta^2} \tag{7-13}$$

Δ_l 一般取 ±2 mm。

当桥梁为多联或多跨，并且每联或每跨的长度相等时，则桥轴线长度中误差计算同式（7-11）。

当桥梁为多联或多跨，而每联或每跨的长度不等时，则桥轴线长度中误差计算同式(7-12)。

根据以上各估算公式求出桥轴线长度中误差后，再除以桥轴线长度 L，即得桥轴线长度应具有的相对中误差$\frac{m_D}{L}$。有了这个数据，就可用以确定测量的等级和方法。

【例 7-1】 某桥长 1 800 m，共有 11 个孔，为连续梁，节间长度为 18 m。主桥共 3 孔为一联，孔长为 180 m + 216 m + 180 m。桥北也是 3 孔为一联，共两联，两联的孔长均为 62 m + 162 m + 162 m。桥南共一联 2 孔，孔长为 126 m + 126 m。欲求测定该桥桥轴线长度应具有的精度。

解：由题可知，主桥一联节间数为 32，按式(7-13)：

$$m_{d_1} = \pm \frac{1}{2}\sqrt{32 \times 2^2 + 7^2} = \pm 6.65(\text{mm})$$

桥北一联节间数为 27，共两联，按式(7-13)和式(7-12)：

$$m_{d_2} = \pm \frac{1}{2}\sqrt{27 \times 2^2 + 7^2} \times \sqrt{2} = \pm 8.86(\text{mm})$$

桥南一联节间数为 14，按式(7-13)：

$$m_{d_3} = \pm \frac{1}{2}\sqrt{14 \times 2^2 + 7^2} = \pm 5.12(\text{mm})$$

桥轴线长度中误差，按式(7-12)：

$$m_D = \pm \sqrt{6.65^2 + 8.86^2 + 5.12^2} = \pm 12.20(\text{mm})$$

桥轴线长度相对中误差

$$\frac{m_D}{L} = \frac{12.20}{1\ 80\ 000} \approx \frac{1}{147\ 540}$$

2. 桥轴线测量方法

桥轴线测量通常采用光电测距法。

光电测距具有作业精度高、速度快、操作和计算简便等优点，且不受地形条件限制。目前，公路工程多使用中、短程红外测距仪，测程可达 3 km。测距精度一般优于 $\pm(3 + 2 \times 10^{-6}D)$mm。

使用红外测距仪能直接测定桥轴线长度。但若桥墩的施工要采用交会法定位，则可将桥轴线长度作为一条边，布设成双闭合环导线，如图 7-9 所示。在此情况下，采用全站仪进行观测尤为方便，测距和测角可同时进行。

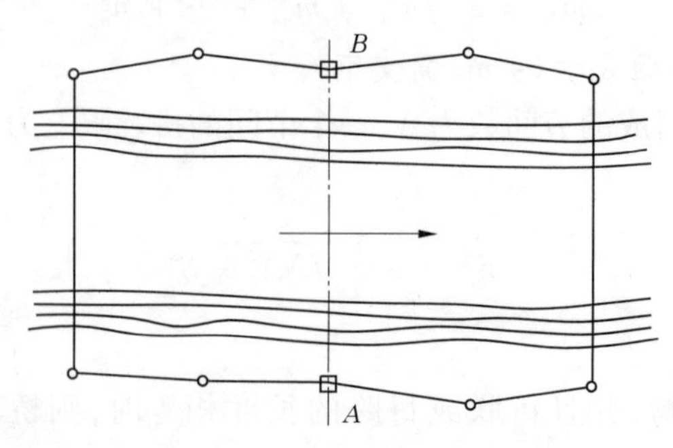

图 7-9　双闭合环导线

在布设导线时，应考虑导线点的位置尽可能选在高处，以便于对桥墩进行交会定位及减少水面折光对测距的影响，而且使交会角尽可能接近90°。在岸上的导线边长不宜过短，以免降低测角的精度。在选好的导线点上，一般应埋设混凝土桩标志。

在实测之前，应按相关规范中规定的检验项目对测距仪进行检验，以确保观测的质量。观测应选在大气稳定、透明度好的时间段进行。测距时应同时测定温度、气压及竖直角，用来对测得的斜距进行气象改正和倾斜改正。每一条边均应进行往返观测。如果反射棱镜常数不为零，还要对距离进行修正。

导线点的精度要根据施工时桥墩的定位方法而定，如果施工时桥墩的基础部分用交会法定位，而当桥墩露出水面之后，即用测距仪直接测距定位，则导线的精度要求可适当降低。

特大桥桥轴线的测定一般采用三角测量的方法。选点时，将桥轴线作为三角网的一条边长，在精确测定三角网的1～2条边长（称为基线），观测所有角度后，即可解算桥轴线长度。近年来，由于光电测距仪的广泛应用，精密测定边长已不困难，可在三角网的基础上加测若干边长，称为边角网，其精度一般优于三角网，但外业工作量及平差工作的难度都比三角网大。

三边网缺少检核条件，精度不及三角网和边角网，一般很少采用。

7.3.3 直线桥梁的墩、台定位

在桥梁施工测量中，测设墩、台中心位置的工作称为桥梁墩、台定位。

直线桥梁的墩、台定位所依据的原始资料为桥轴线控制桩的里程和桥梁墩、台的设计里程。根据里程可以算出它们之间的距离，并由此距离定出墩、台的中心位置。

如图7-10所示，直线桥梁的墩、台中心都位于桥轴线的方向上，已经知道了桥轴线控制桩 A、B 及各墩、台中心的里程，由相邻两点的里程相减，即可求得其间的距离。墩、台定位的方法可视河宽，河深及墩、台位置等具体情况而定。根据条件，可采用直接丈量、光电测距及交会法。

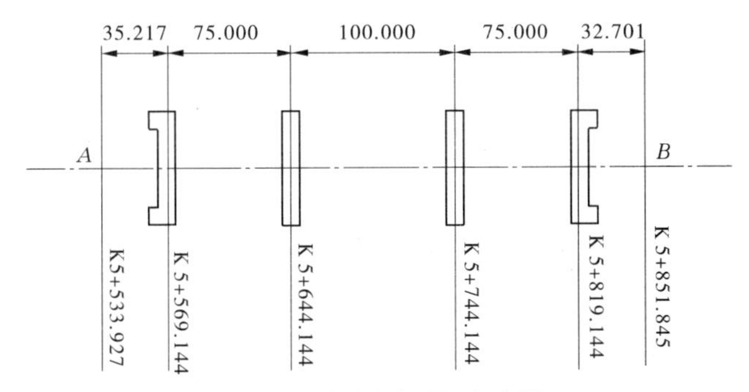

图7-10 直线桥梁墩、台布置

1. 直接丈量

当桥梁墩、台位于无水河滩上，或水面较窄，用钢尺可以跨越丈量时，可采用钢尺直接丈量。丈量所使用的钢尺必须经过检定，丈量的方法与测定桥轴线的方法相同，但由于是测设设计的长度（水平距离），应根据现场的地形情况将其换算为应测设的斜距，还要进行尺长改正和温度改正。

为保证测设精度，丈量时施加的拉力应与检定钢尺时的拉力相同，同时，丈量的方向亦

不应偏离桥轴线的方向。在设出的点位上要用大木桩进行标定，在桩顶钉一小钉，以准确标出点位。

测设墩、台的顺序最好从一端到另一端，并在终端与桥轴线的控制桩进行校核，也可从中间向两端测设。按照这种顺序，容易保证每一跨都满足精度要求。只有在不得已时，才从桥轴线两端的控制桩向中间测设，这样容易将误差积累在中间衔接的一跨上。如果这样做，一定要对衔接的一跨设法进行校核。

最后应该指出的是，距离测设不同于距离丈量。距离丈量是先用钢尺量出两固定点之间的尺面长度（根据尺面分划注记所得），然后加上钢尺的尺长、温度及倾斜等项改正，最后求得两点间的水平距离。而距离测设则是根据给定的水平距离，结合现场情况，先进行各项改正，算出测设时的尺面长度，然后按这一长度从起点开始，沿已知方向定出终点位置。因此，测设时各项改正数的符号，与丈量时恰好相反。

如图 7-10 所示，桥轴线控制桩 A 至桥台的距离为 35.217 m，在现场概量距离后，用水准测量测得两点间高差为 0.672 m，测设时的温度为 30 ℃。所用钢尺经过检定的尺长方程式为：

$$l = 50\ \text{m} - 0.007\ \text{m} + 0.000\ 012(t - 20)\ \text{m}$$

三项改正数为：

尺长改正 $\Delta l = -\dfrac{-0.007}{50} \times 35.217 = +0.004\ 9(\text{m})$

温度改正 $\Delta l_t = -0.000\ 012 \times (30 - 20) \times 35.217 = -0.004\ 2(\text{m})$

倾斜改正 $\Delta h = \dfrac{0.672^2}{2 \times 35.217} = 0.006\ 4(\text{m})$

则测设时的尺面读数应为：

$$35.217 + 0.004\ 9 - 0.004\ 2 + 0.006\ 4 = 35.224\ 1(\text{m})$$

2. 光电测距

光电测距目前一般采用全站仪，用全站仪进行直线桥梁墩、台定位，简便、快速、精确，只要墩、台中心处可以安置反射棱镜，而且仪器与棱镜能够通视，即使其间有水流障碍，亦可采用。

测设时最好将仪器置于桥轴线的一个控制桩上，瞄准另一控制桩，此时望远镜所指方向即为桥轴线方向。在此方向上移动棱镜，通过测距，以定出各墩、台中心，这样测设可有效地控制横向误差。如在桥轴线控制桩上测设遇有障碍，也可将仪器置于任何一个控制点上，利用墩、台中心的坐标进行测设。为确保测设点位的准确，测后应将仪器迁至另一控制点上，再测设一次进行校核。

值得注意的是，在测设前应将所使用的棱镜常数和当时的气象参数——温度和气压输入仪器，仪器会自动对所测距离进行修正。

7.3.4 直线桥梁墩、台纵横轴线测设

在测设出墩、台中心位置后，尚需测设墩、台的纵横轴线，作为放样墩、台细部的依据。所谓墩、台的纵轴线，是指过墩、台中心，垂直于路线方向的轴线；墩、台的横轴线，是指过墩、台中心与路线方向相一致的轴线。

在直线桥上,墩、台的横轴线与桥轴线相重合,且各墩、台一致,因而就利用桥轴线两端的控制桩来标志横轴线的方向,一般不再另行测设。

墩、台的纵轴线与横轴线垂直,在测设纵轴线时,在墩、台中心点上安置经纬仪,以桥轴线方向为准测设90°角,即为纵轴线方向。由于在施工过程中经常需要恢复墩、台的纵横轴线的位置,需要用标志桩将其准确标定在地面上,这些标志桩称为护桩,如图7-11所示。

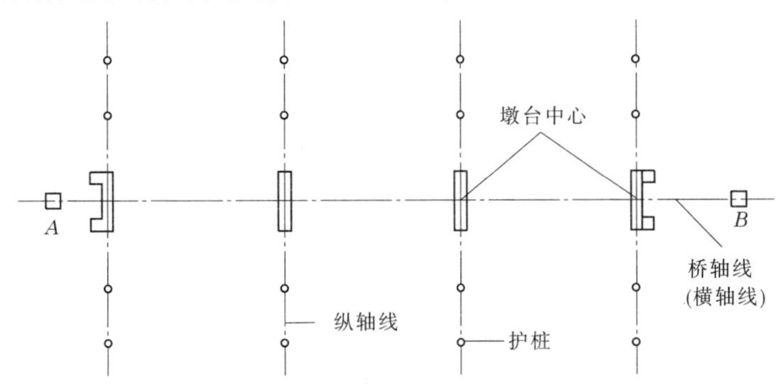

图7-11　用护桩标定墩、台纵横轴线位置

为了消除仪器轴系误差的影响,应该用盘左、盘右测设两次而取其平均位置。在测设出的轴线方向上,应于桥轴线两侧各设置2～3个护桩。这样在个别护桩丢失、损坏后,可及时恢复,并在墩、台施工到一定高度影响到两侧护桩的通视时,能利用同一侧的护桩恢复轴线。护桩的位置应选在离开施工场地一定距离,通视良好、地质稳定的地方。标志桩视具体情况可采用木桩、水泥包桩或混凝土桩。

位于水中的桥墩,由于不能安置仪器,也不能设护桩,可在初步定出的墩位处筑岛或建围堰,然后用交会或其他方法精确测设墩位并设置轴线。如果是在深水大河上修建桥墩,一般采用沉井、围图管柱基础,此时往往采用前方交会法进行定位,在沉井、围图管落入河床之前,要不断地进行观测,以确保沉井、围图管位于设计位置上。当采用光电测距仪进行测设时,亦可采用极坐标法进行定位。

模块4　曲线桥梁施工测量

7.4.1　曲线桥梁的墩、台定位

由于曲线桥的路线中线是曲线,而所用的梁是直的,路线中线与梁的中线不能完全吻合,如图7-12所示。梁在曲线上的布置,是使各跨梁的中线联结起来,成为与路线中线基本相符的折线,这条折线称为桥梁的工作线。墩、台中心一般位于这条折线转折角的顶点上。测设曲线墩、台中心,就是测设这些顶点的位置。

如图7-12所示,在桥梁设计中,梁中心线的两端并不位于路线中线上,而是向外侧移动了一段距离E,这段距离称为偏距。如果偏距E为梁长弦线的中矢值的一半,这种布梁方法称为平分中矢布置;如果偏距E等于中矢值,称为切线布置。两种布置参见图7-13。

此外,相邻两跨梁中心线的交角α称为偏角,每段折线的长度L称为桥墩中心距。偏距E、偏角α和桥墩中心距L是测设曲线桥墩、台位置的基本数据。

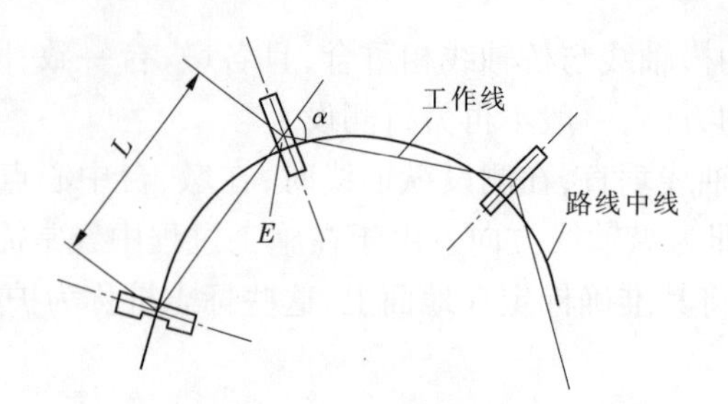

图 7-12　桥梁工作线

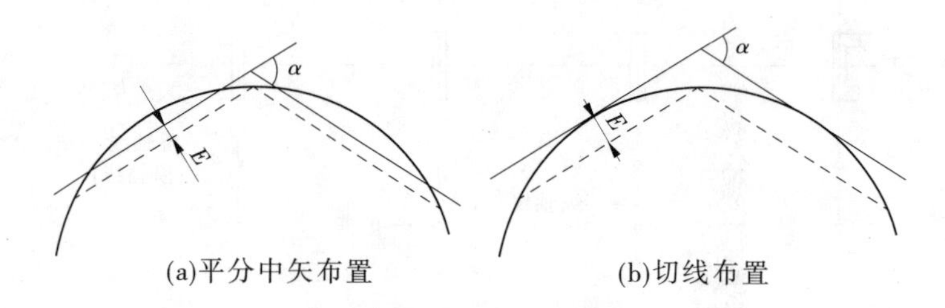

(a)平分中矢布置　　(b)切线布置

图 7-13　桥梁的布梁方法

7.4.2　偏距 E 和偏角 α 的计算

1. 偏距 E 的计算

(1)当梁在圆曲线上,切线布置

$$E = \frac{L^2}{8R} \tag{7-14}$$

平分中矢布置

$$E = \frac{L^2}{16R} \tag{7-15}$$

(2)当梁在缓和曲线上,切线布置

$$E = \frac{L^2}{8R} \cdot \frac{l_T}{l_S} \tag{7-16}$$

平分中矢布置

$$E = \frac{L^2}{16R} \cdot \frac{l_T}{l_S} \tag{7-17}$$

式中　L——桥墩中心距,m;

R——圆曲线半径,m;

l_T——缓和曲线长,m;

l_S——计算点至 ZH(或 HZ)的长度,m。

2. 偏角 α 的计算

梁工作线偏角 α 主要由两部分组成,一是工作线所对应的路线中线的弦线偏角;二是由于墩、台 E 值不等而引起的外移偏角。另外,当梁一部分在直线上,一部分在缓和曲线上,或者一部分在缓和曲线上,另一部分在圆曲线上时,还须考虑其附加偏角。

计算时,可将弦线偏角、外移偏角和其他附加偏角分别计算,然后取其和。

模块5　普通桥梁施工测量

7.5.1　普通桥梁施工测量的主要内容

目前最常见的桥梁结构形式，是采用小跨距、等截面的混凝土连续梁或简支梁(板)，如大型桥梁的引桥段、普通中小型桥梁等。普通桥梁结构，仅由桥墩和等截面的平板梁或变截面的拱梁构成，虽然在桥梁设计上，为考虑美观(如城市高架桥中常见的鱼腹箱梁)，会采用形式多样、特点各异的桥墩和梁结构，但在施工测量方法和精度上基本大同小异，本模块所要介绍的构造物是指其桥墩(台)和梁，其施工测量的主要工作内容有：

(1)基坑开挖及墩台扩大基础的放样；

(2)桩基础的桩位放样；

(3)承台及墩身结构尺寸、位置放样；

(4)墩帽及支座垫石的结构尺寸、位置放样；

(5)各种桥型的上部结构中线及细部尺寸放样；

(6)桥面系结构的位置、尺寸放样；

(7)各阶段的高程放样。

在现代普通桥梁建设中，过去传统的施工测量方法已较少采用，常用的方法是全站仪二维或三维直角坐标法和极坐标法。

用全站仪施工放样前，可以在室内将控制点及放样点坐标储存在全站仪文件中，实地放样时，只要定位点能够安置反光棱镜，仪器可以设在施工控制网的任意控制点上，且与反光棱镜通视，即可实施放样。在桥梁施工测量中，控制点坐标是要反复使用的，应利用全站仪的存储功能，在全站仪中建立控制点文件，便于测量中控制点坐标的反复调用，这样既可以减少大量的输入工作，又可以避免差错。

7.5.2　桥梁下部构造的施工测量

桥梁下部构造是指墩台基础及墩身、墩帽，其施工放样是在实地标定好墩位中心的基础上，根据施工的需要，按照设计图，自下而上分阶段地将桥墩各部位尺寸放样到施工作业面上，属施工过程中的细部放样。下面将其各主要部分的放样介绍如下。

1.水中钢平台的搭设

水中建桥墩要搭设钢平台来支撑灌注桩钻孔机械的安置。

1)平台钢管支撑桩的施打定位

平台支撑灌注桩的施工方法一般是利用打桩船进行水上沉桩。测量定位的方法是全站仪极坐标法。施工时，将仪器架设在控制点上进行三维控制。一般沉桩精度控制在：平面位置±10 cm，高程位置±5 cm，倾斜度1/100。

2)平台的安装测量

支撑灌注桩施打完毕后，用水准仪放样桩顶标高供桩帽安装，用全站仪在桩帽上放出平台的纵横轴线进行平台安装。

2. 桩基础钻孔定位放样

根据施工设计图计算出每个桩基中心的放样数据,设计图纸中已给出的数据也应经过复核后方可使用,施工放样采用全站仪极坐标法进行。

1) 水上钢护筒的沉放

用极坐标法放出钢护筒的纵横轴线,在定位导向架的引导下进行钢护筒的沉放。沉放时,在两个互相垂直的测站上布设两台经纬仪,控制钢护筒的垂直度,并监控其下没过程,发现偏差随时校正。高程利用布设在平台上的水准点进行控制。护筒下没放置完毕后,用制作的十字架测出护筒的实际中心位置。精度控制:平面位置,±5 cm;高程位置,±5 cm;倾斜度,1/150。

2) 陆地钢护筒的埋设

用极坐标法直接放出桩基中心,进行护筒埋设,不能及时进行护筒埋设的,要用护桩固定。护筒埋设精度:平面位置偏差,±5 cm;高程位置偏差,±5 cm;倾斜度,1/150。

3. 钻机定位及成孔检测

用全站仪直接测出钻机中心的实际位置,如有偏差,通过调节装置进行调整,直至满足规范要求。然后用水准仪进行钻机抄平,同时测出钻盘高程。桩基成孔后、灌注水下混凝土前,在桩附近要重新抄测标高,以便正确掌握桩顶标高。必要时,还应检测成孔垂直度及孔径。

4. 承台施工放样

用全站仪极坐标法放出承台轮廓线特征点,供安装模板用,通过吊线法和水平靠尺进行模板安装,安装完毕后,用全站仪测定模板四角顶口坐标,直至符合规范和设计要求。用水准仪进行承台顶面的高程放样,其精度应达到四等水准要求,用红油漆标示出高程相应位置。

5. 墩身放样

桥墩墩身形式多样,大型桥梁一般采用分离式矩形薄壁墩。墩身放样时,先在已浇筑承台的顶面上放出墩身轮廓线的特征点,供支设模板用(首节模板要严格控制其平整度),用全站仪测出模板顶面特征点的三维坐标,并与设计值相比较,直到差值满足规范和设计要求。

6. 支座垫石施工放样和支座安装

用全站仪极坐标法放出支座垫石轮廓线的特征点,供模板安装。安装完毕后,用全站仪进行模板四角顶口的坐标测量,直至符合规范和设计要求。用水准仪以吊钢尺法进行支座垫石的高程放样,并用红漆标示出相应位置。待支座垫石施工完毕后,用全站仪极坐标法放出支座安装线,供支座定位。

7. 墩台竣工测量

全桥或标段内的桥墩竣工后,为了查明墩台各主要部分的平面位置及高程是否符合设计要求,需要进行竣工测量。

竣工测量的主要内容有:通过控制点用全站仪极坐标法来测定各桥墩、台中心的实际坐标,并计算桥墩、台中心间距;用带尺丈量拱座或垫石的尺寸和位置以及拱顶的长和宽。这些尺寸与设计数据的偏差不应超过 2 cm。

用水准仪进行检查性的水准测量,应自一岸的永久水准点经过桥墩闭合到对岸的永久水准点,其高程闭合差应不超过 $\pm 4\sqrt{n}$ mm(n 为测站数)。在进行该项水准测量时,应测定墩顶水准点、拱座或垫石顶面的高程，以及墩顶其他各点的高程。

最后根据上述竣工测量的资料编绘墩台竣工图、墩台中心距离一览表、墩顶水准点高程一览表等，为下阶段桥梁上部构造的安装和架设提供可靠的原始数据。

7.5.3　沉井定位

所谓沉井基础，就是在墩位处按照基础的外形尺寸设置一井筒，然后在井内挖土或吸泥。当原来支撑井筒的泥土被挖掉以后，沉井就会由于自重而逐步下沉。沉井是分节浇筑的，当一节下沉完之后，再接高一节，直至下沉到设计高程。沉井基础如图7-14所示。

根据河水的深浅，沉井基础可采用筑岛浇筑或浮运的施工方法。

1. 筑岛浇筑沉井的放样

1）筑岛及沉井定位

先用交会法或光电测距仪测设出墩中心的位置，在此处用小船放置浮标，在浮标周围即可填土筑岛。岛的尺寸应大于沉井底部5～6 m，以便在岛上测设上桥墩的纵、横轴线。

在岛筑成后，再精确地定出桥墩中心点位置及纵、横轴线，并用木桩标志，如图7-15所示，据以设放沉井的轮廓线。

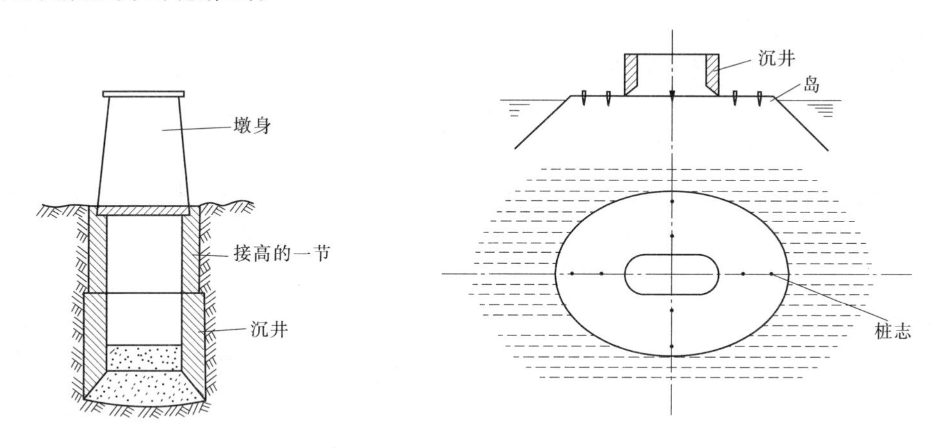

图7-14　沉井基础　　图7-15　筑岛及沉井定位

在放置沉井的地方，要用水准测量的方法整平地面。沉井的轮廓线（刃脚位置）由桥墩的纵、横轴线设出。在轮廓线设出以后，应检查两对角线的长度，其较差应小于限差要求。刃脚高程用水准仪设放，刃脚最高点与最低点的高差，亦应小于限差要求。

沉井在下沉之前，应在外壁的混凝土面上用红油漆标出纵、横轴线的位置，并确保两轴线相互垂直。标出的纵、横轴线可用以检查沉井下沉中的位移，也可供沉井接高时作为下一节定位的参考。

为了观测沉井在下沉时所发生的倾斜，还应用水准仪测出第一节沉井顶面四角的高程，取其平均值作为顶面高度的基准面，并求出四点相对于基准面的高差，以便在下沉过程中进行修正。

2）沉井的倾斜观测

沉井在下沉过程中必然会产生倾斜，为了及时掌握沉井的倾斜情况，以便进行校正，故应经常测定。常用的沉井倾斜的观测方法有以下几种：

(1)用经纬仪观测:将经纬仪安置在纵、横轴线控制桩上,直接观测标于沉井外壁上的沉井中线是否垂直。

(2)用水准仪测定:用水准仪观测沉井四角或轴线端点之间的高差 Δh,根据相应两点间的距离 D,即可求得倾斜率:

$$i = \frac{\Delta h}{D} \tag{7-18}$$

当它们之间的高差为零时,则沉井已垂直。

(3)用悬挂垂球线的方法:在沉井内壁或外壁纵、横轴线方向先标出沉井的中心线,然后悬挂垂球,直接观察沉井是否倾斜。

(4)用水准管测量:在沉井内壁相互垂直的方向上预设两个水准管,观测气泡偏移的格数,根据水准管的分划值,即可求得倾斜率。

以上无论何种方法,都必须从相互垂直的两个方向(如两轴线方向)进行观测,这样才能保证沉井完全垂直。

如果发现倾斜严重,应及时开挖较高一侧进行调整,以防由于倾斜而使沉井的位移超过限值。

3)沉井的位移观测

沉井的位移观测是要测出沉井顶面中心及刃脚中心相对于桥墩中心在纵、横轴线上的位移值。

(1)沉井顶面中心的位移观测。

沉井顶面中心的位移是由于沉井平移和倾斜而引起的。测定顶面中心的位移要从桥墩纵、横轴线两个方向进行,如图7-16所示,在桥墩纵、横轴线的控制桩上分别安置经纬仪,照准同一轴线上的另一个控制桩点,这时望远镜视线即位于桥墩纵、横轴线的方向上,然后按视线方向投点在沉井顶面上,即图中的1、2、3、4点。分别量取四个点与其相对应的沉井纵、横向中心线标志点 a、b、c、d 间的距离,即得沉井纵、横中心线两端点的偏移值,即图中 $\Delta_{上}$、$\Delta_{下}$ 和 Δ_{S}、Δ_{N}。根据纵、横向中心线两端点的偏移值,就可计算出沉井顶面中心在纵、横轴线方向的偏移值 Δ_x、Δ_y

$$\begin{cases} \Delta_x = \dfrac{\Delta_N + \Delta_S}{2} \\ \Delta_y = \dfrac{\Delta_{上} + \Delta_{下}}{2} \end{cases} \tag{7-19}$$

当按式(7-19)计算时,Δ_N、Δ_S 和 $\Delta_{上}$、$\Delta_{下}$ 的正负号取决于沉井横、纵方向中心线端点 a、b 和 c、d 偏离桥墩横、纵轴线的方向。

沉井纵、横向中心线与桥墩纵、横轴线间的夹角 α 称为扭角,可通过偏移值 Δ_N、Δ_S 和 $\Delta_{上}$、$\Delta_{下}$ 进行校正。

(2)沉井刃脚中心的位移观测。

欲求沉井刃脚中心的位移值,除需测得沉井顶面中心位移值 Δ_x、Δ_y 外,尚需测定倾斜位移值 $\Delta_{x斜}$、$\Delta_{y斜}$。

如图7-17所示,在用水准仪测得沉井横、纵向中心线两端点间的高差之后,即可按下列公式计算纵、横方向因倾斜而产生的位移值

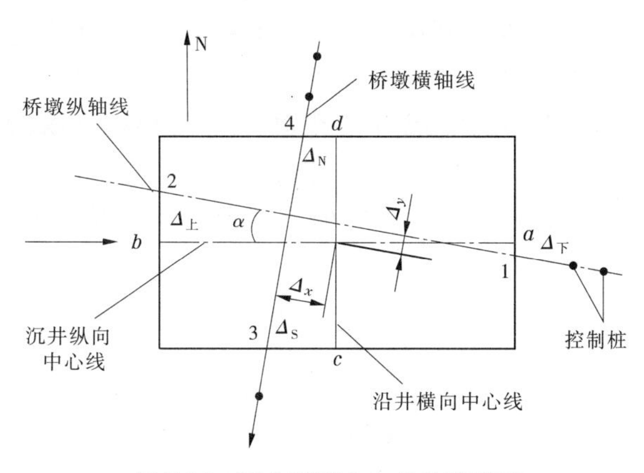

图 7-16　沉井顶面中心的位移观测

$$\left.\begin{aligned}\Delta_{x斜} &= \frac{h_x}{D_x}H \\ \Delta_{y斜} &= \frac{h_y}{D_y}H\end{aligned}\right\} \tag{7-20}$$

式中　h_x、h_y——沉井横、纵向中心线两端点间的高差,m;

D_x、D_y——沉井在横、纵向的长度,m;

H——沉井的高度,m。

由图 7-18 可知,沉井刃脚中心在横、纵方向上的位移值 $\Delta_{x刃}$、$\Delta_{y刃}$ 为

$$\begin{cases}\Delta_{x刃} = \Delta_{x斜} \pm \Delta_x \\ \Delta_{y刃} = \Delta_{y斜} \pm \Delta_y\end{cases} \tag{7-21}$$

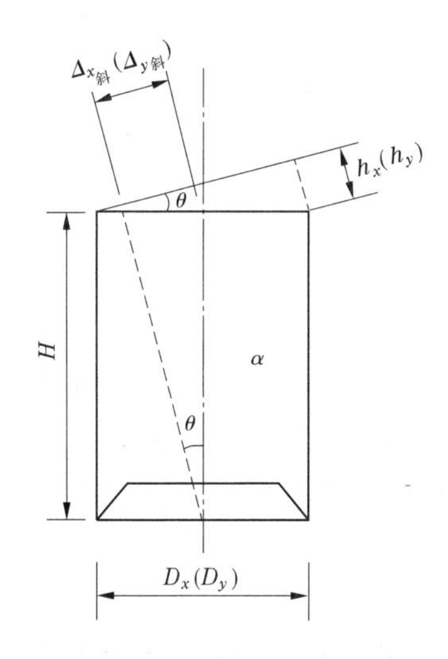

图 7-17　沉井刃脚中心的位移观测

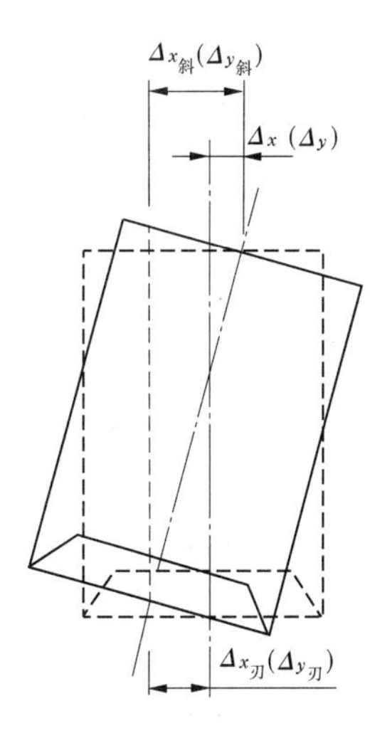

图 7-18　沉井刃脚中心在纵、横方向上的位移值

式中,当 $\Delta_{x斜}$($\Delta_{y斜}$)与 Δ_x(Δ_y)偏离方向相同时取正号,相反时则取负号。

4) 沉井接高测量

随着沉井的下沉,要逐节浇筑将其接高。当前一节下沉完毕,即在它上面安装模板,继续浇筑。模板的安装要保证其中心线与已浇筑好的完全重合。由于沉井在下沉过程中会产生倾斜，则要求下一节模板保持与前一节相同的倾斜率。这样才会使各节中心点连线为一直线，在对倾斜进行校正之后，各节都处于铅垂位置。

为了在立模时使前、后两节的横、纵中心线重合，不能以桥墩横、纵轴线进行投放，而应根据前一节上横、纵中心线标志，用垂球或经纬仪将其引至模板的顶面。为保持与前一节有同样的倾斜率，如图 7-19 所示，还需在纵、横方向上将投在模板顶面的点分别移动一个 $\Delta_{x斜}$、$\Delta_{y斜}$。其值可按下式求得：

$$\begin{cases} \Delta_{x斜} = \dfrac{h_x}{D_x}H \\ \Delta_{y斜} = \dfrac{h_y}{D_y}H \end{cases} \tag{7-22}$$

式中 h_x、h_y——前一节沉井由于倾斜在纵、横方向所引起的高差，m；

D_x、D_y——沉井在纵、横向的长度，m；

H——沉井接高的高度，m。

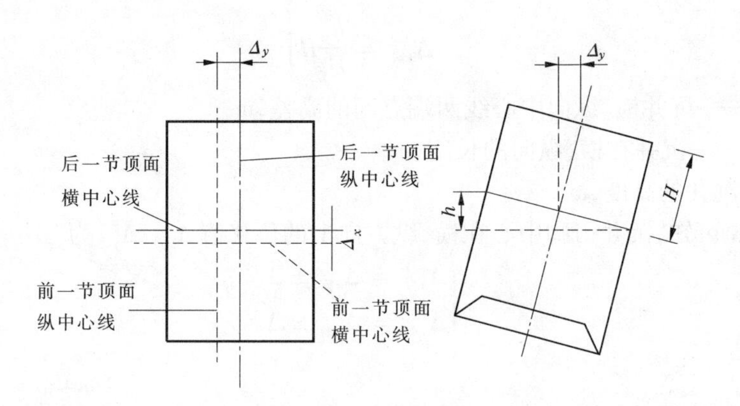

图 7-19 沉井的接高测量

2. 浮运沉井的施工放样

深水河流沉井基础一般采用浮运施工定位放样，沉井底节钢刃脚在拼装工作船上拼装。工作船有一个能支承一定重量的宽大平面甲板。在拼装前，先在平面甲板上测设沉井纵、横中心线，轮廓线和向外加宽的检查线以及零基准面。

因工作船在水上会受水流波动影响而摆动，故测设工作尽可能选在风平浪静、船体相对平稳时进行。基准面的测设，可将水准仪安置在工作船附近适当位置，对纵、横中心线四端点或四角点上水准尺快速进行观测，反复进行零位调整，使其在同一平面上，作为零基准面。然后据此在沉井轮廓线上放出零基准面其他各点。

当在工作船平面甲板上完成沉井底节放样后，施工拼装即按轮廓线和零基准面点进行。虽然拼装与筑岛沉井基本相同，但应注意控制工作船的相对稳定，方能取得较好成果。拼装完成后，应对其检查以及在顶面设出纵、横中心线位置，采用的方法与前接高测量相同。

浮运沉井一般是钢体，顶面标志可直接刻划在其上。为了沉井下水后能保持悬浮，钢体内部的混凝土可分数次填入。

沉井底节拼装焊固并检验合格后，在工作船的运载下送入由两艘铁驳组成的导向船中间，并用联结梁作必要连接。导向船由拖轮拖至墩位上游适当位置定位，并在上、下游抛主锚和两侧抛边锚固定。每一个主锚和边锚都按照设计位置用前方交会法投出。

导向船固定后,利用船上起垂设备将沉井底节吊起,抽去工作船,然后将沉井底节下放入水并悬浮于水中,其位置由导向船的缆绳控制,处在墩位上游并保持直立。随着沉井逐步接高下沉,上游主锚绳放松,下游主锚绳收紧,并适当调整边锚绳,使导向船及沉井逐步向下游移动,直到沉井底部接近河床,沉井也到达墩位。沉井从下水、接高、下沉,达到河床稳定深度,需要较长的工期。在此期间,应对沉井不断进行检测和定位。

当沉井下沉到河床以后,施工放样工作就与筑岛浇筑施工基本相同。

7.5.4　普通桥梁架设的施工测量

普通型桥梁尽管跨度小,但形式多样,其分类见表7-5。

表7-5　普通型桥梁分类

分类方法	桥梁类型	备注
按材料分	钢梁	
	混凝土梁	
按支撑受力分	简支梁	
	连续梁	
按结构形式分	平板梁	有些较大型梁还常常采用变截面箱梁、变高度箱梁
	T形梁	
	箱梁	
按架梁的方法分	预制(式)梁	
	现浇(式)梁	采用支架现浇或滑模现浇

因桥梁上部构造和施工工艺的不同,其施工测量的内容及方法也各异。但不论采用何种方法,架梁过程中细部放样的重点是要精确控制梁的中心和标高,使最终成桥的线形和梁体受力满足设计要求。对于吊装的预制梁,要精确放样出桥墩(台)的设计中心及中线,并精确测定墩顶的实际高程;对于现浇梁,首先要放样出梁的中线,通过中线控制模板(上腹板、下腹板、翼缘板)的水平位置,同时控制模板标高,使其精确定位。

现仅就预应力混凝土简支梁及现浇混凝土箱梁施工的测量工作略作介绍。

1. 预应力简支梁架设施工测量

前面介绍的桥墩(台)竣工测量的主要目的是为架梁做准备,在竣工测量中,已将桥墩的中心标定出来,并将高程精确地传递到了桥墩顶。这为梁的架设提供了基准。

架梁前,首先通过桥墩的中心放样出桥墩顶面十字线及支座与桥中线的间距平行线,然后精确地放样出支座的位置。由于施工、制造和测量都存在误差,梁跨的大小不一,墩跨间距的误差也有大有小,架梁前还应对号将梁架在相应墩的跨距中,做细致的排列工作,使误差分配得最相宜,这样梁缝也能相应地均匀。

2. 架梁前的检测工作

1)梁的跨度及全长检查

预应力简支梁架梁前必须将梁的全长作为梁的一项重要验收资料,必须实测以确保架到墩顶后,保证梁间缝隙的宽度。

梁的全长检测一般与梁跨复测同时进行,由于混凝土的温胀系数与钢尺的温胀系数非常接近,量距计算时,可不考虑温差改正值。检测工作宜在梁台座上进行,先丈量梁底两侧支座座板中心翼缘上的跨度冲孔点在制梁时已冲好的跨度,然后用小钢尺从该跨度点量至梁端边缘。梁的顶面全长也必须同时量出,以检查梁体顶、底部是否等长。方法是从上述两侧的跨度冲孔点用弦线做出延长线,然后用线绳投影至梁顶,得出梁顶的跨度线点,从该点各向梁端边缘量出短距,即可得出梁顶的全长值,如图 7-20 所示。

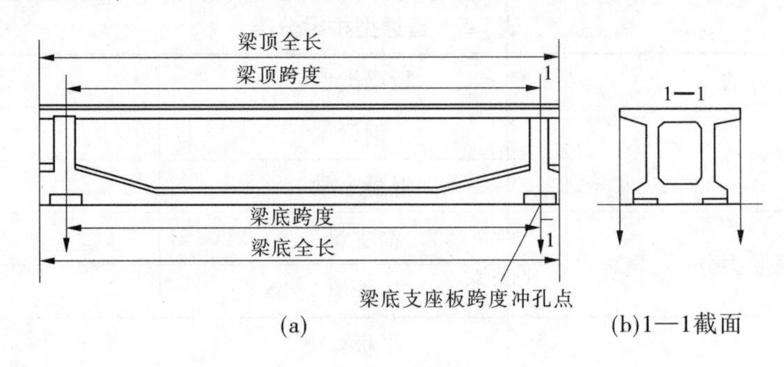

图 7-20 梁结构示意

2)梁体的顶宽及底宽检查

梁体的顶宽及底宽检查,一般检查两个梁端、跨中及 1/4、3/4 跨距,共 5 个断面即可,除梁端可用钢尺直接丈量读数外,其他 3 个断面,读数时要注意以最小值为准,保证检测断面与梁中线垂直。

3)梁体高度检查

检查的位置与检查梁宽的位置相同,用样需测 5 个断面,一般采用水准仪正、倒尺读数法求得,如图 7-21 所示。梁高 $h = h_1 + h_2$,h_1 为尺的零端置于梁体底板面上的水准尺读数,h_2 为尺的零端置于梁顶面时在水准尺上的读数。

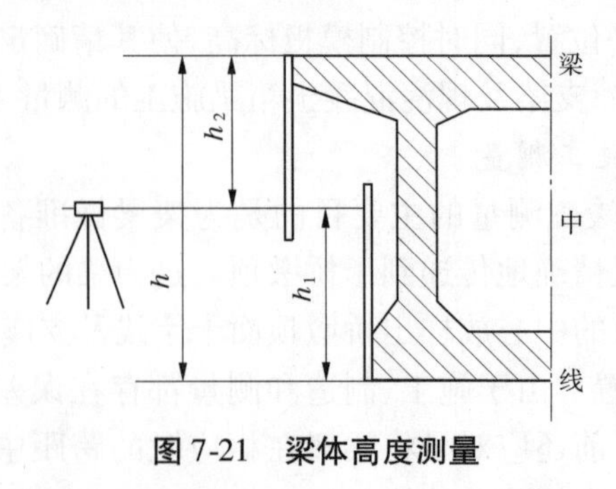

图 7-21 梁体高度测量

当然,当底板底面平整,也可在所测断面的断面处贴底紧靠一根刚性水平尺,从梁顶悬垂钢卷尺来直接量取 h 值,求得梁高。

3. 梁架设到桥墩上后的支座高程测算

1)确定梁的允许误差

按相关规范确定梁的有关允许误差。梁的实测全长 L 和梁的实测跨度 L_P 应满足:

$$\left.\begin{aligned} L &= l \pm \Delta_1 \\ L_P &= l_P \pm \Delta_2 \end{aligned}\right\} \tag{7-23}$$

式中　l——两墩中心间距的设计值,m;

Δ_1——两墩实测中心间距与设计间距的差值,m,当两墩实测中心间距小于设计间距时,Δ_1 取"-"号,反之取"+"号;

l_P——梁的设计跨度,m;

Δ_2——架设前箱梁跨度实测值与设计值的差值,m,大于设计值时,取"-"号,反之则取"+"号。

支承垫石标高允许偏差为 $\pm \Delta H$。

2)下摆和座板的安装测量

下摆是指固定支座的下摆,座板是指活动支座的座板。安装铸钢的固定支座前,应在砂浆抹平的支承垫石上放样出支座中心的十字线位置,同时也应将座板或支座下摆的中心事先分中,用冲钉冲成小孔眼,以便对接安装。

设计规定,固定支座应设在箱梁下坡的一端,活动支座安装在箱梁上坡的一端,如图7-22所示。

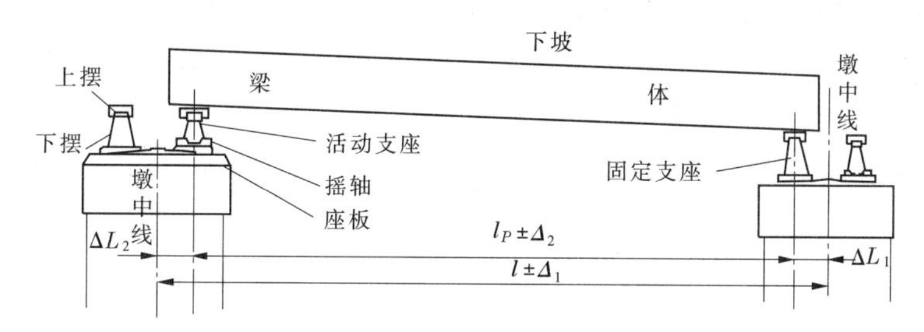

图7-22　支座安装方法

3)计算固定支座调整值 ΔL_1

固定支座调整值,以墩中线为准来放样,故有:

$$\Delta L_1 = L_0 \pm \frac{\Delta_1}{2} \pm \frac{\Delta_2}{2} + \frac{\delta_{n1}}{2} + \frac{\delta_{n2}}{2} + \Delta_3 + \frac{\delta_t}{2} \tag{7-24}$$

式中　L_0——墩中心至支座下摆中心的设计值(一般为550 mm);

δ_{n1}——梁体混凝土收缩引起的支座调整值;

δ_{n2}——梁体混凝土徐变引起的支座调整值;

Δ_3——曲线区段增加的支座调整值;

δ_t——架梁时的温度与当地平均温度的温差造成的支座位移改正数;

Δ_1、Δ_2 的含义同前。

当为摆式支座时,用实测若干片梁的收缩徐变量的平均值来放样下摆的中心,较为可靠。目前,当无条件实测时,可用下列近似公式计算。

(1)δ_{n1} 的计算:

按有关规定，混凝土收缩的影响，假定用降低温度的方法来计算，对于分段浇筑的钢筋混凝土结构，相当于降低温度 10 ℃。计算公式为：

$$\delta_{n1} = -0.000\,01 \times 10\ ℃ \times l_P \times B \tag{7-25}$$

式中　0.000 01——混凝土的膨胀系数 α；

l_P——梁的设计跨度；

B——混凝土收缩未完的百分数，以混凝土灌过后 90 d 来计算，则为 0.4。

（2）δ_{n2}的计算：

$$\delta_{n2} = -\frac{n}{E_g} \cdot \sigma_{s1} \times l_P \times B \tag{7-26}$$

式中　$n = \dfrac{E_g}{E_h}$；

E_g——钢的弹性模量，2 MPa；

E_h——混凝土的弹性模量，0.35 MPa；

σ_{s1}——混凝土的有效预应力，20.3 MPa。

4）计算活动支座调整值 ΔL_2

活动支座的座板中心调整值计算，ΔL_2 也从墩中线出发放样，其值与 ΔL_1 值相同。

5）计算温差影响调整值 ΔL_3

活动支座上摆与摇轴上端中心到摇轴下端中心距离的计算，当安装支座时的温度等于设计时，采用当地的平均温度，且梁体张拉后有 3 年以上的龄期时，则上摆中心与摇轴中心及其座板位置的中心应在一条铅垂线上。但实际安装时，很难凑此温度；必然会产生温差改正值 δ_t，而且架梁时，也不可能等所有的梁在张拉后达到 3 年龄期再来进行。因此，必须求得在任何时候与任何温度条件下，上摆与摇轴下端中心（也就是座板中心）的距离，见图 7-23。

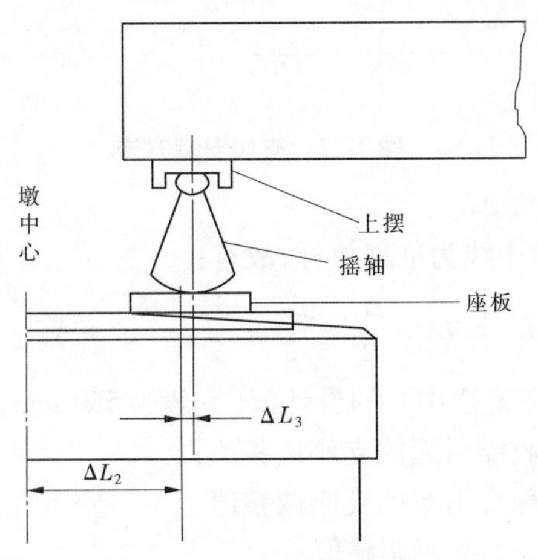

图 7-23　支座上摆与摇轴几何关系

$$\delta_t = \alpha \cdot \Delta_t \cdot l_P \tag{7-27}$$

$$\Delta L_3 = \pm\delta_t + \delta_{n1} + \delta_{n2} \tag{7-28}$$

活动支座上摆在架梁前已连接到上摆锚栓上，在发现梁端底不平时，应用薄垫板调整。当架梁时的温度大于当地平均温度时，δ_t 取正值，向跨中方向移动；反之，小于当地平均温度时，δ_t 取负值，向梁端方向移动。

从上面的计算和测量可知，固定支座在架梁时，是一次安装完毕后就不再移动。而活动支座端，则通过温度的调整以及存在的测量误差，由 ΔL_1 与 ΔL_2 值各自放样座板的中心位置，理论上应在同一点上，若发现误差较大，则应以实际的上摆中心投影后，通过 ΔL_3 来调整支座的座板位置。

在支座平面位置就位后，应及时测量支座间和支座平面本身的相对高差，读数精度应估读至0.2 mm，供施工参考。为了防止"三支点"状态（如39.6 m跨度的箱形梁为四点支承，若四点不在同一平面内，会造成三支点状态），还应以千斤顶的油压作为控制，使四个支座同时受力。

4.桥面系的中线和水准测量

对于箱梁的上拱度的终极值要在3年以后甚至5年方能达到，因此设计规定桥面承轨台的混凝土应尽可能放在后期浇筑。这样，可以消除全部近期上拱度和大部分远期上拱度的影响，即要求将预应力梁全部架设完毕后进行一次按线路设计坡度的高程放样，再立模浇筑承轨台混凝土，则能更好地保证工程质量。当墩台发生沉降时，则在支座上设法抬高梁体，保证桥面的坡度，可以通过最先制造好的梁的实测结果来解决桥面系高程放样的问题。

复习和思考题

7-1 简述桥梁施工测量的主要内容。

7-2 桥梁施工控制网的技术要求有哪些？

7-3 如何确定桥梁控制网的精度要求？

7-4 桥梁平面控制网的布设有哪些形式？

7-5 普通桥梁施工测量的主要内容有哪些？

项目8　矿山控制测量

测量的任务是建立密度均匀且精度统一的矿区控制网，采用合理的方法，测定网中控制点的精确位置，作为矿山测量的控制基础。矿区控制网是矿区地形图的控制基础，为进行矿山工程测量提供依据。

地质勘查、矿井建设和生产时期，按照设计要求，需要进行多种工程测量，如钻孔、物理点的施工放样和定测、地质点和剖面端点的测量，以及矿井生产、建设时期的工程测量。所有这些测量工作都必须以一定精度的测量控制点作为起算依据。

模块1　矿区控制网建立的方法

8.1.1　控制网建立的基本方法

为了限制误差的积累和传播，保障测图和施工的精度及速度，测量工作必须遵从"从整体到局部""先控制后碎部"的原则。其含义就是在测区内先建立测量控制网，用来控制全局，然后根据控制网测定控制点周围的地形或进行建筑施工放样测量。这样不仅可以保证整个测区有一个统一的、均匀的测量精度，而且可以增加作业面，从而加快测量速度。控制测量的实质就是测量控制点的平面位置和高程。测定控制点的平面位置工作，称为平面控制测量；测定控制点的高程工作，称为高程控制测量。

1. 导线测量

导线测量的体现形式为单导线或导线网，目前单导线的布网形式使用较普遍。图8-1所示为单一附合导线的形式，该导线的解算至少要已知一个点的坐标和一条边的方位角，如(x_1, y_1)和T_0，在导线（网）中的观测值是角度（或方向）和边长。通过如下公式可以推算出各未知点的坐标。

$$T_n = T_0 + \beta_1 + \beta_2 + \cdots + \beta_n - n \times 180^\circ \tag{8-1}$$

$$\begin{cases} x_{n+1} = x_1 + (S_i \cos T_i)_1^n \\ y_{n+1} = y_1 + (S_i \sin T_i)_1^n \end{cases} \tag{8-2}$$

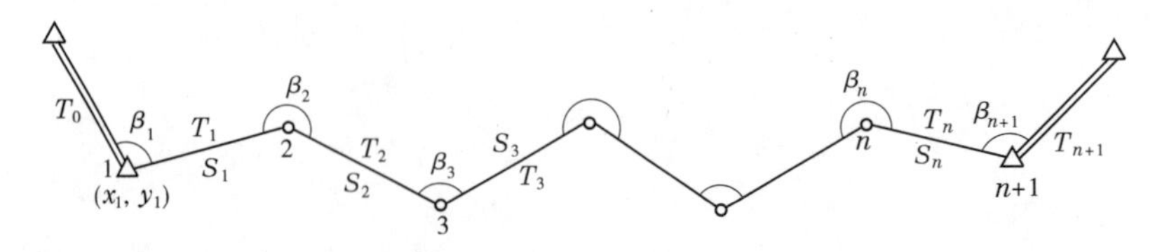

图8-1　导线坐标的解算

任何一个控制网，其数据都分为三种类型，它们分别是已知数据、观测数据和推算数据。在控制网中，如果只有必要的起算数据，那么该网就称为独立网；如果网内存在多余的起算数据，那么该网就称为非独立网。独立导线网的必要起算数据是：一个起算点的 x、y 坐标和一个方向的方位角。

导线（网）的主要优点：

（1）网中各点上的方向数较少，除节点外只有两个方向，因而布网时受通视要求的限制较小，易于选点和降低观测目标的高度；

（2）导线网的图形非常灵活，选点时可根据具体情况随时改变；

（3）网中的边长都是直接测定的，边长的精度较均匀。

导线（网）的主要缺点：

（1）导线网中的多余观测数较同样规模的三角网要少，有时不易发现观测值中的粗差，因而可靠性相对较差；

（2）导线点控制的面积狭小。

由上述可知，导线（网）特别适合布设于障碍物较多的平坦地区或隐蔽地区。

2. 三角测量

20 世纪 70 年代之前，三角测量是进行平面控制测量的首选方法，目前该方法已基本淘汰。三角测量的体现形式就是三角网，其网形见图 8-2。在地面上选定一系列点位 1，2，…，使互相观测的两点通视，把它们按三角形的形式连接起来即构成三角网。三角网中的观测量是网中的全部（或大部分）方向值，图 8-2 中每条实线表示对向观测的两个方向，根据方向值可算出任意两个方向之间的夹角。若已知点 1 的平面坐标（x_1，y_1），点 1 至点 2 的平面边长 s_{12}，坐标方位角 α_{12}，可用正弦定理等数学知识依次推算出三角网的所有边长、坐标方位角及各点的平面坐标。

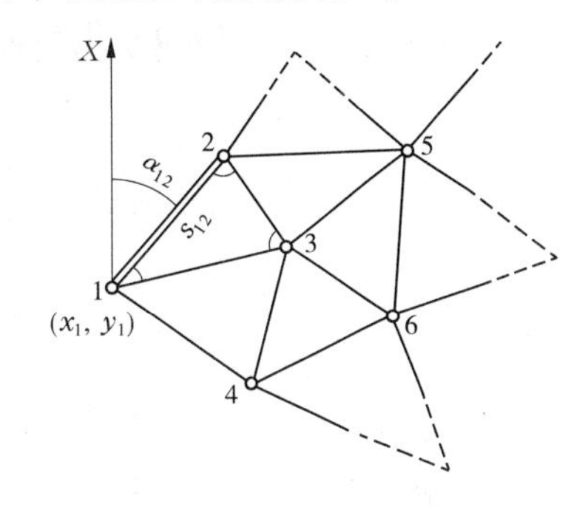

图 8-2　三角网的坐标解算

3. 三边测量和边角测量

三边测量和边角测量的体现形式为三边网和边角网。纯测边的控制网称为测边网；在测角网的基础上加测部分或全部边长称为边角网。在传统的控制网中，边角网的精度是最高的，其工作量也是最大的。目前在实际工作中，三边测量和边角测量方法极少使用。于 2008 年 5 月 1 日起实施的《工程测量规范》（附条文说明）（GB 50026—2007）中，将三角网、边角网和测边网归为一类，统称为三角形网。

4. 卫星定位测量

进入 20 世纪 90 年代，随着卫星定位技术的引进，许多大、中城市的测绘单位及工程测量单位都广泛应用 GNSS 方法布设控制网。GNSS 技术的出现，给控制测量带来了革命性改变，由于 GNSS 具有测量精度高、测量速度快、经济省力、操作简便、全天候工作等诸多优点，目前 GNSS 方法已经占据平面控制测量绝对的主导地位。

GNSS 相对定位精度，在几十千米的范围内边长相对误差可优于 10^{-6}，完全可以满足《城市测量规范》（CJJ/T 8—2011）和《工程测量规范》（附条文说明）（GB 50026—2007）中对城市或工程二、三、四等网的精度要求。

8.1.2 建立高程控制网的基本方法

高程控制网是进行各种比例尺测图和各种工程测量的高程控制基础，建立高程控制网的常用方法是几何水准测量法和三角高程测量法。

1. 几何水准测量法

用水准仪配合水准标尺进行水准测量的方法称为几何水准测量法，用该方法建立起来的高程控制网称为水准网。直接用几何水准测量方法传递高程，可以获得很高的精度，它是建立全国性高程控制网、城市控制网等高精度高程控制网的主要方法。

2. 三角高程测量法

三角高程测量的基本原理，是根据测站点观测照准点的竖直角和两点间的距离（平距或斜距）来计算测站点与照准点之间的高差，进而求得地面点的高程。这种方法虽然精度较低，但布网简便灵活，受地形限制较少，适用于地形起伏较大的地区或精度要求较低的场合，作为一种辅助方法，有时也能起到重要作用。

模块 2 矿区控制网的布设

8.2.1 矿区平面控制网的特点、布设原则及其布设方案

1. 矿区平面控制网的特点

（1）矿区的开发对控制网的需要具有阶段性。在地质勘探、矿井设计施工、矿井生产等不同阶段，相应地对控制网有着不同的要求。这种需要具有明显的阶段性。

（2）矿区的开发对控制网的要求具有多样性。在矿区开发的各个阶段，各种工程的性质和任务互不相同，测图所需的比例尺也不相同，它们各自对矿区控制网精度和密度的要求差异很大。例如，勘查时期测绘 1∶5 000 的地形图，规定 20 km^2 要有一个控制点，因此勘查阶段布点的密度，能满足当时的 1∶5 000 地形测图要求即可。否则，按生产阶段所需大比例尺地形测图的密度来布设，就需要增加很多工作量，拖延工期。但在精度上就不应该仅满足当前需要，应使控制网精度具有一定的潜力。

（3）采矿工程对控制网的使用具有经常性。尤其在矿区建设和生产时期，工程项目繁多，经常进行标定放样和施工测量，这些工作都需要将矿区控制点作为依据，因此采矿工程对控制网的使用具有经常性。

（4）采矿生产对控制网的需要具有长期性。一个新建矿井的生产服务年限，一般都在 50 年以上，在整个矿区生产期间，都要长期使用矿区的控制点。

2. 矿区平面控制网的布设原则

（1）矿区控制网必须具有同一坐标系统，并与国家坐标系统取得一致。

（2）统一规划矿区首级控制，分区分期进行加密控制。

（3）充分考虑矿区地质和开采情况，避免控制点的损失。由于矿区开发对控制点使用的经常性和长期性，要求控制点的点位能够长期保存，因此控制点的布置必须避开塌陷区和其他容易损坏的地方。

3. 矿区平面控制网布设方案

1) 逐级布网方案

逐级布网方案是传统的布网方案,它的主要特点是控制网的建立是由整体到局部、由高级到低级逐级布置。逐级布网方案适用于新矿区首次布网和矿区范围较大、井田不够集中的矿区。

2) 全面布网方案

全面布网方案实质上就是边长较短而图形较多的三角形网的整体布置。其特点是:三角网具有整体性,网中有大量的几何条件,可以对观测结果进行全面检核,并在整体平差后使三角网获得较高的精度。这样就可以简化布网层次,直接布置较低一级的控制网。一般在 200 ~ 400 km^2 的矿区范围内,可以直接布置四等网,而免除三等网布设的全部工作。

3) 加密控制网的布设方案

在进行大比例尺地形图测绘和矿山工程测量的时候,必须在首级控制网上进行加密控制。加密控制的方法有插点和插网两种。

(1) 插点:在几个高等级点之间适当地插入一个点到几个点,在这些高等级点和插点都进行观测,而构成一定的独立图形,常用的图形就称为典型图形。

(2) 插网:在高等级三角网内,一次插入构成网状的许多点。它可分为附合网、附接网及线形锁等不同形式。

8.2.2　控制测量的选点与设点

选点工作就是根据图上设计的方案并结合矿区情况,在实地确定点位。具体步骤是:

(1) 先到已知点上检查觇标和标石的完好情况。

(2) 用已知方向线标定三角网设计图的方位,检查周围所有各点与本点通视情况。

(3) 依设计图到实地选定相邻的其他点位,这样逐点推进,直到全部点位在实地选定。选点完成后,要绘制点之记和选点图。

8.2.3　平面控制网的布设形式

平面控制测量的形式主要有:卫星导航定位测量(GNSS)、导线测量、三角网测量。卫星导航定位测量是借助于卫星发射的信号所进行的导航与定位,目前可用于卫星测量定位的系统有:美国的 GPS 卫星定位系统(Global Positioning System)、俄罗斯的 GLONASS(GLObal NAviagation Satellite System)卫星定位系统、欧盟委员会的 GALILEO 系统、我国独立研发的“北斗”卫星导航定位系统。卫星定位测量技术以其精度高、速度快、全天候、操作简便而著称,已被广泛应用于测绘领域。根据工程测量部门现时的情况和发展趋势,首级网大多采用卫星导航定位网,加密网均采用导线或导线网形式。三角形网用于建立大面积控制网,而控制网加密已较少使用。

1. GNSS 网的布设形式

目前,工程网均可利用 GNSS 定位技术,采用静态或快速静态方式进行测量。GNSS 网宜布设为全面网,当需增设骨架网加强控制网精度时,也可分级布网。工程 GNSS 网按与邻点的平均距离和精度划分为二、三、四等和一、二级 GNSS 网。GNSS 网的点与点之间不要求通视,但需考虑常规测量方法加密时的应用,每个点应有一个以上通视方向。GNSS 网应由一个或若干个独立观测环构成,也可采用附合路线形式。当布设 GNSS 网时,应与附近的国家地面控制网联测,联测点数不能少于三个,并均匀分布于测区中。

2. 导线网的布设形式

在局部较小的范围内,特别是在隐蔽地区、城市街区、地下工程以及 GNSS 接收机天线接收信号受限的区域,用电磁波测距导线布设控制网的方法就显得特别实用。导线(网)的基本形式有以下几种。

1)单一附合导线

附合导线都有附合条件。在图 8-3 中,(a)为方位附合导线;(b)为坐标附合导线,也叫无定向导线;(c)为方位坐标附合导线。对于方位附合导线,通常只在矿山井下导线测量中用陀螺定向获得第二个方位。

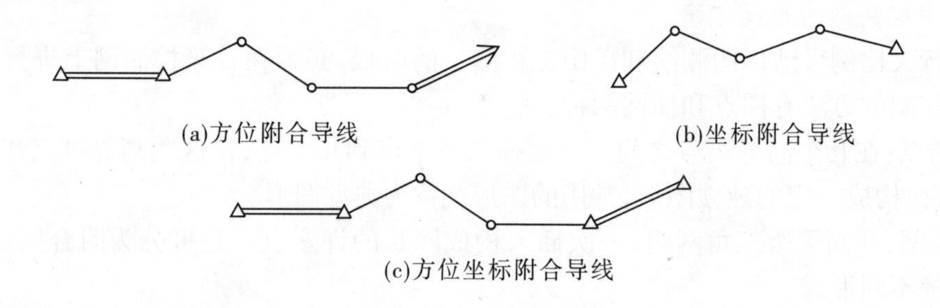

图 8-3 单一附合导线

2)闭合导线

闭合导线是从一个已知控制点出发,最后仍旧回到这一点的导线,见图 8-4。

3)导线网

导线网是由若干条导线汇合,形成一个或多个结点的网,见图 8-5。

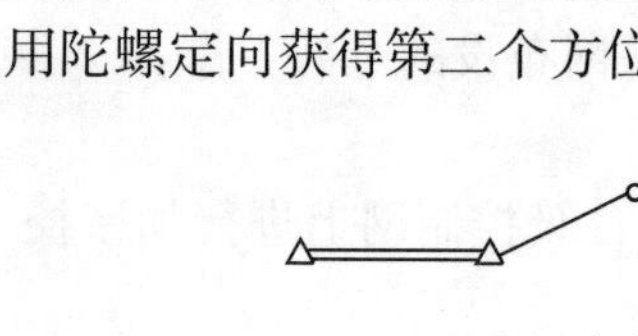

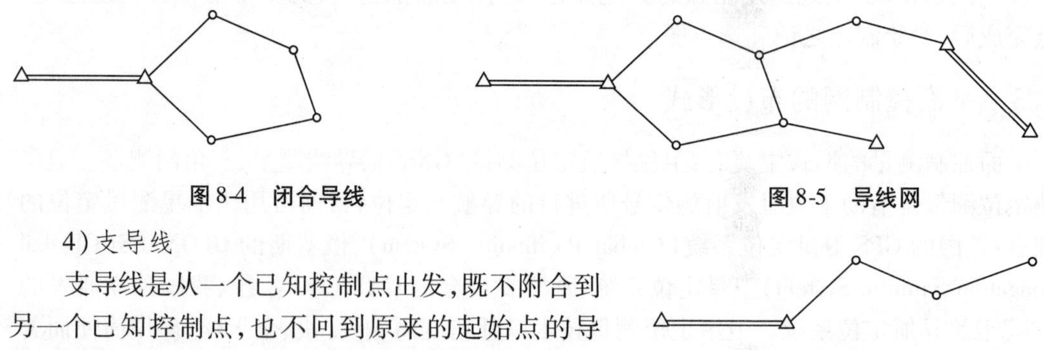

图 8-4 闭合导线

图 8-5 导线网

4)支导线

支导线是从一个已知控制点出发,既不附合到另一个已知控制点,也不回到原来的起始点的导线。支导线没有检核条件,不易发现错误,故一般不宜采用,见图 8-6。

图 8-6 支导线

3. 三角网的布设形式

《工程测量规范》(附条文说明)(GB 50026—2007)中将传统的三角网、测边网和边角网统称为三角网(Triangular Network),这是由一系列相连的三角构成的测量控制网。三角形网测量是通过测定三角网中各三角形的顶点水平角、边的长度,来确定控制点位置的方法。目前,三角网用于建立大面积控制网而控制网加密已较少使用。

8.2.4 高程控制网的布设形式

高程控制网一般采用几何水准网和三角高程网的形式布设。

1. 几何水准网

利用水准仪进行的水准测量称为几何水准测量,用该方法测定高程,是建立高程控制网的主要方法。这种方法可以达到很高的精度,它通常是在国家一、二等水准网基础上加密的。

2. 三角高程网

三角高程测量是进行高程控制测量的一种辅助方法,主要用来测定平面控制点的高程,有时也布设专门的高程导线。实践证明:在一定密度的水准点控制下,应注意防止三角高程测量粗差的产生,精度可以达到四等,也是能满足测绘大比例尺地形图需要的。

就目前而言,对于测图控制网和工程控制网,在满足精度要求的前提下,应较多地采用三角高程测量进行高程控制。

模块3 地面近井点和井口水准基点的选点、埋石及精度要求

为了使井上、下保持同一坐标和高程系统,必须进行联系测量,即将地面坐标系统中的平面坐标、坐标方位角和高程系统传递到井下的起始点和起始边上去。这样,就必须在进行联系测量前,在地面井口附近,建立作为定向时与垂球线连接的点,称为"连接点"。当连接点与矿区地面控制点之间不能通视或相距较远时,须在定向井筒附近设立一"定向基点",称为近井点和井口水准基点。

8.3.1 近井点和井口水准基点选点、埋石、造标的基本要求

近井点和井口水准基点是井下各种测量工作的基准点,其精度直接关系到井下测量点位的精度,同时这些点还需要较长时期的保存,所建立的近井点和井口水准基点,应满足下列要求:

(1)尽可能将点埋设于便于观测、易于保存和不受开采影响的地方。当近井点须设置于井口附近工业厂房房顶上时,应保证观测时不受机械振动的影响和便于向井口布设导线。

(2)每个井口附近应设置一个近井点和两个水准基点,近井点和联测导线点均可作为水准基点用。

(3)近井点至井口的联测导线边数应不超过3条。

(4)多井口矿井的近井点应统一规划、合理布置,尽可能使相邻井口的近井点构成控制网中的一条边,或力求间隔的边数最少。

(5)近井点和井口水准基点的标石埋设深度,在无冻土地区应不小于0.6 m,在冻土地区盘石顶面与冻结线之间的高度应不小于0.3 m。标石的样式及埋设见图8-7。

(6)为使近井点和井口水准基点免受损坏,在点的周围宜设置保护桩和栅栏或刺网。在标石上方宜堆放直径不小于0.5 m的碎石。

(7)在近井点及与近井点直接构成控制网边的点上,宜建造永久标志。

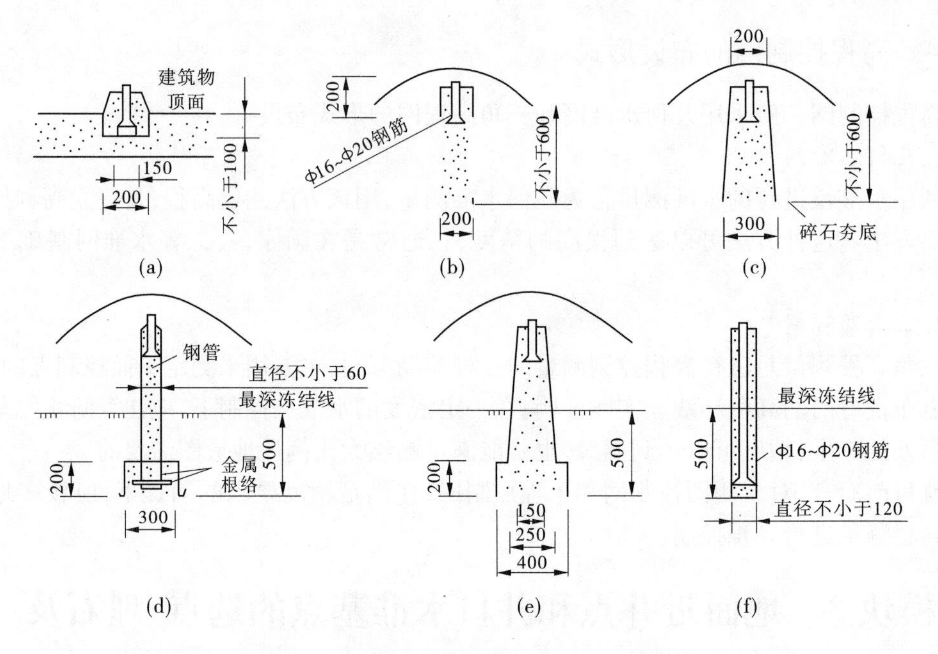

图 8-7　标石的样式及埋设　(单位:mm)

8.3.2　近井点和井口水准基点测量的精度要求

近井点及井口水准基点测量的精度,必须要满足重要井巷工程测量的精度要求。因此,它应能满足相邻井口间利用两个近井点进行主要巷道贯通测量的精度要求。近井点的精度对贯通测量的影响表现在:两近井点的相对点位误差(即两近井点间坐标增量中误差),以及两近井点后视边的坐标方位角相对误差(即两近井点后视边的坐标方位角之差的中误差)。井口水准基点的高程精度对贯通测量的影响表现为:两井口水准基点相对的高程误差(即两井口水准基点高差的中误差)。

1. 近井点测量的精度要求

近井点可在矿区三、四等三角网、测边网或边角网的基础上,用插网、插点和敷设导线等方法测设。近井点的精度,对于测设它的起算点来说,其点位中误差不得超过 ±7 cm,后视边方位角中误差不得超过 ±10″。近井三角网的布设方案可参照矿区平面控制网的布设规格和精度要求来测设,具体要求见表 8-1 ~ 表 8-4。关于测设近井点的具体施测方法和精度要求见表 8-5 ~ 表 8-10。

表 8-1　近井三角网的布设与精度要求

等级	一般边长(km)	测角中误差(″)	起算边边长相对中误差	最弱边边长相对中误差
三等网	5 ~ 9	± 1.8	1/200 000(首级) 1/150 000(加密)	1/80 000
四等网	2 ~ 5	± 2.5	1/150 000(首级) 1/80 000(加密)	1/40 000
一级小三角网	1	± 5.0	1/40 000	1/20 000
二级小三角网	0.5	± 10	1/20 000	1/10 000

表8-2　近井测边网的布设与精度要求

等级	一般边长(km)	测距相对中误差
三等网	5~9	1/150 000
四等网	2~5	1/100 000
一级小测边网(相当于一级小三角网)	1	1/50 000
二级小测边网(相当于二级小三角网)	0.5	1/25 000

表8-3　近井光电测距导线的布设与精度要求

等级	附(闭)合导线长度(km)	一般边长(km)	测距相对中误差	测角中误差	导线全长相对闭合差
三等导线	15	2~5	1/100 000	±1.8	1/60 000
四等导线	10	1~2	1/100 000	±2.5	1/40 000
一级导线	5	0.5	1/30 000	±5	1/20 000
二级导线	3	0.25	1/20 000	±10	1/10 000

表8-4　近井钢尺量距导线的布设与精度要求

等级	附(闭)合导线长度(km)	平均边长(m)	往返丈量互差的相对误差	测角中误差(″)	导线全长相对闭合差
一级导线	2.5	250	1/20 000	±5	1/10 000
二级导线	1.8	180	1/15 000	±10	1/7 000

表8-5　三角测量水平角观测的技术要求

等级	测角中误差(″)	三角形最大闭合差(″)	方向观测测回数		
			DJ_1	DJ_2	DJ_6
三等网	±1.8	±7	9	12	—
四等网	±2.5	±9	6	9	—
一级小三角网	±5	±15	—	3	6
二级小三角网	±10	±30	—	2	3

注:n为测站数。

表 8-6 导线测量水平角观测的技术要求

等级	测角中误差(″)	测回数			方位角最大闭合差(″)
		DJ_1	DJ_2	DJ_6	
三等导线	±1.8	8	12	—	$\pm 3.6\sqrt{n}$
四等导线	±2.5	6	8	—	$\pm 5\sqrt{n}$
一级导线	±5	—	4	6	$\pm 10\sqrt{n}$
二级导线	±10	—	2	4	$\pm 20\sqrt{n}$

表 8-7 水平角的观测限差

仪器级别	光学测微器两次重合读数差(″)	半测回归零差(″)	一测回内 $2C$ 互差(″)	同一方向值各测回互差(″)
DJ_1	1	6	9	6
DJ_2	3	8	13	9
DJ_6	—	18	—	24

表 8-8 光电测距仪等级划分

测距中误差(mm/km)	测距仪精度等级
≤5	Ⅰ
6~10	Ⅱ
11~20	Ⅲ

表 8-9 光电测距的技术要求

等级	采用仪器等级	往返次数	时间段	总测回数	一测回最大互差(mm)	单程测回间最大互差(mm)	往返测或不同时间段互差(mm)
三等	Ⅰ	1	2	6	5	7	$\pm\sqrt{2}(A+BD)$
	Ⅱ			8	10	15	
四等	Ⅰ	1	2	4~6	5	7	
	Ⅱ			4~8	10	15	
一级	Ⅱ		1	2	10	15	
	Ⅲ			4	20	30	
二级	Ⅱ		1	2	10	15	
	Ⅲ			2	20	30	

注:1. 测回的含义是照准目标一次,读数四次;

2. 时间段是指不同的观测时间,如上午、下午或不同日期测同一条边;

3. 往返测量时,必须将斜距化算到同一水平面上方可进行比较;

4. $\pm(A+BD)$ 为测距仪的标称精度,其中,A 为固定误差,单位为 mm;B 为比例误差,单位为 mm/km,D 为测距边长度:单位为 km。

表 8-10　普通钢尺量距的技术要求

等级	丈量方法	定线最大偏差(mm)	尺段高差互差(mm)	往返测量次数	读数次数	读数互差(mm)	温度读至(℃)	往返丈量互差的相对误差
一级	悬空	50	5	1	3	2	0.5	1/20 000
二级	悬空	70	10	1	3	3	0.5	1/15 000

2. 井口水准基点的高程精度要求

井口水准基点的高程精度也应满足两相邻井口间进行主要巷道贯通的要求。两相邻井口间进行主要巷道贯通时，在高程上的允许偏差 $m_{z允}=0.2$ m，则高程中误差 $m_{z允}=\pm 0.1$ m，一般要求两相邻井口水准基点相对的高程中误差引起贯通点 K 在 z 轴方向的偏差中误差应不超过 $\pm\frac{m_z}{3}=\pm 0.3$ m，因此井口水准基点的高程测量，应按四等水准测量的精度要求测设。当丘陵和山区难以布设水准路线时，可用三角高程测量方法测定，但应使高程中误差不超过 ±3 cm，对于不涉及两井间贯通问题的高程基点的高程精度不受此限。

测量水准基点的水准路线，可布设成附(闭)合路线、高程网或水准支线。除水准支线必须往返观测或用单程双转点法观测外，其余均可只进行单程测量。用三角高程测量时，应采用精度不低于 J_2 级的经纬仪测量竖直角，用测距精度为Ⅱ级的光电测距仪测量边长。

水准测量的技术要求见表 8-11 ~ 表 8-13。

表 8-11　水准网的主要技术要求

等级	每千米高差中数中误差(mm)	环线或附合路线长度(km)	仪器级别	水准标尺	观测次数		往返互差、环线或附合路线闭合差	
					与已知点联测	附合或环线	平地(mm)	山地(mm)
三等	±6	50	DS_1	铟瓦	往返各一次	往一次	$\pm 12\sqrt{L}$	$\pm 4\sqrt{n}$
			DS_3	木质双面	往返各一次	往返各一次		
四等	±10	15	DS_3	木质双面	往返各一次	往一次	$\pm 20\sqrt{L}$	$\pm 6\sqrt{n}$
等外	±20	5	DS_{10}	木质双面或单面	往返各一次	往一次	$\pm 40\sqrt{L}$	$\pm 12\sqrt{n}$

注：1. 当计算两水准点往返测互差时，L 为水准点间路线长度，km，当计算环线或附合路线闭合差时，L 为环线或附合路线总长度，km；

2. n 为测站数；

3. 水准支线长度不应大于相应等级附合路线长度的 1/4。

表 8-12　水准测量观测的技术要求

等级	仪器级别	视线长度（m）	前后视距差（m）	前后视距累积差（m）	视线离地面最低高度（m）	基本分划、辅助分划黑红面读数差（mm）	基本分划、辅助分划黑红面高差之差（mm）
三等	DS_1 DS_3	100 75	3	6	0.3	1.0 2.0	1.5 3.0
四等	DS_3	100	5	10	0.2	3.0	5.0
等外	DS_{10}	100	10	50	0.1	4.0	6.0

注：用单面水准标尺进行等外水准测量时，应变动仪器高观测，所测高差之差与黑红面所测高差之差的限值相同。

表 8-13　水准测量的内业计算取位要求

等级	往（返）测距离总和（km）	往返测距离中数（km）	各测站高差（mm）	往（返）测高差总和（mm）	往返测高差中数（mm）	高程（mm）
三、四等	0.01	0.1	0.1	1.0	1.0	1.0
四等以下	—	—	1.0	1.0	10.0	10.0

三角高程测量的技术要求见表 8-14。

表 8-14　三角高程测量的技术要求

经由路线	仪器级别	测回数		倾斜角互差（″）	指标差互差（″）	对向观测高差较差（mm）	附合或环线闭合差（mm）
		中丝法	三丝法				
二、三、四等点	DJ_1 DJ_2	4	2	10	15	$\pm 100S$	$\pm 50\sqrt{[S^2]}$
一、二级小三角，一、二级小测边和一、二级导线点	DJ_2	2	1	15	15		
	DJ_6	4	2	25	25		

注：1. 计算对向观测高差互差时，应考虑地球曲率和折光差的影响；

2. S 为边长，以 km 为单位。

模块 4　近井点和井口水准基点测量

8.4.1　近井点的测量技术设计书的编写

近井点的测设，对测量来讲是一项大型工程，且精度要求高。因此，实施前应对其进行技术设计。设计前应收集测区内已有的测绘资料，包括小比例尺地形图、矿区已有的控制资料等。技术设计书的主要内容如下：

（1）任务概况：须说明任务来源、测区范围、地理位置、行政隶属、任务量和采用的技术依据。

(2)测区自然地理情况:须说明测区地理特征、居民地、交通、气候等情况,并划分测区困难类别。

(3)已有资料的分析、评价和利用情况:须说明原有资料的作业单位,施测年代,作业所依据的技术标准,所采用的平面、高程的基准,已有资料的质量情况,并做出评价和指出利用的可能性。

(4)设计方案:一般要求先在适当的小比例尺地形图上,按有关标准进行图上设计和优化设计。设计方案的文字说明的基本要求:说明所确定的网(或导线点)的名称、等级、图形、已知点的利用和起始控制、标石类型、水平角和导线边的测定方法,新旧点的联测方案。根据前面所述情况,按工序确定工作量。

如果是水准测量,应叙述采用的高程基准及起算点的简况,路线名称、等级、位置、长度、点间距及编号方法;确定标石类型及埋设规格,拟订观测联测、检测的方案,并计算工作量。

(5)计算:确定平差计算的数学模型、计算方法和精度要求,提出精度分析方法和对计算的要求,计算作业工作量。

(6)当采用新技术和新方法时,要说明所使用的仪器和执行的标准,或提出技术要求和达到的精度指标。

(7)技术保证体系:叙述为完成上述设计方案,所建立的技术、质量、检查的保证体系。

(8)建议和措施:为完成上述设计方案,拟定所需的仪器设备和主要物资、通信联络等工作中必须采取的建议和措施。

(9)附图、附表:技术设计图、综合工作量表、工天利用表、主要物资器材表、预计上交图纸资料表等。

(10)设计书编制后须经业务主管部门审批,可作为作业相关规程之一,并在作业中严格贯彻执行。

8.4.2 近井点测量

近井点可以在矿区原有控制点的基础上布设导线进行测量,同时,凡符合近井点要求的控制点或同级导线点均可作为近井点。但现在 GNSS 控制测量已非常普及,建立 GNSS 近井网更方便、灵活、快捷,其精度也完全能满足近井点的要求。本书将从导线测量和 GNSS 定位测量两方面讲述近井点的测量。

1. 导线测量

导线测量的工作分外业工作和内业工作。外业工作一般包括选点、测角和量边;内业工作是根据外业的观测成果经过计算,最后求得各导线点的平面直角坐标。

1)选点

导线点位置的选择,除了满足导线的等级、用途及工程的特殊要求,选点前应进行实地踏勘,根据地形情况和已有控制点的分布等确定布点方案,并在实地选定位置。在实地选点时应注意下列几点:

(1)导线点应选在地势较高、视野开阔的地点,便于施测周围地形;

(2)相邻两导线点间要互相通视,便于测量水平角;

(3)导线应沿着平坦、土质坚实的地面设置,以便于丈量距离;

(4)导线边长要选得大致相等,相邻边长不应差距过大;

(5)导线点位置须能安置仪器,便于保存;

(6)导线点应尽量靠近路线位置。

导线点位置选好后要在地面上标定下来,一般方法是打一木桩并在桩顶中心钉一小铁钉。对于需要长期保存的导线点,则应埋入石桩或混凝土桩,桩顶刻凿十字或浇入安有十字的钢筋作标志。

为了便于日后寻找使用,最好将重要的导线点及其附近的地物绘成草图,注明尺寸,如表 8-15 所示。

表 8-15 导线点之标记

草图	导 线 点	相关位置	
李庄 平阳路 化肥厂 7.23 m 8.15 m 6.14 m P_3	P_3	李 庄	7.23 m
		化肥厂	8.15 m
		独立树	6.14 m

2)测角

导线的水平角即转折角,是用经纬仪按测回法进行观测的。在导线点上可以测量导线前进方向的左角或右角。一般在附合导线中,测量导线的左角,在闭合导线中,均测内角。当导线与高级点连接时,需测出各连接角。如果是在没有高级点的独立地区布设导线,测出起始边的方位角以确定导线的方向,或假定起始边方位角。

3)量距

导线测量有条件时,最好采用光电测距仪测量边长,一、二级导线可采用单向观测 2 测回。各测回较差应≤15 mm,三级及图根导线观测 1 测回。图根导线也可用检定过的钢尺,往返丈量导线边各一次,往返丈量的相对精度在平坦地区应不低于 1/3 000,在起伏变化稍大的地区,往返丈量的相对精度也不应低于 1/2 000,特殊困难地区允许到 1/1 000,如符合限差要求,可取往返中数为该边长的实长。

4)导线测量的内业计算

导线测量的最终目的是要获得各导线点的平面直角坐标,因此外业工作结束后就要进行内业计算,以求得导线点的坐标。

(1)闭合导线的坐标计算。

【例 8-1】 现以图 8-8 所示的闭合导线为例,介绍导线内业计算的步骤,具体运算过程及结果见表 8-16。

计算前,首先将点号、角度观测值、边长量测值以及起始边的方位角、起始点坐标填入表中。

(1)角度闭合差的计算与调整。

闭合导线从几何上看是一个 n 边形,其内角和在理论上应满足下列关系:

$$\sum_{1}^{n} \beta_{理} = 180° \cdot (n-2) \quad ①$$

但由于测角时不可避免地有误差存在,使实测的内角之和不等于理论值,这样就产生了

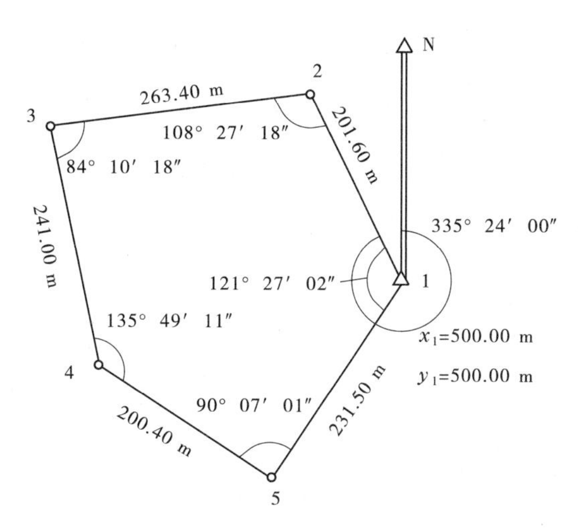

图8-8 闭合导线

角度闭合差,以f_β来表示,则:

$$f_\beta = \sum_1^n \beta_{测} - \sum_1^n \beta_{理} = \sum_1^n \beta_{测} - 180° \cdot (n-2) \quad ②$$

式中 n——闭合导线的转折角数;

$\sum\beta_{测}$——观测角的总和。

算出角度闭合差之后,如果f_β值不超过$\pm 40\sqrt{n}$(n为角度个数),说明角度观测符合要求,即可进行角度闭合差调整,使调整后的角值满足理论上的要求。

由于导线的各内角是采用相同的仪器和方法,在相同的条件下观测的,对于每一个角度来讲,可以认为它们是等精度观测,产生的误差大致相同,因此在调整角度闭合差时,可将闭合差按相反的符号平均分配于每个观测内角中。设以v_{β_i}表示各观测角的改正数,$\beta_{测i}$表示观测角,β_i表示改正后的角值,则:

$$v_{\beta_1} = v_{\beta_2} = \cdots = v_{\beta_n} = -\frac{f_\beta}{n} \quad ③$$

$$\beta_i = \beta_{测i} + v_{\beta_i} \quad (i = 1,2,\cdots,n) \quad ④$$

当式③不能整除时,则可将余数凑整到导线中短边相邻的角上,这是因为在短边测角时仪器对中、照准所引起的误差较大。

各内角的改正数之和应等于角度闭合差,但符号相反,即$\sum v_\beta = -f_\beta$。改正后的各内角之和应等于理论值,即$\sum\beta_i = (n-2) \cdot 180°$。

(2)坐标方位角推算。

根据起始边的坐标方位角α_{AB}及改正后(调整后)的内角值β_i,按顺序依次推算各边的坐标方位角。

(3)坐标增量的计算。

根据公式求坐标增量:

$$\begin{cases} X_B = X_A + \Delta X_{AB} \\ Y_B = Y_A + \Delta Y_{AB} \end{cases} \quad ⑤$$

导线边AB的距离为D_{AB},坐标方位角为α_{AB},则:

表 8-16　闭合导线坐标计算

点号	角度观测值 (° ′ ″)	改正数 (″)	改正后角度 (° ′ ″)	方位角 (° ′ ″)	水平距离 (m)	纵坐标增量(Δx) 计算值 (m)	纵坐标增量(Δx) 改正数 (cm)	纵坐标增量(Δx) 改正后值 (m)	横坐标增量(Δy) 计算值 (m)	横坐标增量(Δy) 改正数 (cm)	横坐标增量(Δy) 改正后值 (m)	坐标 X (m)	坐标 Y (m)	点号
1	2	3	4	5	6	7	8	9	10	11	12	13	14	15
1												500.00	500.00	1
				335 24 00	201.60	183.30	+4	183.34	-83.92	+1	-83.91			
2	108 27 18	-10	108 27 08									683.34	416.09	2
				263 51 08	263.40	-28.21	+5	-28.16	-261.89	+1	-261.88			
3	84 10 18	-10	84 10 08									655.18	154.21	3
				168 01 16	241.00	-235.75	+5	-235.70	50.02	+1	50.03			
4	135 49 11	-10	135 49 01									419.48	204.24	4
				123 50 17	200.40	-111.59	+4	-111.55	166.46	+0	166.46			
5	90 07 01	-10	90 06 51									307.93	370.70	5
				33 57 08	231.50	192.03	+4	192.07	129.29	+1	129.30			
1	121 27 02	-10	121 26 52									500.00	500.00	1
				335 24 00										
Σ	540 00 50	-50	540 00 00		1 137.90	-0.22	+22	0	-0.04	+4	0			

辅助计算：

$f_\beta = \sum \beta_{测} - (n-2) \cdot 180° = 540°00'50'' - 540° = +50''$　　$f_x = \sum \Delta x = -0.22$ m　　$f_y = \sum \Delta y = -0.04$ m

$f_{\beta容} = \pm 40'' \sqrt{n} = \pm 89''$　　$f_D = \sqrt{f_x^2 + f_y^2} = 0.22$ m　　$K = \dfrac{f_D}{\sum S} = \dfrac{1}{5\ 172} < \dfrac{1}{4\ 000}$

$$\begin{cases}\Delta X_{AB} = D_{AB} \cdot \cos\alpha_{AB} \\ \Delta Y_{AB} = D_{AB} \cdot \sin\alpha_{AB}\end{cases} \quad ⑥$$

(4)坐标增量闭合差的计算与调整。

a. 坐标增量闭合差的计算。

如图8-9所示,导线边的坐标增量可以看成是在坐标轴上的投影线段。从理论上讲,闭合多边形各边在 X 轴上的投影,其 $+\Delta X$ 的总和与 $-\Delta X$ 的总和应相等,即各边纵坐标增量的代数和应等于零。同样在 Y 轴上的投影,其 $+\Delta Y$ 的总和与 $-\Delta Y$ 的总和也应相等,即各边横坐标量的代数和也应等于零。也就是说,闭合导线的纵、横坐标增量之和在理论上应满足下述关系:

$$\begin{cases}\sum \Delta X_{理} = 0 \\ \sum \Delta Y_{理} = 0\end{cases} \quad ⑦$$

因测角和量距都不可避免地有误差存在,根据观测结果计算的 $\sum \Delta X_{算}$、$\sum \Delta Y_{算}$ 都不等于零,而等于某一个数值 f_x 和 f_y。即:

$$\begin{cases}\sum \Delta X_{算} = f_x \\ \sum \Delta Y_{算} = f_y\end{cases} \quad ⑧$$

式中　f_x——纵坐标增量闭合差;

f_y——横坐标增量闭合差。

从图8-10中可以看出 f_x 和 f_y 的几何意义。由于 f_x 和 f_y 的存在,使得闭合多边形出现了一个缺口,起点 A 和终点 A' 没有重合,设 AA' 的长度为 f_D,称为导线的全长闭合差,而 f_x 和 f_y 正好是 f_D 在纵、横坐标轴上的投影长度。所以

$$f_D = \sqrt{f_x^2 + f_y^2} \quad ⑨$$

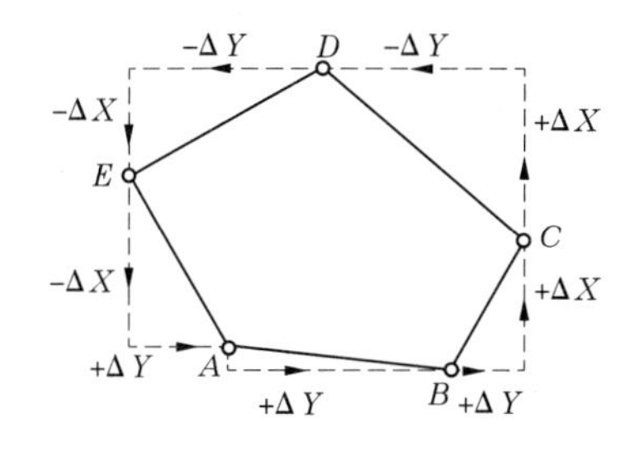

图8-9　闭合导线坐标增量示意

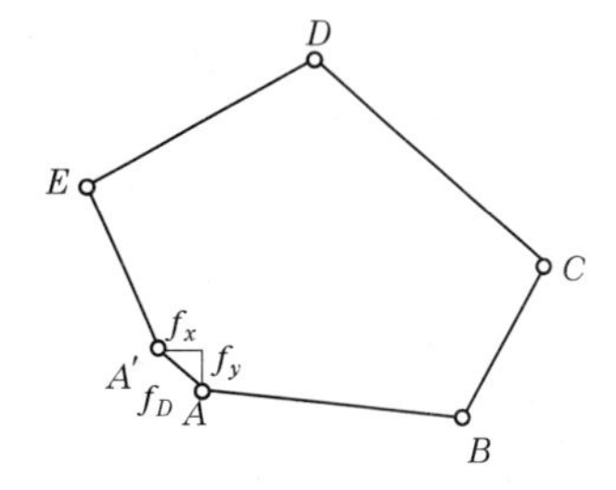

图8-10　闭合导线坐标增量闭合差示意

b. 导线精度的衡量。

导线全长闭合差 f_D 的产生,是由于测角和量距中有误差存在,一般用它来衡量导线的观测精度。可是,导线全长闭合差是一个绝对闭合差,且导线愈长,所量的边数与所测的转折角数就愈多,影响全长闭合差的值也就愈大,因此须采用相对闭合差来衡量导线的精度。设导线的总长为 $\sum D$,则导线全长相对闭合差 K 为:

$$K = \frac{f_D}{\sum D} = \frac{1}{\sum D / f_D} \quad ⑩$$

若 $K \leqslant K_{允}$,则表明导线的精度符合要求,否则应查明原因进行补测或重测。

c. 坐标增量闭合差的调整。

如果导线的精度符合要求,即可将增量闭合差进行调整,使改正后的坐标增量满足理论上的要求。由于是等精度观测,增量闭合差的调整原则是将它们以相反的符号按与边长成正比例分配在各边的坐标增量中。设 $v_{\Delta Xi}$、$v_{\Delta Yi}$ 分别为纵、横坐标增量的改正数,则

$$\begin{cases} v_{x_{ik}} = \dfrac{-f_x}{\sum D} \cdot D_{ik} \\ v_{y_{ik}} = \dfrac{-f_y}{\sum D} \cdot D_{ik} \end{cases} \quad ⑪$$

式中 $\sum D$——导线边长总和;

D_{ik}——导线某边长($i=1,2,\cdots,n$)。

所有坐标增量改正数的总和,其数值应等于坐标增量闭合差,而符号相反,即:

$$\begin{cases} \sum v_x = -f_x \\ \sum v_y = -f_y \end{cases} \quad ⑫$$

d. 坐标推算。

用改正后的坐标增量,就可以从导线起点的已知坐标依次推算其他导线点的坐标,即:

$$\begin{cases} x_{i+1} = x_i + \Delta x_{i,i+1} + v_{x_{i,i+1}} \\ y_{i+1} = y_i + \Delta y_{i,i+1} + v_{y_{i,i+1}} \end{cases} \quad ⑬$$

利用上式⑬依次计算出各点坐标,最后重新计算起算点坐标等已知值,否则,说明在 f_x、f_y、v_x、v_y、x、y 的计算过程中有差错。应认真查找错误原因并改正,使其等于已知值。

必须指出,如果边长测量中存在系统性的、与边长成比例的误差,即使误差值很大,闭合导线仍能以相似形闭合;或未参加闭合差计算的连接角观测有错,导线整体方向发生偏转,导线自身也能闭合。也就是说,这些误差不能反映在闭合导线的 f_β、f_x、f_y 上。因此,布设导线时,应考虑在中间点上,以其他方式作必要的点位检核。

(2)附合导线的坐标计算。

附合导线的坐标计算方法与闭合导线基本上相同,但由于布置形式不同,且附合导线两端与已知点相连,只是角度闭合差与坐标增量闭合差的计算公式有些不同。下面介绍这两项的计算方法。

①角度闭合差的计算。

如图 8-11 所示,附合导线连接在高级控制点 A、B 和 C、D 上,已知 B、C 点的坐标,起始边坐标方位角 α_{AB} 和终边坐标方位角 α_{CD}。从起始边方位角 α_{AB} 可推算出终边的方位角 α'_{CD},此方位角应与给出的方位角(已知值) α_{CD} 相等。由于测角有误差,推算的 α'_{CD} 与已知的 α_{CD} 不可能相等,其差数即为附合导线的角度闭合差 f_β,即:

$$f_\beta = \alpha'_{CD} - \alpha_{CD} \quad (8\text{-}3)$$

用观测导线的左角来计算方位角,其公式为:

$$\alpha'_{CD} = \alpha_{AB} - n \cdot 180° + \sum \beta_{左} \quad (8\text{-}4)$$

用观测导线的右角来计算方位角,其公式为:

$$\alpha'_{CD} = \alpha_{AB} + n \cdot 180° - \sum \beta_{右} \quad (8\text{-}5)$$

式中　n——转折角的个数。

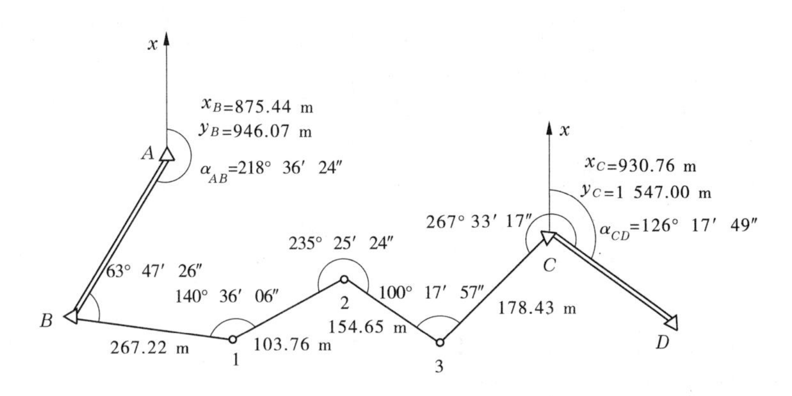

图 8-11　附合导线示意

附合导线角度闭合差的调整方法与闭合导线相同。需要注意的是，在调整过程中，转折角的个数应包括连接角，若观测角为右角时，改正数的符号应与闭合差相同。用调整后的转折角和连接角所推算的终边方位角应等于反算求得的终边方位角。

②坐标增量闭合差的计算。

如图 8-12 所示，附合导线各边坐标增量的代数和在理论上应等于起、终两已知点的坐标值之差，即

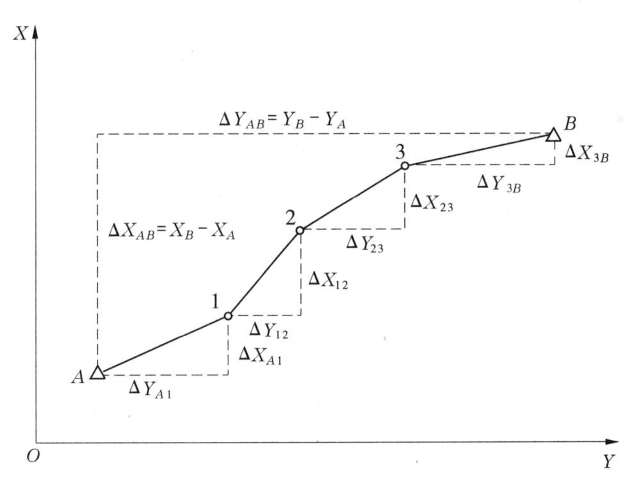

图 8-12　附合导线坐标增量示意

$$\sum \Delta X_{理} = X_B - X_A \tag{8-6}$$

$$\sum \Delta Y_{理} = Y_B - Y_A \tag{8-7}$$

由于测角和量边有误差存在，计算的各边纵、横坐标增量代数和不等于理论值，产生纵、横坐标增量闭合差，其计算公式为：

$$\begin{cases} f_x = \sum \Delta X_{算} - (X_B - X_A) \\ f_y = \sum \Delta Y_{算} - (Y_B - Y_A) \end{cases} \tag{8-8}$$

附合导线坐标增量闭合差的调整方法以及导线精度的衡量均与闭合导线相同。

表 8-17 为附合导线坐标计算全过程的一个算例。

表 8-17　附合导线坐标计算

点号	角度观测值 (° ′ ″)	改正数 (″)	改正后角度 (° ′ ″)	方位角 (° ′ ″)	水平距离 (m)	纵坐标增量(Δx) 计算值 (m)	纵坐标增量(Δx) 改正数 (cm)	纵坐标增量(Δx) 改正后值 (m)	横坐标增量(Δy) 计算值 (m)	横坐标增量(Δy) 改正数 (cm)	横坐标增量(Δy) 改正后值 (m)	坐标 X (m)	坐标 Y (m)	点号
1	2	3	4	5	6	7	8	9	10	11	12	13	14	15
B	63 47 26	+15	63 47 41									875.44	946.07	B
				218 36 24	267.22	-57.39	+3	-57.36	260.98	-6	260.92			
1	140 36 06	+15	140 36 21									818.08	1 206.99	1
				102 24 05	103.76	47.09	+1	47.10	92.46	-2	92.44			
2	235 25 24	+15	235 15 39									865.18	1 299.43	2
				63 00 26	154.65	-73.63	+1	-73.62	135.99	-3	135.96			
3	100 17 57	+15	100 18 12									791.56	1 435.39	3
				118 26 05	178.43	139.18	+2	139.20	111.65	-4	111.61			
C	267 33 17	+15	267 33 32									930.76	1 547.00	C
				38 44 17										
D														D
				126 17 49										
Σ	807 40 10	+75	807 41 25		704.06	55.25	+7	55.32	601.08	-15	600.93			

辅助计算：

$\alpha'_{CD} = \alpha_{AB} + \sum\beta_{测} - 5\times180° = 126°16'34''$

$f_x = \sum\Delta x_{测} - (x_C - x_B) = 55.32 - (930.76 - 875.44) = -0.07$ m

$f_\beta = \alpha'_{CD} - \alpha_{CD} = -75''$

$f_y = \sum\Delta y_{测} - (y_C - y_B) = 601.08 - (1\,547.00 - 946.07) = +0.15$ m

$f_{\beta容} = \pm40''\sqrt{n} = \pm89''$　　$f_D = \sqrt{f_x^2 + f_y^2} = 0.17$ m　　$K = \frac{f_D}{\sum S} = \frac{1}{4\,253} < \frac{1}{4\,000}$

(3) 支导线平差。

支导线因终点为待定点,不存在附合条件。但为了进行检核和提高精度,一般采取往返观测,致使有了多余观测,因观测存在误差,产生方位角闭合差和坐标闭合差。

支导线因采取往返测,故又称复测支导线。复测支导线的平差计算过程与附合导线基本相同,计算的方法简述如下。

①方位角闭合差的计算与角度平差。

方位角闭合差终止边往测方位角与终止边反测方位角之差为

$$f_\beta = \alpha_{往} - \alpha_{返} \tag{8-9}$$

其限差为

$$f_{\beta限} = \pm 2m_\beta \sqrt{2n} \tag{8-10}$$

式中 m_β——测角中误差;

$2n$——往返观测的总测站数。

当 $f_\beta \leqslant f_{\beta限}$ 时,进行角度闭合差的平差,往返测量所测水平角的改正数绝对值相等,符号相反,即

$$\begin{cases} v_{\beta往} = -\dfrac{f_\beta}{2n} \\ v_{\beta返} = +\dfrac{f_\beta}{2n} \end{cases} \tag{8-11}$$

②坐标闭合差的平差。

坐标闭合差为终止点往返测量坐标之差,即

$$\begin{cases} f_x = \sum x_{往} - \sum x_{返} \\ f_y = \sum y_{往} - \sum y_{返} \end{cases} \tag{8-12}$$

导线全长闭合差为:

$$f_s = \sqrt{f_x^2 + f_y^2} \tag{8-13}$$

导线全长相对闭合差为:

$$K = \frac{f_s}{\sum D_{往} + \sum D_{返}} \tag{8-14}$$

当导线全长相对闭合差小于限差时,应进行坐标增量改正数的计算,即

往测:

$$\begin{cases} v_{\Delta x_{ij}} = -\dfrac{f_x}{\sum D_{往} + D_{返}} \cdot D_{ij往} \\ v_{\Delta y_{ij}} = -\dfrac{f_y}{\sum D_{往} + D_{返}} \cdot D_{ij往} \end{cases} \tag{8-15}$$

返测:

$$\begin{cases} v_{\Delta x_{ij}} = +\dfrac{f_x}{\sum D_{往} + D_{返}} \cdot D_{ij往} \\ v_{\Delta y_{ij}} = +\dfrac{f_y}{\sum D_{往} + D_{返}} \cdot D_{ij往} \end{cases} \tag{8-16}$$

2. GNSS 定位测量

随着 GNSS 用于定位测量技术越来越广泛,矿山测量中建立近井网采用 GNSS 的方法也会越来越普及。进行 GNSS 近井网测量,要根据测量任务和观测条件进行 GNSS 控制网的设计,其内容包括测区范围、布网形式、控制点数、测量精度、提交成果方式、完成时间等。

1)GNSS 近井网的精度

根据国家测绘局 2009 年颁布实施的《全球定位系统(GPS)测量规范》(GB/T 18314—2009),GNSS 按其精度可分为 AA、A、B、C、D、E 等 6 个等级。各级 GNSS 网相邻点间基线长度精度用下式表示:

$$\delta = \sqrt{a^2 + (b \times D)^2} \tag{8-17}$$

式中 δ——网中相邻点间距离中误差,mm;

a——固定误差,mm;

b——比例误差,1×10^{-6};

D——相邻点间的距离, mm。

对于不同等级的 GNSS 网,其精度要求见表 8-18。

表 8-18 各等级 GNSS 网精度要求

测量等级	固定误差 a (mm)	系统误差 b ($\times 10^{-6}$)	相邻点间距离 D(km)	用途
AA	≤3	≤0.01	1 000	全球性的地球动力学研究、地壳形变测量和精密定轨等
A	≤5	≤0.1	300	区域性的地球动力学研究、地壳形变测量
B	≤8	≤1	70	局部形变监测和各种精密工程测量
C	≤10	≤5	10 ~ 15	大、中城市及工程测量的基本控制网
D	≤10	≤10	5 ~ 10	中、小城市、城镇及测图,地籍,土地信息,房产,物探,勘测,建筑施工等的控制测量
E	≤10	≤20	0.2 ~ 5	

用 GNSS 测量建立近井网在《相关规程》中还无相应的技术要求。但根据传统布网方法,近井点是在矿区三、四等平面控制网的基础上用插点或插网的方式布设的,则其精度相对于起始点来说,最高也仅为四等,甚至四等以下,故用 GNSS 测量建立近井网精度选用,根据建设部和质量监督检验检疫总局 2007 年 10 月颁布的《工程测量规范》(附条文说明)(GB 50026—2007)平面控制测量中关于 GNSS 测量控制网对其中四等至二级的主要技术要求(见表 8-19)和作业要求(见表 8-20),结合具体的矿井范围、井口数量以及开采的复杂程度等情况,选用 GNSS 网中的 C、D、E 级网中的一种作为近井网,其精度是能够满足矿山井下开采工程需要的。

2)GNSS 近井网的基准

对于一个 GNSS 网,在技术设计阶段应该明确其成果所采用的坐标系统和起算数据,即 GNSS 网的基准。对于近井网,其作用是向井下传递地面的坐标系统,即近井网必须和地面坐标系统保持一致。这样,GNSS 网的位置基准就要根据起算点的坐标确定,一般需选取 3 个以上地面坐标系统的控制点与 GNSS 点重合,作为坐标起算点,以求得坐标转换参数。为了保证近井网的精度均匀,起算点一般应均匀分布于GNSS网的周围,要避免所有的起算点分布于网的一侧。

表8-19 卫星定位测量控制网的主要技术要求

等级	平均边长(km)	固定误差 a(mm)	比例误差系数 b(mm/km)	约束点间的边长相对中误差	约束平差后最弱边相对中误差
二等	9	≤10	≤2	≤1/250 000	≤1/120 000
三等	4.5	≤10	≤5	≤1/150 000	≤1/70 000
四等	2	≤10	≤10	≤1/100 000	≤1/40 000
一级	1	≤10	≤20	≤1/40 000	≤1/20 000
二级	0.5	≤10	≤40	≤1/20 000	≤1/10 000

表8-20 GNSS控制测量作业的基本技术要求

等级		二等	三等	四等	一级	二级
接收机类型号		双频	双频或单频	双频或单频	双频或单频	双频或单频
仪器标称精度		$10\ mm+2\times10^{-6}mm$	$10\ mm+5\times10^{-6}mm$	$10\ mm+5\times10^{-6}mm$	$10\ mm+5\times10^{-6}mm$	$10\ mm+5\times10^{-6}mm$
观测量		载波相位	载波相位	载波相位	载波相位	载波相位
卫星高度角(°)	静态	≥15	≥15	≥15	≥15	≥15
	快速静态	—	—	—	≥15	≥15
有效观测卫星数	静态	≥5	≥5	≥4	≥4	≥4
	快速静态	—	—	—	≥5	≥5
观测时段长度(min)	静态	30~90	20~60	15~45	10~30	10~30
	快速静态	—	—	—	10~15	10~15
数据采样间隔(s)	静态	10~30	10~30	10~30	10~30	10~30
	快速静态	—	—	—	5~15	5~15
点位几何图形强度因子PDOP		≤6	≤6	≤6	≤8	≤8

方位基准一般根据给定的起算方位确定。起算方位可布设在GNSS网中的任意位置。

为求得GNSS网点的正常高,应根据近井网的需要适当进行高程联测。C级网应按四等水准或与其相当的方法至少每隔3~6点联测一点的高程;D、E级网应按四等水准或与其相当的方法根据具体情况确定联测高程点的点数,应均匀分布于整个网,使GNSS未知点的正常高尽量为内插。

3）网形设计

根据测区踏勘的情况和近井网的要求，GNSS 网的布设方案可在 1∶2 000 或 1∶5 000 地形图上进行设计，包括网形、网点数、连接方式、网中同步环、异步环的个数估计等。其网形好坏直接关系到建网的费用、控制成果的精度及网的可靠性。GNSS 控制网可不考虑点与点间的通视问题，图形设计的灵活性比较大。其考虑的主要因素为以下 5 个方面：

（1）网的可靠性。由于 GNSS 是借助无线电定位，受外界环境影响较大，在图形设计时，应重点考虑成果的准确和可靠，要有较可靠的检验方法。GNSS 网一般应通过独立观测边构成闭合图形，以增加检核条件，提高网的可靠性。因近井网中控制点个数较少，可根据测区情况、已知点的个数及分布等采用同步图形扩展形式进行布网，其连接方式可考虑边连式（见图 8-13（a））或混连式（见图 8-13（b））。这两种基本网形一般可满足近井点的点数要求，对近井点的设点要求也较易满足。同时，这两种网形的作业方法简单，具有较好的图形强度。边连式还具有较高的作业效率，若要进一步提高网的可靠性，可考虑适当增加观测时段。而混连式本身就具有较好的自检性和可靠性。

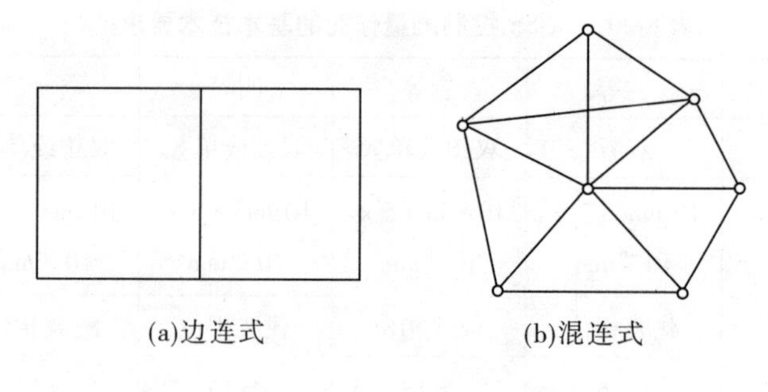

图 8-13　GPS 点连接方式

（2）作业效率。在进行 GNSS 网的设计时，经常要衡量控制网设计方案的效率，以及在采用某种布网方案作业所需要的作业时间、消耗等。因此，所设计的近井网应尽量使其作业效率高一些。

（3）GNSS 点虽然不需要通视，但是为了便于用常规方法联测和扩展，要求控制点至少与一个其他控制点通视，或在控制点附近 300 m 外布设一个通视良好的方位点，以便建立联测方向。

（4）为了利用 GNSS 进行高程测量，在测区内的 GNSS 点应尽可能与水准点（即井口水准基点）重合，或者进行等级水准联测。

（5）GNSS 点应尽量选在视野开阔、交通方便的地点，并要远离高压线、变电所及微波辐射干扰源。

复习和思考题

8-1　什么叫控制点？什么叫控制测量？

8-2　矿区控制网的布设原则是什么？

8-3　导线控制测量有哪几种布设形式，各适用于什么场合？导线测量外业工作包括哪些内容？

8-4　如图 8-14 所示附合导线，已知 $X_B = 200.00$ m，$Y_B = 200.00$ m，$X_C = 155.37$ m，$Y_C = 756.06$ m，$\alpha_{AB} = 45°00'00''$，$\alpha_{CD} = 116°44'48''$，计算 2、3 号点的坐标。

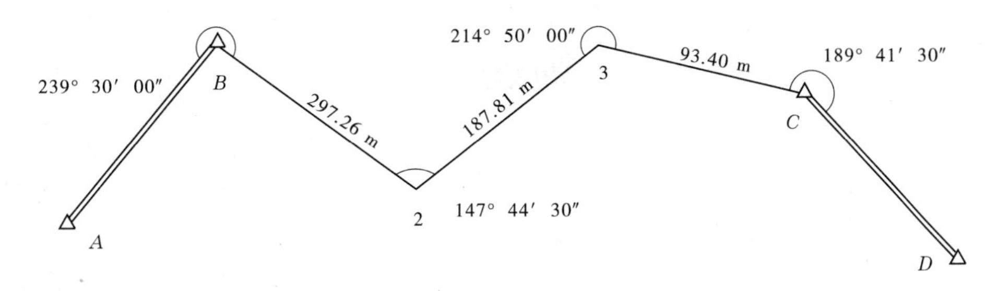

图 8-14　附合导线计算

项目 9　矿井联系测量

模块 1　矿井联系测量概述

9.1.1　矿井联系测量的定义、目的、任务

1. 矿井联系测量的定义

为了使井上下拥有统一的平面坐标系统和高程系统而进行的各种测量工作称为矿井联系测量。矿井联系测量总体上分为平面联系测量与高程联系测量，前者简称为定向，主要解决井上、井下平面坐标系统的统一问题；后者简称为导入标高（高程），主要解决井上下高程系统的统一问题。

2. 矿井联系测量的目的

矿井联系测量通常是井下测量的前期工作，要想顺利地开展井下各种测量工作，就必须将地面上与井下的平面坐标与高程系统进行统一，原因如下。

首先，矿区通常采用井上下对照图来反映地面建筑物、道路、水系、地貌等与井下每个采矿区的相互位置关系，需要统一井上下平面及高程坐标系统。

其次，确定相邻矿井及各开采面的相互位置关系，划定开采安全边界也需要统一井上下平面坐标与高程系统。

最后，解决井下巷道贯通、开凿小型盲井、天井等重大工程问题时，也要求统一井上下平面坐标与高程系统。

综上所述，矿井联系测量的最终目的就是统一井上下平面坐标与高程系统。

3. 矿井联系测量的任务

通过测量工作将井上下平面坐标与高程系统统一起来，这就是矿井联系测量要完成的任务，一般来说，矿井联系测量的主要任务包括以下几点内容：

(1) 确定井下导线起始边方位角。

(2) 确定井下导线起始点的平面坐标。

(3) 确定井下水准基点的高程。

前两项任务是通过平面联系测量完成的，第三项任务是利用高程联系测量完成的。

9.1.2　矿井联系测量的精度要求

由于起算边坐标方位角误差对井下导线的影响比起算点坐标对井下导线误差的影响大很多，通常把井下导线起算边坐标方位角的误差大小作为衡量平面联系测量精度的主要依据，并将平面联系测量简称为定向。

定向方法因矿井开拓方式不同而不同。在以平硐或斜井开拓的矿井中，从地面近井点

开始，沿平硐或斜井进行精密导线测量和高程测量，就能将地面上的平面坐标、方位角及高程直接传递到井下导线的起始点和起始边上。而以立井开拓时，可采用几何定向，主要是一井定向、两井定向和高程联系测量。近年来，用陀螺经纬仪进行矿井定向日益增多，是今后发展的方向。

在矿井定向测量过程中，精确地传递方位角是最重要的。至于坐标误差，最大也不过是10～20 mm，比方位角误差影响小很多。我国《相关规程》中规定，采用几何定向测量方法时，从近井点推算的两次独立定向结果的互差，对两井定向和一井定向测量分别不得超过1′和2′；当一井定向测量的外界条件较差时，在满足采矿工程要求的前提下，互差可放宽至3′。联系测量的主要精度要求如表 9-1 所示。

表 9-1　联系测量的主要精度要求

联系测量类别	限差项目	精度要求	备注
几何定向	由近井点推算的两次独立定向结果的互差	一井定向：<2′ 两井定向：<1′	井田一翼长度小于 300 m 的小矿井，可适当放宽限差，但不得超过 10′； 陀螺经纬仪精度级别是按实际达到的一测回测量陀螺方位角的中误差确定的
陀螺经纬仪定向	井下同一定向边两次独立定向平均值中误差的互差	15″级仪器：<40″ 25″级仪器：<60″	
导入高程	两次独立导入高程的互差	$<\frac{h}{8\ 000}$	h 为井筒深度

9.1.3　矿井联系测量的种类

矿井联系测量（即矿井定向）的分类原则取决于矿井的开拓方式，针对不同的方式，应因地制宜地采用不同的方法。矿井定向总体上分为几何定向和陀螺经纬仪定向两大类，其中几何定向又包括通过平硐和斜井的定向、一井定向和两井定向三种方法。

1. 通过平硐和斜井的定向

针对以平硐或者斜井的开拓方式，在定向时可以由井口附近的近井点直接敷设经纬仪导线或光电测距导线至井下，进行坐标和方位的传递。

2. 一井定向

通过一个竖直井筒进行的几何定向叫作一井定向。外业工作包括定向投点和井上下连接测量。定向投点是在井筒内悬挂两根钢丝，钢丝的一端固定在井口上方，另一端系上重锤，自由悬挂至定向水平。地面连接测量与井下连接测量均通过上述两根钢丝进行连接，从而把地面的平面坐标和方位角传递到井下。

3. 两井定向

一井定向的缺点是两垂线间的距离较短，投点误差对方位角的传递影响较大。因此，当一个矿井有两个竖井，且在定向水平有巷道相通并能进行测量时，定向工作应采用两井定向。这样做的优点是增大了两垂线间的距离，减小了投点误差对方位角传递的影响，大大提高了定向的精度。

两井定向的投点过程与一井定向大致相同，只不过是在两个井筒内各悬挂一根钢丝垂线。地面连接测量的任务是利用导线测量的方法测定两垂线的坐标,而井下连接测量的任务是在巷道中两垂线间测设导线,最后通过内业计算求得起算点的坐标和起算边的坐标方位角,完成定向任务。

4. 陀螺经纬仪定向

当采用几何方法定向时,因占用井筒而影响生产,且设备多,组织工作复杂,需要较多的人力、物力,安全技术管理难度大。采用陀螺经纬仪定向就可以克服以上缺点,它是一种物理方法,优点是不占用井筒,不受投点误差的影响,从而大大提高定向精度。具体的方法将在后文讲到。

模块 2　一井定向及精度分析

9.2.1　一井定向概述

一井定向是在一个井筒内悬挂两根钢丝,将地面点的坐标和边的方位角传递到井下的测量工作。一井定向须在竖井井筒内悬挂两根钢丝(垂球线),钢丝的一端固定在井口地面,下端系上定向专用垂球,钢丝在井筒内应自由悬挂。垂球线与地面已知测量控制点和井下定向点连成一定几何图形(通常为三角形),在地面和井下定向水平分别用经纬仪及钢尺测出这个图形的有关数据,按照地面坐标系统求出两垂球线的平面坐标及其连线的方位角;在定向水平上将垂球线与井下永久点予以联测,这样便将地面的方向和坐标传递到井下,从而达到定向的目的。

一井定向分为投点与连接两部分工作,投点是指由地面向定向水平进行投点,连接是指在地面测量控制点和井下定向水平的定向点分别与垂球线进行联测。在选择连接方法时,应遵循以下几点原则:

(1)应使两垂球线间的距离最大;

(2)连接点与垂球线所构成的几何图形最为有利;

(3)在获得同样精度的各种方法中,应选择占用井筒时间最短者。

9.2.2　投点

投点,即在竖井井筒中悬挂铅垂线至定向水平。投点目前多采用垂球线单重投点法,这里所说的单重投点就是在投点过程中,垂球的重量不变。单重投点又分为单重稳定投点和单重摆动投点。前一种方法是将垂球放在水桶内(水桶内盛有稳定液),使其静止,在定向水平上测角量边时均与静止的垂球线进行连接。后一种方法则恰恰相反,是让垂球自由摆动,用专门的设备观测垂球线的摆动,从而求出它的静止位置并加以固定,在定向水平上连接时,应按固定的垂球线位置进行。单重稳定投点,只有当垂球摆动振幅不超过 0.4 mm 时才能应用,否则必须采用单重摆动投点。

1. 定向投点

1)单重稳定投点

单重稳定投点是假定垂球线在井筒内处于铅垂位置而且静止不动,即它在任何水平面上的投影为一个点。但实际上这是不可能的。当摆幅不超过 0.4 mm 时,可认为它是不摆动的。这种方法只有在井筒不深、气流运动稳定及滴水不大,并采取一定必要措施等条件下才能采用。投点示意如图9-1所示。

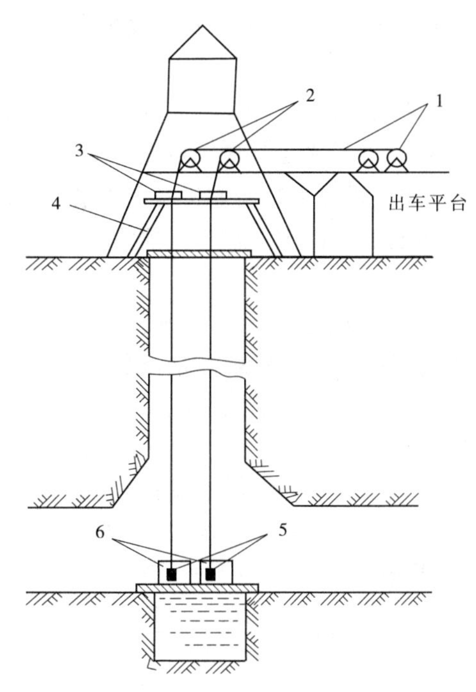

1—缠绕钢丝的手摇车;2—导向滑轮;3—定点板;4—定点板固定架;5—小垂球;6—大水桶

图9-1 投点示意

投点需要的主要设备如下:

(1)垂球。挂在钢丝下端使钢丝在井筒内处于铅垂状态的重铊,称为定向垂球。一般用生铁制作,如果在磁性矿床中,则用铅制作。它的构造形状很多,通常以砝码式的垂球较好,每个圆盘重量最好为10 kg或20 kg。当井深小于100 m时,采用30~50 kg的垂球;当超过100 m时,则宜采用50~100 kg的垂球。

(2)钢丝。定向时,选择钢丝直径的主要依据是所用垂球质量。投点时应尽可能采用小直径的高强度钢丝,一般为0.5~2 mm的高强度的、优质碳素弹簧钢丝,当井筒深度大于300 m时,宜采用直径1 mm以上的钢丝。钢丝上悬挂的重锤重量应为钢丝极限强度的60%~70%。

(3)手摇绞车。绞车各部件的强度应能承受3倍投点时的荷重,绞车应设有双闸。

(4)导向滑轮。直径不得小于150 mm,轮缘做成锐角形的绳槽以防止钢丝脱落,最好采用滚珠轴承。

(5)定点板。用铁片制成,定向时也可不用定点板。

(6)小垂球。在提放钢丝时用,其形状呈圆柱形或普通垂球的形状均可。

(7)大水桶。用以稳定垂球线,一般可采用废汽油桶,水桶上应加盖。

当井盖及绞车滑轮安好之后,便可下放钢丝。在下放之前,必须通知定向水平上的人员离开井筒。钢丝通过滑轮并挂上垂球后,慢慢放入井筒内。为了检查钢丝是否弯曲和减少钢丝的摆动,下放钢丝的手必须握成拳状,下放速度必须均匀,并且每秒不超过1~2 m。每下放 50 m 左右稍停一下，使垂球摆动稳定下来。当收到垂球达到定向水平的信号后，应立即停止下放，并用插爪固定，将钢丝卡入定点板内。在定向水平上，取下小垂球，挂上定向垂球。此时必须事先考虑到钢丝因挂上垂球后被拉伸的长度。

2）单重摆动投点

当井筒过深或者风速过大使垂线难以稳定时，必须采用摆动投点，即观测垂线的摆动以确定其稳定位置并固定起来，然后进行连接。摆动投点可采用标尺法和定中盘法。目前，我国广泛采用标尺法来进行单重摆动投点。其所需设备及安装方法基本上和上述稳定投点一样，只不过在定向水平增设一带有标尺的定点盘来观测垂球的摆动。

2. 投点误差

从地面向井下定向水平投点时，由于井筒内风流、滴水等因素的影响，致使钢丝（垂球线）在地面上的位置投到定向水平后发生偏离，使钢丝偏斜，一般称这种偏差为投点误差。由这种误差引起的垂球线连线的方向误差叫作投向误差。

如图 9-2 所示，A 和 B 分别为垂球线在地面上的位置，而 A' 和 B' 分别为垂球线在定向水平上偏离后的位置。其中图 9-2（a）表示两垂球沿其连线方向偏离，在这种情况下，投点误差对 AB 方向无影响。而图 9-2（b）中两垂球线偏向连线同一侧，且位于连线的垂直方向上，使 AB 方向投射时产生一个误差角 θ，其值可由下式求得：

$$\tan\theta = \frac{BB' - AA'}{AB} \tag{9-1}$$

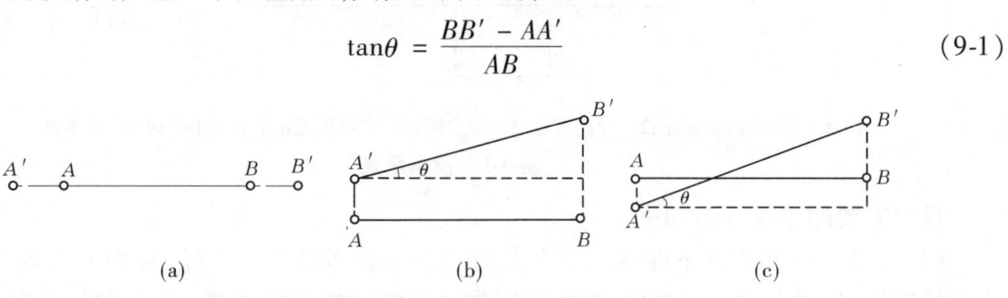

图 9-2　投点误差影响

如两垂球各向其连线两边偏离，且偏于垂直于连线的方向上，如图 9-2（c）所示，则其投向误差为：

$$\tan\theta = \frac{AA' + BB'}{AB}$$

设 $AA' = BB' = e$，$AB = c$，且由于 θ 很小，则图 9-2（c）中的 θ 可简化为

$$\theta = \frac{2e}{c}\rho \tag{9-2}$$

上述三种属于特殊情况，以第三种情况的投向误差最大。总投向误差为：

$$\theta = \pm \frac{e}{c}\rho \tag{9-3}$$

因此要减少投向误差，必须加大两垂球线间的距离 c 和减少投点误差 e 的值。

设 $e = 1$ mm，$c = 3$ m，则 $\theta = \pm \frac{e}{c}\rho = \pm \frac{2 \times 1 \times 206\ 265}{3\ 000} \approx \pm 138''$。

按相关规程规定，两次独立定向允许误差的互差不超过 $\pm 2'$，一次定向允许误差为

$\pm\dfrac{2'}{\sqrt{2}}$,则一次定向的中误差为 $m_\alpha = \pm\dfrac{2'}{2\sqrt{2}} = 42''$。

若除去因井上下连接所产生的误差,则投向误差约为 30″。当垂球线间距离 c 分别为 2 m、3 m、4 m 时,则投点误差相应为 0.3 mm、0.45 mm、0.6 mm。由此可知,投点误差要求十分严格,在投点时必须采取许多有效的措施并给予极大的注意,才能够达到上述的精度要求。

3. 减少投点误差的措施

垂线受风流影响所产生的投点误差 e 的估算公式为

$$e = C\frac{dhH}{Q}V^2 \tag{9-4}$$

式中　d——钢丝直径,m;

h——马头门的高度,m;

H——井筒深度,m;

Q——垂球的质量,kg;

V——与垂线相垂直的方向上的风速,m/s;

C——空气动力系数。

由式(9-4)可知,垂线受风流影响所产生的投点误差,与钢丝的直径、马头门的高度和井筒深度以及风速的平方成正比,与垂球的质量成反比。考虑到其他因素的影响,减少投点误差的主要措施如下:

(1)尽量增大两垂球线间的距离,并选择合理的垂球线位置;

(2)定向时最好减少风机运转或增设风门,以减少风速;

(3)采用高强度、小直径的钢丝,适当加大垂球重量,并将垂球浸入到稳定液中;

(4)减少滴水对垂球线及垂球的影响。

采用陀螺经纬仪定向且需要通过投点传递坐标时,既可采用钢丝投点,也可采用激光投点。激光投点必须保证投点误差不大于 20 mm。

9.2.3　连接

连接测量的方法有很多,如连接三角形法、瞄直法、对称读秒法及连接四边形法等,这里主要介绍连接三角形法和瞄直法。

1. 连接三角形法

由于不能在垂球线 A 、B 点安设仪器,故选定井上、下的连接点 C 与 C',从而在井上下形成了以 AB 为公用边的△ABC 和△ABC',一般把这样的三角形称为连接三角形,如图 9-3 所示。

为提高精度,连接三角形应布设成延伸三角形,即尽可能将连接点 C 与 C'设在 AB 延长线上,使 γ、α、γ'及 β'尽量小(不大于 2°),同时,连接点 C 与 C'还应尽量靠近一根垂球线。

1)连接三角形应满足的条件

图 9-3 中△ABC 和△ABC'称为连接三角形。为了提高定向的精度,在选择井上、井下连接点 C、C'时,应使连接三角形△ABC 和△ABC'满足以下三个条件:

(1)点 C 与 D 及点 C'与 D'要彼此通视,且 CD 与 $C'D'$的边长要大于 20 m;

(2)三角形的锐角 γ 和 γ'要小于 2°,构成最有利的延伸三角形 ;

(3)a/c 与 b'/c'的值要尽量小一些,一般应小于 1.5。

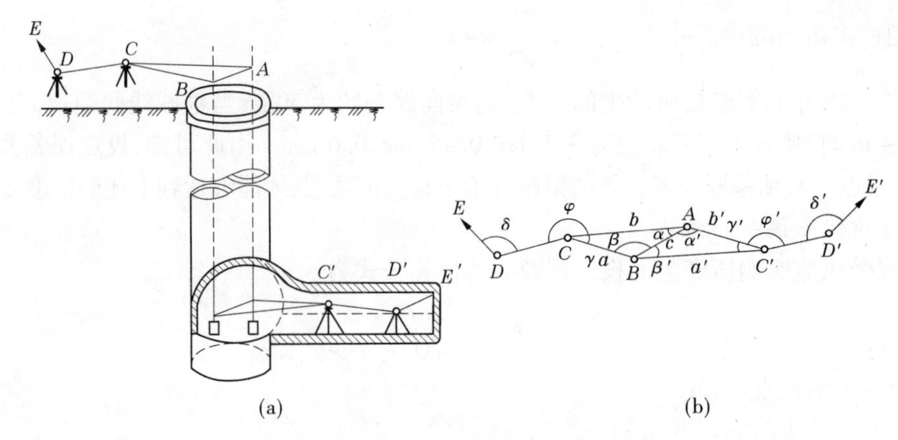

图 9-3　一井定向井上下连接

2)连接三角形法的外业工作

地面连接:测出 δ、φ 和 γ 角,丈量 DC 边和延伸三角形的 a、b、c 边。

井下连接:测出 δ'、φ' 和 γ' 角,丈量 $D'C'$ 边和延伸三角形的 a'、b' 边。

3)连接三角形法的内业工作

(1)解算三角形,在图 9-3 中,角度 γ 和边 a、b、c 均为已知,在 $\triangle ABC$ 中,可按正弦定理求出 α 和 β 角,即

$$\begin{cases} \sin\alpha = \dfrac{a}{c}\sin\gamma \\ \sin\beta = \dfrac{b}{c}\sin\gamma \end{cases} \tag{9-5}$$

当 $\alpha < 2°$ 及 $\beta > 178°$ 时,可按下列近似公式计算:

$$\begin{cases} \alpha'' = \dfrac{a}{c}\gamma'' \\ \beta'' = \dfrac{b}{c}\gamma'' \end{cases} \tag{9-6}$$

同样,可以解算出井下连接三角形中的 α' 和 β' 角。

(2)导线计算,将井上下视为一条导线,如 $E—D—C—A—B—C'—D'—E'$,按照导线的计算方法求出井下起始点坐标 x'_D、y'_D 及井下起始边方位角 $\alpha_{D'E'}$。

为了校核,一般定向工作应独立进行两次,两次求得的井下起始边的方位角互差不得超过 2′。当外界条件较差时,在满足采矿工程要求的前提下,互差可放宽到 3′。

由解算三角形得到了 α 和 β 角值后,则 $\alpha+\beta+\gamma$ 之和应等于180°。对于延伸三角形,解算后的内角和一般都能闭合,但往往由于三内角之和不等于180°,而有微小的差值,因此可将闭合差反号平均分配给 α 和 β 角。经检验计算符合要求后,便可按导线计算表格来计算各边方位角和各点坐标。

2. 瞄直法

瞄直法又称为穿线法,此方法实质上是连接三角形法的一个特例。在连接三角形法连接中,井上下连接点应尽可能选在两垂球连线的延长线上。如果能设法使连接点真正设在延长线上,则连接三角形将不复存在,即 C、A、B 及 C' 在同一直线上,如图 9-4 所示。这样,

只要在 C 与 C'点安置经纬仪，精确测出角度 β_C 和 $\beta_{C'}$；量出 CA、AB、BC'的长度，就能完成定向的任务。

瞄直法的内外作业简单，但实际上要把连接点 C 与 C'精确地设在 AB 方向线上是比较困难的，只有非常熟练的测量人员操作，才能达到精度要求。因此，这种方法适用于精度要求不高，特别是小型矿井的定向工作中。

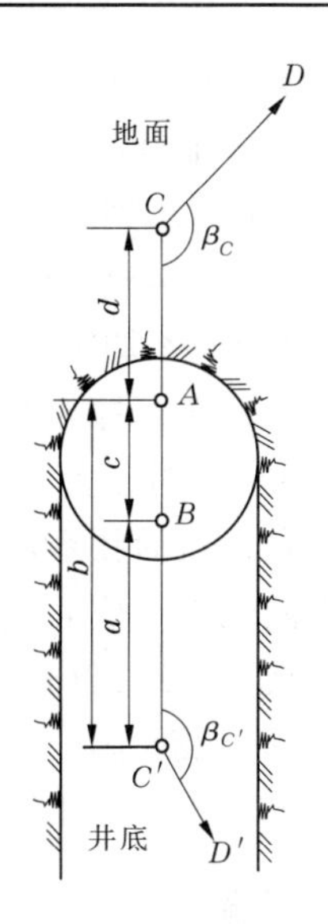

图9-4　瞄直法示意

9.2.4　一井定向的工作组织

一井定向因工作环节多、测量精度要求高、占用井筒的时间多，需要有很好的工作组织作为保障。

1. 准备工作

(1)选择连接方案，做出技术设计；

(2)定向设备及用具的准备；

(3)检查定向设备及检验仪器；

(4)预先安装某些投点设备和将所需用具、设备等送至定向井口和井下；

(5)确定井上下的负责人，统一负责指挥和联络工作。

2. 制定地面的工作内容及顺序

(1)将定向所需的人员及设备送到定向水平；

(2)将提升容器可靠地固定；

(3)铺井盖和安装绞车；

(4)安装滑轮；

(5)下放钢丝；

(6)固定绞车插爪、检查钢丝自由悬挂情况；

(7)测量角度；

(8)丈量边长；

(9)提升钢丝，拆卸设备。

3. 制定定向水平上的工作内容及顺序

(1)铺上井盖；

(2)挂上工作垂球；

(3)检查钢丝自由悬挂情况；

(4)安设定点盘，进行摆动观测(稳定投点时，没有此项工作)；

(5)测量角度；

(6)丈量边长；

(7)钢丝提升到地面后，拆卸设备。

4. 定向时的安全措施

(1)在定向过程中，应劝阻一切非定向工作人员在井筒附近停留；

(2)提升容器应牢固停妥；

(3)井盖必须结实可靠地盖好；

(4)对定向钢丝必须事先仔细检查,放提钢丝时,应事先通知井下,只有当井下人员撤出井筒后才能开始;

(5)垂球未到井底或地面时,井下人员均不得进入井筒;

(6)下放钢丝时应严格遵守均匀慢放等规定,切忌时快时慢和猛停,最易使钢丝折断;

(7)应向参加定向工作的全体人员反复进行安全教育,以提高警惕;在地面工作的人员不得将任何东西掉入井内,在井盖上工作的人员均应系安全带;

(8)定向时,地面井口自始至终不能离人,应有专人负责井上下联系。

5. 定向后的技术总结

定向工作完成后,应认真总结经验,并写出技术总结,同技术设计书一起长期保存。定向后的技术总结,首先,应对技术设计书的执行情况作简要说明,指出在执行中遇到的问题、更改的部分及原因。其次,应编入下列内容:

(1)定向测量的实际时间安排,实际参加定向的人员及分工;

(2)地面联测导线的计算成果及精度;

(3)定向的内业计算及精度评定;

(4)定向测量的综合评述和结论。

9.2.5 一井定向的精度分析

一井定向的精度,可根据连接方式的不同分别进行估算,一般情况下,采用连接三角形法较多。下面以图 9-3 为例,说明一井定向的精度估算公式:

$$m_{\alpha_{C'D'}}^2 = m_{\alpha_{CD}}^2 + m_\delta^2 + m_\varphi^2 + m_\alpha^2 + m_{\beta'}^2 + m_{\varphi'}^2 + m_{\delta'}^2 + \theta^2 \tag{9-7}$$

式中 $m_{\alpha C'D'}$——井下定向边的方位角中误差;

$m_{\alpha_{CD}}$——地面起始边的方位角中误差,根据原网等级确定;

m_δ——地面测角中误差,根据测角等级确定;

m_φ——地面测连接角中误差,根据测角等级确定;

m_α、$m_{\beta'}$——垂线处井上下连接处的角度误差;

$m_{\varphi'}$——井下测连接角中误差,根据测角等级确定;

$m_{\delta'}$——井下测角中误差,根据测角等级确定;

θ——投向误差。

一般要独立进行两次定向,其互差应小于《相关规程》的规定。

9.2.6 一井定向计算案例

【例 9-1】 某矿由地面向井下进行了定向,近井点 D 至连接点 C 的方位角 $\alpha_{DC}=163°56'45''$,$X_C=55.085$,$Y_C=1\ 894.572$。地面连接三角形的观测值为:$\gamma=0°03'06''$;改正后的边长为 $a=8.335\ 9$ m,$b=11.405\ 2$ m,$c=3.069\ 7$ m。井下连接三角形的观测值为:$\gamma'=0°27'01.5''$;加改正后的边长 $a'=4.856\ 2$ m,$b'=7.923\ 7$ m,$c'=3.072\ 0$ m;$\angle BC'E=191°29'00''$,$\angle C'EF=171°56'56''$,$\angle EFG=183°54'13''$;$D'_{CE}=34.884$ m,$D_{EF}=43.857$ m,$D_{FG}=47.667$ m。试求井下导线起始边 FG 的方位角及坐标。

解:首先,解算连接三角形。地面连接三角形的解算列于表 9-2 中。表中的计算是根据

表 9-2　一井定向案例

点		左转折角			方位角			水平边长	坐标增量		坐标	
测站	视准点	(°	′	″)	(°	′	″)	(m)	Δx (m)	Δy (m)	x(m)	y(m)
D	C				163	56	45				55. 085	1 894. 572
C	D	86	03	33	70	00	17	11. 405	3. 899 804	10. 71 753	58. 9 848 045	1905. 289 535
	A											
A	C	359	51	35	249	51	52	3. 071	−1. 05 715	−2. 88 331	57. 9 276 501	1 902. 406 227
	B											
B	A	178	50	17	248	42	10	4. 852	−1. 76 228	−4. 52 065	56. 1 653 742	1897. 885 575
	C′											
C′	B	191	29	00	260	11	10	34. 884	−5. 94 592	−34. 3 735	50. 2 194 535	1 863. 512 047
	E											
E	C′	171	56	56	252	08	06	43. 857	−13. 454 2	−41. 742 3	36. 765 210 8	1821. 769 744
	F											
F	E	183	54	13	256	02	19	47. 667	−11. 5 005	−46. 2 588	25. 2 646 906	1 775. 510 897
	G											

顺序序号依次进行的。井下连接三角形的解算同地面(计算表未列出)。

其次,计算各点的坐标。按一般导线计算方法进行计算,其结果列于表 9-3 中。

该矿井的定向独立进行了两次:第 1 次定向结果如表 9-2 中所算得的井下导线起始边 FG 的方位角 $\alpha_{FG}=256°02'19''$,第 2 次定向结果未列出,实际算得 $\alpha_{FG}=256°03'13''$。第 1、2 次定向之差为 54″,符合《相关规程》所规定的精度要求。故取两次方向的平均值作为井下起始边的方位角,即 $\alpha_{FG}=256°02'46''$。

模块 3　两井定向

9.3.1　两井定向概述

1. 两井定向概念

当矿井有两个竖井,且在定向水平有巷道相通,并能进行测量时,就可采用两井定向。两井定向的概念是在两个井筒内各用垂球悬挂一根钢丝,通过地面和井下导线将它们连接起来,从而把地面坐标系统中的平面坐标和方向传递到井下。两井定向示意如图 9-5 所示。

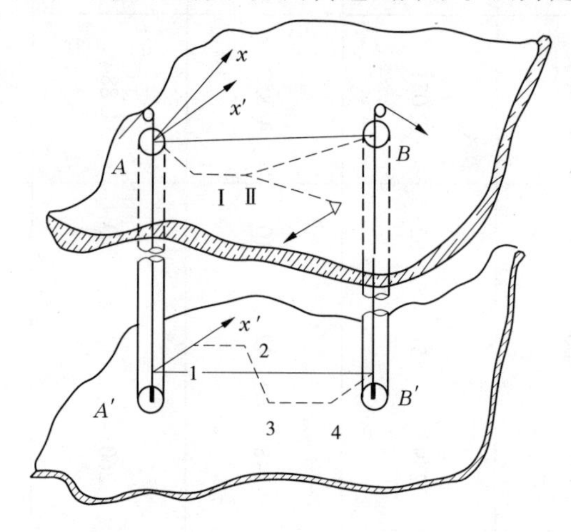

图 9-5　两井定向示意

2. 两井定向的优点

两井定向相对于一井定向主要有两个优点,首先,两井定向的外业测量工作简单,占用井筒时间短,对井下的开采工作影响最小;其次,两井定向中的投点误差对最终的定向结果影响明显小于一井定向,解释如下:

两井定向是把两个垂球分别挂在两个井筒内,两垂球之间的距离比一井定向大得多。当两个井筒之间的最短距离约为 30 m,这对一井定向来说,两垂球线间的距离就大大增加,从而大大减小了投向误差。假设投点误差 $e=1$ mm,其投向误差则为

$$\theta = \pm \frac{2e}{c}\rho = \frac{2 \times 206\ 265''}{30\ 000} \approx 13.8''$$

对一井定向所举的例子可以看出,其误差缩小了,精度提高 ρ 倍,这是因为两垂球线间的距离比它增大了 10 倍。对于两井定向来说,投点误差不是主要问题,这是两井定向最大

的优点,凡是能够进行两井定向的矿井,均应采用两井定向。

9.3.2 两井定向的外业工作

两井定向的外业测量与一井定向类似,也包括投点、连接。

1. 投点

在两井定向中,其投点的设备与方法均与一井定向相同,但因两井定向投点误差对方位角的影响小,投点精度要求较低;而且每个井筒中只悬挂一根钢丝,投点工作比一井定向简单,而且占用井筒时间短。投点时一般采用单重稳定投点。

2. 连接

1)地面连接

地面连接的任务是测定两垂球线的坐标,从而算出两垂球连线的方位角。

地面连接导线的方式取决于两井筒相距的远近。当两井筒相距较近(30 m)时,可以利用一个近井点和导线或直接由近井点进行连接,如图 9-6 所示。由近井点向两垂线 A、B 布设导线近井点—Ⅱ—Ⅰ—A 和近井点—Ⅱ—B,测定 A、B 位置;当两井筒相距较远时,则分别在两个井筒附近建立近井点进行连接。

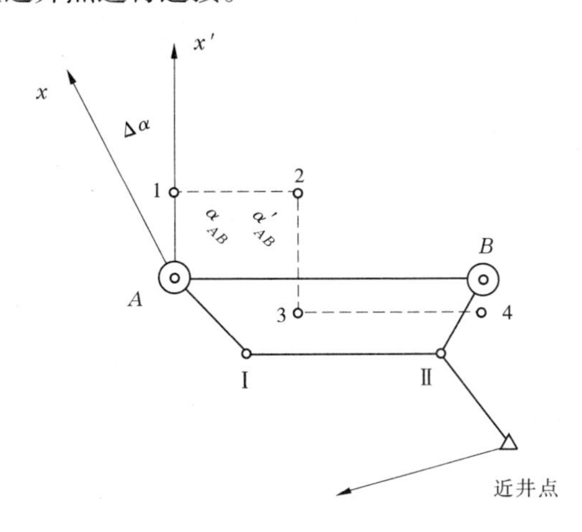

图 9-6 两井定向连接示意

敷设导线时,应使导线的长度最短,并尽可能沿两垂球线连线的方向延伸,此时量边误差对连线的方向不产生影响。

2)井下连接

在定向水平上,一般采用井下 7″级经纬仪导线将两垂球线连接起来,即图中导线 A—1—2—3—4—B。在巷道形状可能的情况下,应和地面连接导线一样,应尽可能沿两垂球方向敷设,并使其长度最短。在选定了井上、下连接方案后,应进行精度预计。通常要保证井下经纬仪导线起始边的方位角中误差 M_{α_0} 不超过 ±20″,此方案才可行。

9.3.3 两井定向的内业计算

与一井定向不同,两井定向的内业计算是先按地面连接测量的结果算出两垂球线的坐标,再利用坐标反算出两垂球线连线的方位角 α_{AB} 和长度 S_{AB}。由于在一个井筒内仅投下一个点,井下导线边的方位角就不能像一井定向那样直接推算出来。为此须首先假定一个坐标系,按这个假定坐标系计算出两个垂球线的假定坐标,再用该假定坐标反算出两垂球线连线的假定方位角 α'_{AB} 和长度 S'_{AB}。求出垂球线 AB 连线在井上、下的两个方位角 α_{AB} 和 α'_{AB} 的差值 $\Delta\alpha$,根据这一差值 $\Delta\alpha$ 就可将井下导线边在假定坐标系统中的方位角改化为统一坐标系统的方位角,完成两井定向的方向传递。最后按地面坐标系统的方位角和一个垂球线的坐标,重新计算井下连接导线各点的坐标,这样就完成了两井定向。具体的计算步骤及公式如下:

(1)根据地面连接测量的结果,计算两垂球线的方位角及长度。

$$\alpha_{AB} = \arctan\left(\frac{y_B - y_A}{x_B - x_A}\right) \tag{9-8}$$

$$S_{AB} = \frac{y_B - y_A}{\sin\alpha_{AB}} = \frac{x_B - x_A}{\cos\alpha_{AB}} = \sqrt{(\Delta x_{AB})^2 + (\Delta y_{AB})^2} \tag{9-9}$$

(2)建立井下假定坐标系统,计算在定向水平上两悬垂线连线的假定方位角和边长。为了简化计算,常假定 A—1 边为 x' 轴方向,与 A—1 垂直的方向为 y' 轴,A 为坐标原点,即 $\alpha' = 0°00'00''$, $x' = 0$, $y' = 0$。

计算井下连接导线各点假定坐标,以及垂线 B 的假定坐标 x'_B 和 y'_B。再利用反算公式计算 AB 的假定方位角 α'_{AB} 及其边长 S'_{AB}:

$$\alpha'_{AB} = \arctan\left(\frac{y'_B - y'_A}{x'_B - x'_A}\right) \tag{9-10}$$

$$S'_{AB} = \frac{y'_B - y'_A}{\sin\alpha'_{AB}} = \frac{x'_B - x'_A}{\cos\alpha'_{AB}} = \sqrt{(\Delta x'_{AB})^2 + (\Delta y'_{AB})^2} \tag{9-11}$$

理论上讲,S'_{AB} 归算到地面系统的投影面内后,S'_{AB} 和 S_{AB} 应相等,但由于测角、量边误差的影响,使 S'_{AB} 和 S_{AB} 不相等。其差值只要在规定的限差内,则可作为测量和计算的第一检核。

(3)按地面坐标系统计算井下连接导线各边的方位角及各点的坐标,由图 9-6 可以看出:

$$\alpha_{A1} = \alpha_{AB} - \alpha'_{AB} \tag{9-12}$$

式中,若 $\alpha_{AB} < \alpha'_{AB}$,可用 $\alpha_{AB} + 360° - \alpha'_{AB}$ 计算。

根据 α_{A1} 之值以垂线 A 的地面坐标为准,重新计算井下连接导线各边的方位角及各点的坐标,最后得垂线 B 的坐标。

井下连接导线按地面坐标系统算出的 B 的坐标值应和地面连接导线所算得的 B 的坐标值相等。如其相对闭合差不超过井下连接导线的精度,则认为井下连接导线的测量和计算是正确的,可作为测量和计算的第二检核。

为了检核,两井定向也应独立进行两次,两次求得的井下起始边方位角之差不得超过 1′。

模块 4　陀螺仪定向

9.4.1　概述

在矿井联系测量工作中,无论是一井定向还是两井定向,都存在着一些缺点,比如占用井筒影响生产、设备多、组织工作复杂、耗费大量人力物力、定向精度低等问题,为了解决或避免上述几何定向中的弊端,矿山测量者研究采用物理方法进行矿井定向。随着科学技术的发展,特别是力学、机械制造和电子技术的进步,使得陀螺仪定向具备了必要的基础。目前,我国和世界上很多国家都已成功研制将陀螺仪和经纬仪(全站仪)结合在一起完成定向工作的陀螺经纬仪(全站仪)。所谓陀螺仪,是指以高速旋转的刚体制成的仪器。陀螺经纬仪(全站仪)是将陀螺仪与经纬仪(全站仪)组合而成的一种定向仪器,陀螺仪定向与其他方法比具有很多优点:相对安全、定向精度高、定向速度快、不影响矿井生产、简单方便,不耗费大量的人力物力等。陀螺经纬仪(全站仪)一次定向中误差小于2′,完全能满足各种采矿工程的需要;而高精度的陀螺经纬仪(全站仪)一次定向标准偏差优于5″,完全满足了高精度大地测量、精密工程测量、国防等领域所需。目前,陀螺经纬仪(全站仪)已广泛应用于矿井联系测量和井下大型贯通测量的定向。

9.4.2 陀螺经纬仪的工作原理

陀螺经纬仪(英文全称为 gyro theodolite)是带有陀螺仪装置,用于测定直线真方位角的经纬仪。其关键装置之一是陀螺仪,简称陀螺,又称回转仪,主要由一个高速旋转的转子支承在一个或两个框架上而构成。具有一个框架的,称二自由度陀螺仪;具有内外两个框架的,称三自由度陀螺仪。经纬仪上安置悬挂式陀螺仪,是利用其具有指北性确定真子午线北方向,再用经纬仪测定出真子午线北方向至待定方向所夹的水平角,即真方位角。

地球以角速度 ω 绕其自转轴旋转,地球上的一切物体都随着地球转动。如从宇宙空间来看地轴的北端,地球实际在做逆时针方向旋转,地球旋转角度的矢量 ω 沿自转轴指向北端。对纬度为 φ 的地面点 O 而言,地球自转角速度矢量 ω 和当地的水平面呈 φ 角,且位于过当地的子午面内,如图 9-7 所示。

图 9-8 表示辅助天球地平面以上的部分。O 点位于地球的中心,因为对天体而言,地球可看作是一点。故可设想,陀螺经纬仪与观测者均位于 O 点上,且陀螺经纬仪主轴呈水平位置。设陀螺轴正端偏于真子午面之东,与真子午线夹角为 α。图中 NP_NZ_NS 为观测点真子午面,NWSE 为真地平面;OZ_N 为地球旋转轴;OP_N 为铅垂线,NS 为子午线方向,φ 为维度。

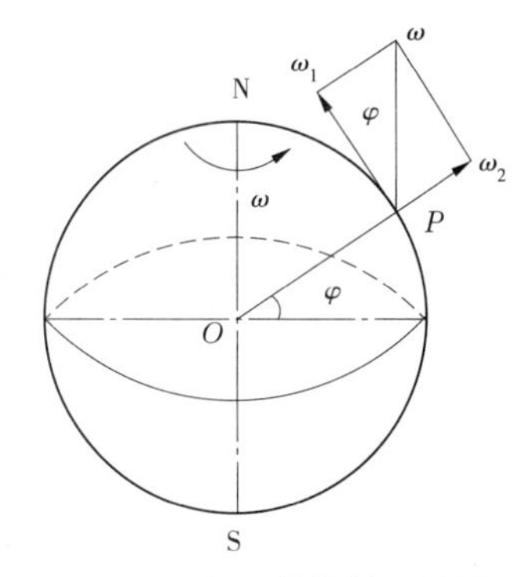

图 9-7 陀螺经纬仪的工作原理

这时,角速度矢量 ω 应位于 OP_N 上,且指向北极 P_N。将 ω 分解成互相正交的两个分量 ω_1 和 ω_2,分量 ω_1 叫作地球旋转地水平分量,表示地平面在空间绕子午线旋转的角速度,地平面的东半面降落,西半面升起。地球旋转的水平分量的大小为:

$$\omega_1 = \omega\cos\varphi \tag{9-13}$$

分量 ω_2 表示子午面在空间绕铅垂线亦即 Z 轴旋转的角速度,表示子午线的北端向西移动,这个分量称为地球旋转的垂直分量。这和地球上观测者感到的太阳和其他星体的方位变化一样。分量 ω_2 的大小为:

$$\omega_2 = \omega\sin\varphi \tag{9-14}$$

为了说明悬挂陀螺仪受到地球旋转角速度的影响,我们把地球旋转分量 ω_1 再分解成为两个互相垂直的分量 ω_3(沿 x 轴,与陀螺仪主轴垂直)和 ω_4(沿 y 轴,与陀螺仪主轴一致),

如图 9-8 所示。

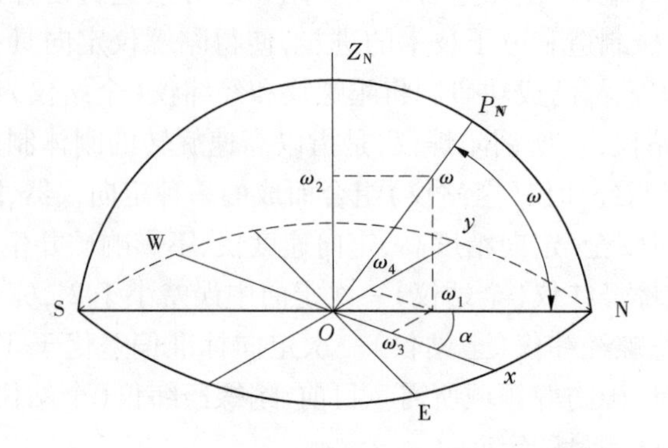

图 9-8 陀螺经纬仪的工作原理

分量 ω_3 表示地平面绕 y 轴旋转的角速度，其大小为：

$$\omega_3 = \omega\cos\kappa\sin\alpha \tag{9-15}$$

分量 ω_3 对陀螺仪轴 x 的进动有影响，叫作地转有效分量。该分量使陀螺仪的主轴发生变化：东端仰起（因东半部地平面下降），西端倾降（见图 9-9）。

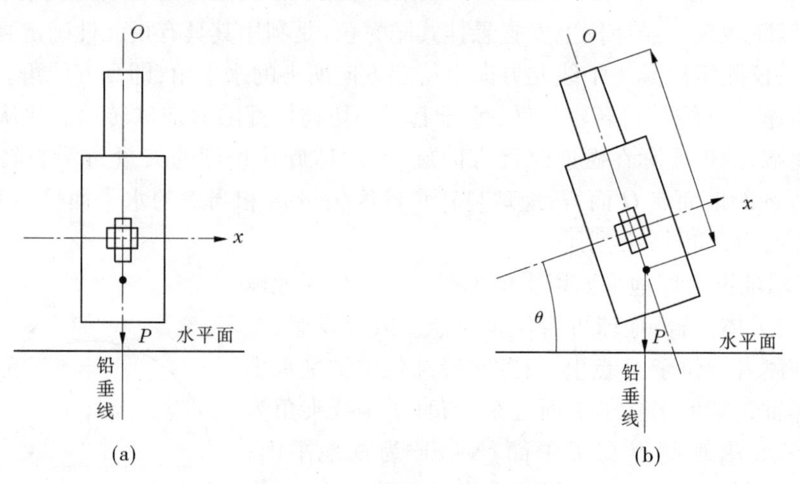

图 9-9 陀螺仪的进动性

分量 ω_4 表示地平面绕陀螺仪主轴旋转的角速度，其大小为：

$$\omega_4 = \omega\cos\varphi\cos\alpha \tag{9-16}$$

此分量对陀螺仪轴在空间的方位没有影响，不加考虑。

如果陀螺仪的主轴倾斜了，则其重心与吊点将不在一条铅垂线上，这样地心引力将施加给陀螺仪一个力矩，要把它的主轴恢复成水平。此力矩的大小为：

$$M_B = P \cdot l \cdot \sin\theta \tag{9-17}$$

式中 P——陀螺仪的重量，N；

l——陀螺仪重心到吊点的距离，m；

θ——陀螺仪轴与地平面的夹角。

根据进动原理，在外加力矩的作用下，陀螺仪将进动，陀螺仪轴将向子午面靠拢。陀螺仪绕（x）轴进动的加速度为

$$\omega_P = \frac{Pl}{H}\sin\theta \tag{9-18}$$

悬挂陀螺仪在地转有效分量 ω_3 的影响下，其主轴 x 总是向子午面方向进动，造成这种效应的力矩叫指向力矩。其大小为：

$$M_H = H\omega_3 = H\omega\cos\varphi\sin\alpha \tag{9-19}$$

指向力矩 M_H 表示将陀螺仪轴转至子午面的力矩大小。由式(9-18)可以看出，在赤道上，$\varphi=0$，M_H 最大，在南北极，$\varphi=90°$，$M_H=0$。因此，在两极和高纬度($\varphi>75°$)处，陀螺仪不能定向。

9.4.3　陀螺经纬仪的基本结构

图9-10是国产JT15陀螺经纬仪结构。在J6经纬仪支架上通过定位连接装置可以安装陀螺系统，系统的主要部件是陀螺房及其中的转子。陀螺房在不工作时用托盘托起，工作时旋转偏心轮，放下托盘，陀螺房(内陀螺马达)就悬挂在吊丝上，吊丝上端固定在外壳上部。陀螺房上安装固定着一个小镜筒，工作时有照明灯照亮的指标线(亦称光标)经棱镜子反射，并由物镜成像于目镜前的分划板上。通过目镜，可以看到光标线在分划板上的位置。

经纬仪照准部旋转时陀螺仪系统的外壳、目镜及吊点一起转动，陀螺房与带着光标的小镜筒随转子一起摆动，而使反射出去的光标像偏转。因此，转子相对于经纬仪水平度盘的运动可以由光标相对于分划板的运动反映出来。

此外还有电源箱，箱中一部分是蓄电池，另一部分为逆变器，后者可将蓄电池中的18 V直流电变作驱动陀螺马达的36 V 400周期的三相交流电。

9.4.4　陀螺经纬仪的定向方法

陀螺经纬仪的定向方法一般有两类：一类是陀螺经纬仪照准部处于跟踪状态，一般采用跟踪逆转点法；另一类是陀螺经纬仪照准部处于固定状态，一般有中天法和时差法等。下面主要讲解我国目前普遍采用的第一类方法，即跟踪逆转点法。

所谓逆转点，是指陀螺绕子午线摆动时偏离子午线最远处的东西两个位置，分别称为东西逆转点。

1. 在地面已知边上测定仪器常数 Δ

仪器结构本身的误差使陀螺经纬仪所测定的陀螺子午线和真子午线不重合，二者的夹角(即方向差值)称为仪器常数，通常用 Δ 表示，陀螺经纬仪子午线位于地理子午线的东边，Δ 为正；反之，则为负。在井下定向测量前和测量后，应在地面同一条已知边(一般是近井点的后视边)上各测3次或2次仪器常数。所测出的仪器常数互差应满足《相关规程》要求，测定方法如图9-11所示，A 为近井点，B 为后视点，α_{AB} 为已知坐标方位角。在 A 点安置陀螺经纬仪，整平对中，然后以经纬仪两个镜位观测 B，测出 AB 的方向值 M_1，然后将经纬仪照准部指向近似北方向，启动陀螺经纬仪，按逆转点法测定陀螺北方向值 N_T，再用经纬仪的两个镜位观测 B，测出 AB 的方向值 M_2。

取 M_1 和 M_2 的平均值 M 为 AB 线的最终方向值。于是：

$$T_{AB陀} = M - N_T \tag{9-20}$$

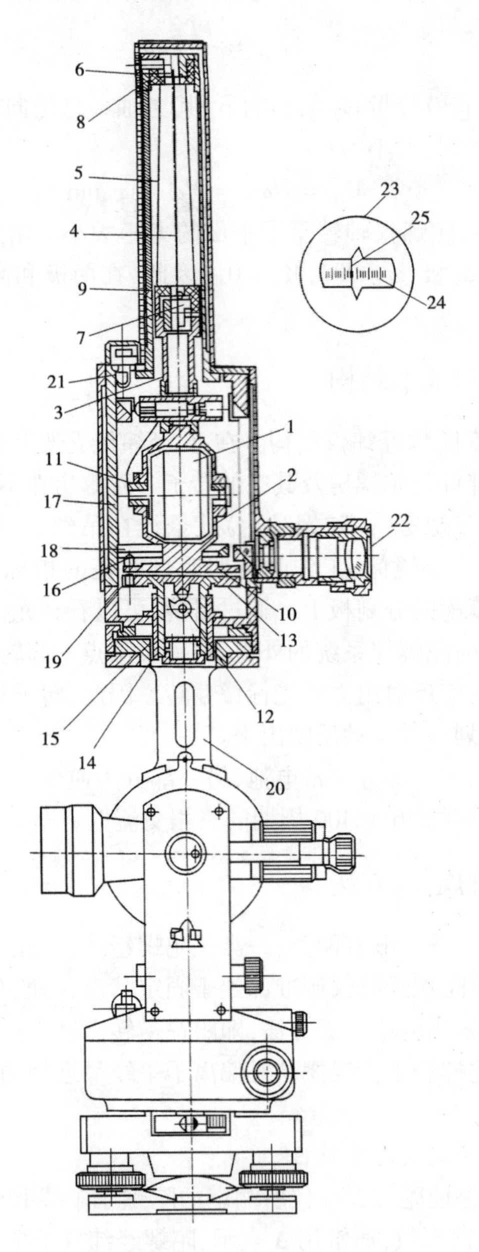

1—陀螺马达；2—陀螺房；3—悬挂柱；4—悬挂带；5—导流丝；6—上钳形夹头；7—下钳形夹头；8—上导流丝座；9—下导流丝座；10—陀螺房底盘；11—连轴座；12—限幅手轮（凸轮）；13—限幅盘；14—导向轴；15—轴套；16—顶尖；17—支撑支架；18—锁紧盘；19—泡沫塑料垫；20—联结支架；21—照明灯；22—观测目镜；23—观测目镜视场；24—分划板刻度线；25—光标线

图 9-10　国产 JT15 陀螺经纬仪结构

$$\Delta = T_{AB} - T_{AB陀} = \alpha_{AB} + \gamma_A - T_{AB陀} \tag{9-21}$$

式中 $T_{AB陀}$——AB 边一次测定的陀螺方位角；

T_{AB}——AB 边的大地方位角；

α_{AB}——AB 边的坐标方位角；

γ_A——A 点的子午线收敛角。

可见,测定仪器常数实质上就是测定已知边的陀螺方位角,根据已知边的陀螺方位角,便可求出仪器常数Δ。

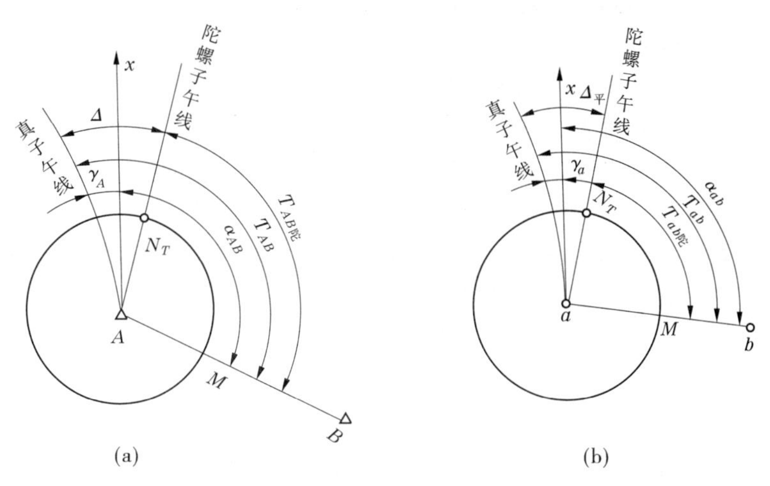

图9-11　陀螺经纬仪定向示意

2. 在井下定向边上测定陀螺方位角

在井下定向边上进行精密观测,求出定向边的陀螺方位角α_T,则定向边的大地方位角为$A=\alpha_T+\Delta$。

3. 仪器升井后重新测定仪器常数

根据测前和测后的观测值计算平均值,并进行精度评定。

4. 计算子午线收敛角

对于井上下点间距离不大的情况,可认为子午线收敛角相同,其计算方法可根据地面已知控制点计算:

$$\gamma_a = ky \tag{9-22}$$

式中　γ_a——a点的子午线收敛角;

y——a点的横坐标的千米数,根据a点的x坐标在高斯表中内插得出。

5. 计算井下定向边的坐标方位角

与地面的方法相同,在井下定向边上测出ab边的陀螺方位角$T_{ab陀}$(如图9-11(b)所示),则该边的坐标方位角为

$$\alpha_{ab} = T_{ab陀} + \Delta_平 - \gamma_a \tag{9-23}$$

$$T_{ab陀} = M - N_T \tag{9-24}$$

式中　$T_{ab陀}$——ab边的陀螺方位角;

$\Delta_平$——仪器常数的平均值。

9.4.5　陀螺经纬仪定向时的注意事项

陀螺经纬仪是以动力原理论为基础的,光、机、电结合的精密仪器。工作时,陀螺灵敏部具有较大的惯性,必须注意合理使用,妥善保管,才能保证仪器的精度和寿命。在使用时,应根据仪器的性能及指标注意一些事项。

(1)必须在熟悉陀螺经纬仪性能的基础上,由具有一定操作经验的人员来使用仪器,仪

器的定向精度与操作熟练程度有关,井上、下观测一般应由同一观测者进行。前后两次测量仪器常数,一般应在三昼夜内完成。

(2)在启动陀螺马达到额定转速之前和制动陀螺马达的过程中,陀螺灵敏部必须处于锁紧状态,防止悬挂带和导流丝受损伤。

(3)当陀螺灵敏部处于锁紧状态、马达又在高速旋转时,严禁搬动和水平旋转仪器,否则将产生很大的力,压迫轴承,以致毁坏仪器。

(4)在使用陀螺电源逆变器时,要注意接线的正确;使用外接电源时应注意电压、极性是否正确,在没有负载时,不得开启逆变器。

(5)陀螺仪存放时,要装入仪器箱内,放入干燥剂,仪器要正确存放,不要倒置或躺卧。

(6)仪器应存放在干燥、清洁、通风良好处,切忌置于热源附近,环境温度以 10 ~ 30 ℃为宜。

(7)仪器用车辆运输时,要使用专用防震包装箱。

(8)在野外观测时,仪器要避免太阳光直接照射。

(9)目镜或其他光学零件受污时,先用软毛刷轻轻拭去灰尘,然后用镜头纸或软绒布揩拭,以免损伤光洁度和表面涂层。

9.4.6　陀螺全站仪定向

陀螺全站仪是一种将陀螺仪和全站仪集成于一体,具有全天候、快速高效独立地测定真北方位的精密测量仪器。高精度陀螺全站仪在国防测绘保障和关乎国民经济发展命脉的能源、交通及地下基础建设方面发挥着不可替代的作用,大型隧道(洞)贯通测量、矿山贯通测量、导弹发射瞄准系统、炮兵阵地联测、建立方位基准及导航设备标校等领域都离不开陀螺全站仪。

当前,陀螺全站仪正向着可靠、精密、小型、快速和全自动化的方向发展。国外成功研制了多款新型陀螺全站仪,探索了精度补偿办法及数据处理技术,并取得了重大发展。其中高精度、全自动陀螺全站仪已有多个国家研制生产并投入使用。具有代表性的主要有美国的 MARCS、德国的 GYROMAT－3000、日本的索佳 GP 系列陀螺全站仪等;其中,德国的 GYROMAT－3000 被认为是目前世界上最好的高精度自动化陀螺全站仪。

我国从 20 世纪 60 年代开始研制陀螺经纬仪,为满足军事上的需要,西安测绘研究所与解放军 1001 工厂合作从 20 世纪 60 年代开始曾研制出多种下架式陀螺经纬仪,如 TDJ － II 型陀螺仪、TDJ－88 型陀螺仪等,在自动化程度上有较大的提高;中南大学对 GAK－1 成功进行自动化改造,研发出自动陀螺经纬仪 AGT－1 和 GT－1;信息工程大学与解放军 1001 工厂合作研制出了 Y/JTG－1 自动跟踪陀螺全站仪。

下面将以我国第一台具有独立知识产权的面向测量工程领域应用的高精度 GAT 磁悬浮陀螺全站仪为例,来介绍一下陀螺全站仪的工作原理及主要结构。

1. GAT 磁悬浮陀螺全站仪

GAT 磁悬浮陀螺全站仪是由长安大学测绘与空间信息研究所和中国航天科技集团公司第十六研究所共同研制开发、具有国内独立知识产权的 GAT 高精度全自动陀螺定向仪器。该仪器采用磁悬浮吊带等高精尖技术,能够无依托、自主式寻北测定目标的方位角,除架设调平及瞄准之外,整个测量过程无须手动操作,测量结束后,自动给出瞄准目标的法线与真北方位角，据此可以确定任意方向线的坐标方位角，实现准确贯通和精确定向。该仪器具有体积小、自动化程度高、环境适应性强等特点，可广泛应用于大型隧道贯通测量、地铁工程测量、矿山贯通测量、导弹发射瞄准系统、炮兵阵地联测、建立方位基准及导航设备标校等领域。

1)GAT磁悬浮陀螺全站仪的组成

GAT磁悬浮陀螺全站仪主要由以下几个部分组成：控制装置、磁悬浮陀螺仪、电子全站仪、掌上电脑PDA、电源与控制器(见图9-12)。

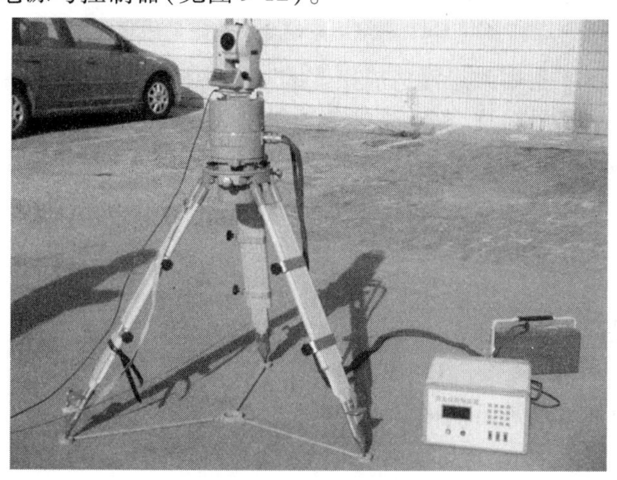

图9-12　GAT磁悬浮陀螺全站仪

(1)磁悬浮陀螺仪。

磁悬浮陀螺本体利用陀螺马达加速，使陀螺转子达到24 000 r/min，然后采用磁悬浮技术使陀螺转子上、下悬浮，来达到寻北的目的。

(2)电子全站仪。

电子全站仪牢固连接在磁悬浮陀螺仪上面，两仪器的竖轴铅垂同心重合。全站仪起照准目标、测量方向角和距离的作用。

(3)掌上电脑PDA。

掌上电脑PDA负责接收全站仪测量的方向角值和控制器显示的陀螺寻北方向与陀螺马达轴方向(镜面法线方向)的夹角值，并承担定向测量的数据计算、误差分析、存储等工作。

(4)电源与控制器。

电源向磁悬浮陀螺马达提供高稳定性的稳频稳压电源。控制器采用无接触式光电力矩反馈控制技术，通过敏感地球角动量，将陀螺测得的指向力矩值转换为电流值，通过正反两个盘位采集的4万组电流值计算出陀螺寻北方向与陀螺马达轴方向(镜面法线方向)的夹角值，并显示在屏幕上。

2)GAT磁悬浮陀螺全站仪原理简介

GAT磁悬浮陀螺全站仪是采用陀螺寻北本体与全站仪共同配合来测定任意测线的陀螺方位角的，如图9-13所示。OT为陀螺寻北方向，OM为陀螺马达轴方向，OL为全站仪水平度盘零位方向，OC为全站仪望远镜照准目标的测线方向。

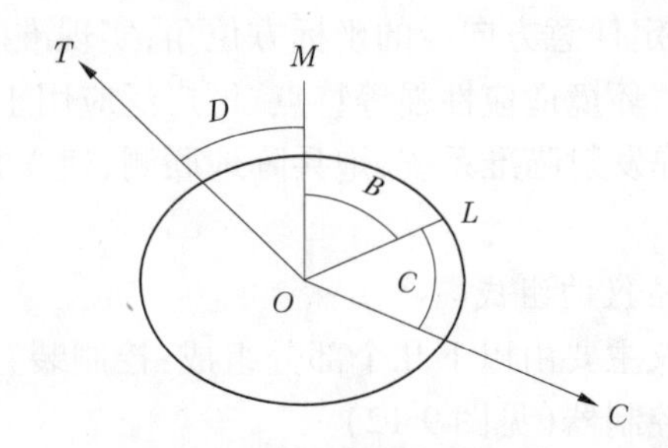

图 9-13　GAT 磁悬浮陀螺全站仪定向原理示意

首先,陀螺寻北本体利用磁悬浮构成摆式的陀螺敏感地球自转角速度的北向分量形成寻北力矩,采用力矩平衡反馈法,测定陀螺角动量轴线与天文北向的夹角,且给出陀螺寻北方向与陀螺马达轴方向(镜面法线方向)的夹角 A,并通过串口输出角度测量值。

再利用全站仪照准目标方向,依据方向法测量要求,测量目标方向线与全站仪水平度盘零位的夹角 C。于是

$$D + B + C + \Delta_{仪} = A_{真} = \alpha + \gamma \tag{9-25}$$

这样,可以通过在已知测线上与 $\alpha + \gamma$ 比对,从而确定

$$B + \Delta_{仪} = \alpha + \gamma - D - C \tag{9-26}$$

将 $B + \Delta_{仪}$ 记为 $\Delta'_{仪}$,当进行洞内测量的时候,同样需要测量出陀螺寻北方向与陀螺马达轴的夹角 D';以及洞内测线方向与全站仪水平度盘零位方向的夹角 C',这样洞内测线的陀螺定向成果可以按照下式计算

$$\alpha' = D' + C' + \Delta'_{仪} - \gamma \tag{9-27}$$

2. GAT 磁悬浮陀螺全站仪的优点

通过与传统陀螺经纬仪对比,GAT 磁悬浮陀螺全站仪在定向测量上具有以下优点。

1)定向测量精度高

GAT 磁悬浮陀螺全站仪采用磁悬浮和 CCD 测角技术,提高了陀螺定向的稳定性和精度,仪器自动完成陀螺寻北方向与陀螺马达轴方向(镜面法线方向)的夹角测量,减少了人为观测误差,一次定向测量精度优于 5″。

2)操作简单方便,自动化程度高

GAT 磁悬浮陀螺全站仪只需整平对中,输入测站点的纬度,仪器便自动完成陀螺寻北方向与陀螺马达轴方向(镜面法线方向)的夹角的测量,测量数据直接传输至掌上电脑 PDA,通过自带的程序计算出坐标方位,不需要另外烦琐的内业计算。

3)定向测量时间短

一次定向测量只需 8 min。

4)仪器常数稳定

通过对多组测量仪器常数数据统计的分析,该仪器在半年内仪器常数在 2″~5″,半年后仪器常数变化最大为 12″。

5)抗干扰强,作业环境要求低,能在振动环境下工作,有良好的抗磁功能

该仪器能在 -40 ~ +50 ℃的温度下作业,从地面进入竖井内就可以立即开展定向工作。GAT 磁悬浮陀螺仪定向时采集的 4 万组电流值,可以传输到掌上电脑 PDA 中,通过软件,可以剔除外界振动对定向测量时产生影响的数据,提高在振动环境下工作时的定向

精度。

3. GAT 磁悬浮陀螺全站仪的作业步骤

1）测定仪器常数

测定 GAT 磁悬浮陀螺仪的仪器常数应在已知坐标方位角的边上进行。在已知边上测量 n 次已知边的陀螺方位角，通过测出陀螺方位角和已知的坐标方位角，就可以求出仪器常数。

2）在未知边上定向测量

（1）在测站上整平、对中好仪器，测前先测定待定测线方向值，启动陀螺马达，输入测站点的纬度值，8 min 后自动测量出陀螺寻北方向与陀螺马达轴方向（镜面法线方向）的夹角，再测定待定测线方向值。测线方向值和陀螺寻北方向与陀螺马达轴方向（镜面法线方向）的夹角传输到掌上电脑 PDA 存储，一测回定向测量完成。

（2）按照（1）所述步骤再进行一至两测回定向测量。

（3）在掌上电脑 PDA 上输入测站点坐标（坐标未知时可以输入近似坐标值）、测线陀螺方位角和仪器常数，则软件会自动计算出定向边的坐标方位角。

（4）通常按照规范要求，测前和测后都要测定一次仪器常数。

3）数据输出

陀螺定向完成后，定向数据存储在掌上电脑 PDA 上，内业处理时，将掌上电脑 PDA 与 PC 通过数据传输线连接，通过随机软件打印出定向测量成果。

模块5　导入高程

9.5.1　概述

1. 导入高程的实质

矿井高程联系测量又称导入标高，其目的是建立井上、井下统一的高程系统。采用平硐或斜井开拓的矿井，高程联系测量可采用水准测量或三角高程测量，将地面水准点的高程传递到井下。

2. 导入高程的方法

导入高程的方法随开拓的方法不同而分为：

（1）通过平硐导入高程：可以用一般井下几何水准测量来完成，其测量方法和精度与井下水准相同。

（2）通过斜井导入高程：可以用一般三角高程测量来完成，其测量方法和精度与井下基本控制三角高程测量相同。

（3）通过立井导入高程：主要研究如何求得井上、下两水准仪水平视线间的长度。立井导入高程的方法有长钢尺导入高程、长钢丝导入高程和光电测距仪导入高程。其中，长钢尺导入高程适用于井深不大的矿井，而短钢尺导入高程可在井筒内用临时点把井深分为许多不超过 50 m 长度的分段，分别丈量各段长度，钢丝导入高程常用于井深较大的矿井，由于其不能直接丈量出长度，必须在井口设一临时比长台来丈量钢丝长度，以间接求取 l 的值，目前由于测绘技术的飞速发展，现代化程度越来越高，光电测距仪导入高程的方法也得到了广泛应用。

9.5.2　长钢尺导入高程

目前在国内外使用的长钢尺有 100 m、200 m、500 m、800 m、1 000 m 等几种。

用长钢尺导入高程的设备及安装如图 9-14 所示。将钢尺通过井盖放入井下，到达井底后，挂上一个垂球，再拉直钢尺，使之居于自由悬挂的位置。垂球不宜太重，一般以 10 kg 为宜。

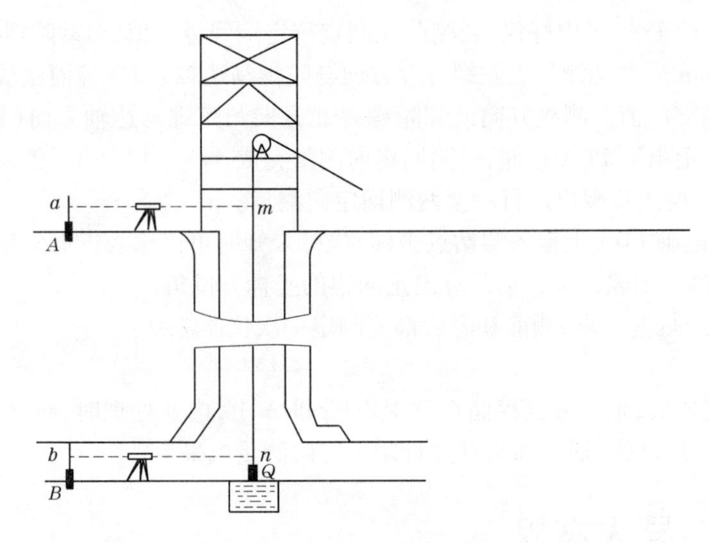

图 9-14　钢尺法导入高程

下放钢尺的同时，先在地面及井下安平水准仪，分别在 A、B 两点水准尺上取读数 a 与 b，然后将水准仪照准钢尺；当钢尺挂好后，井上、井下同时取读数 m 和 n（同时读数可避免钢尺移动所产生的误差）；最后，在 A、B 水准尺上读数，以检查仪器高度是否发生变动，还应用温度计测定井上、井下的温度 t_1、t_2。

根据上述测量数据，求得 A、B 两点之间的高差以及井下水准点 B 的高程分别为：

$$h_{AB} = (m - n) + (b - a) + \sum \Delta l \tag{9-28}$$

$$H_B = H_A - h_{AB} \tag{9-29}$$

其中，$\sum \Delta l$ 为钢尺的总改正数，它包括尺长、温度、拉力和钢尺自重等四项改正数。

$$\sum \Delta l = \Delta l_k + \Delta l_t + \Delta l_p + \Delta l_c \tag{9-30}$$

当计算温度改正数时，钢尺工作时的温度应该取井上、下温度的平均值。当钢尺下端悬挂的垂球重量为钢尺的标准拉力时，则拉力改正数 Δl_p 为零，否则应根据实际垂球重量拉力进行计算。对于钢尺的自重改正，可按下式计算：

$$\Delta l_c = \frac{\alpha}{2E} l^2 \tag{9-31}$$

式中　α——钢尺的密度，一般取 7.8 g/cm^3；

E——钢尺的弹性系数；

l——井上下水准仪视线间钢尺长度，m。

如无长钢尺，也可将几根 50 m 的短钢尺牢固地连接起来，然后进行比长，当作长钢尺使用,同样可取得很好的效果。

为了校核和提高精度,导入高程均需独立进行两次,也就是说在第一次进行完毕后,改变其井上下水准仪的高度并移动钢尺,用同样的方法再做一次。加入各种改正数后,前后两次之差按《相关规程》规定不得超过 l/8 000。

9.5.3　钢丝导入高程

目前由于我国长钢尺较少,采用短钢尺相接的办法不方便,所以经常采用钢丝法导入高程。用钢丝导入高程时,因为钢丝本身不像钢尺一样有刻度,所以不能直接量出长度,须在井口设一临时比长台来丈量,以间接求出长度值。钢丝导入高程的原理如图 9-15 所示。

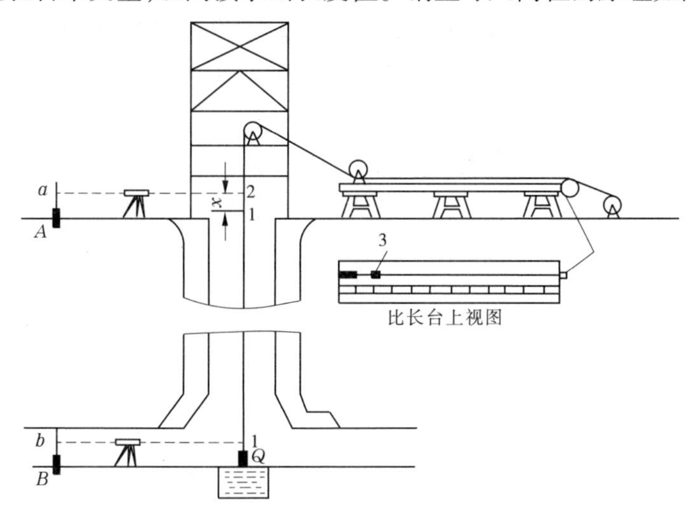

图 9-15　钢丝导入高程的原理

钢丝导入高程的工作流程包括以下几步。

1. 外业观测工作

1) 井下

在井底车场的巷道内安置水准仪,先在 B 点水准尺上读取读数,然后瞄准钢丝,并将水准仪视线与钢丝的交点用标线夹 1 在钢丝上标出。

2) 地面

在井下标线夹 1 好的时候,对准一整刻划读取 m_1,提升钢丝读取夹 3,读数为 n_1,则钢尺第一次提升长度为 $m_1 - n_1$,然后卸夹在卡于前端整尺分划 m_2,对应读出 n_2,如此反复进行,在比长台上读出最后一次后端读数 n,再在 A 点水准尺上读数,对准钢丝夹上标线夹 2,再读 A 尺读数 a,量出标线夹 1 与标线夹 2 之间的距离,提升钢尺前后要在井上下测温,取其平均值作为井上下平均温度。

2. 内业计算

A 点和 B 点之间的高差为:

$$h = \sum(m - n) + (b - a) \pm \lambda + \sum \Delta l \tag{9-32}$$

公式中 λ 的正负规定如下:标线夹 1 在标线夹 2 下面时为正,反之为负。在总改正数

$\sum\Delta l$ 中，按《相关规程》规定，只需对丈量时所用钢尺的尺长改正数和温度改正数以及井上下温度不同时影响钢尺长度的改正数。

3. 工作组织

(1)井上水准尺读数、立尺、记录、夹标线各1人，比长台读数1人，通信1人。

(2)井下水准尺读数、立尺、记录、夹标线各1人，通信1人。

钢丝导入高程同样应独立进行两次，两次测量差值的容许值和长钢尺导入高程相同。

9.5.4　光电测距仪导入高程

随着测距仪制造技术的不断优化和测距精度的不断提高，许多矿山测量的工作者不断采用测距仪来导入高程。运用光电测距仪导入高程，不仅精度高，而且缩短了井筒的占用时间，是一种值得推广的导入标高方法。其工作原理如图9-16所示。

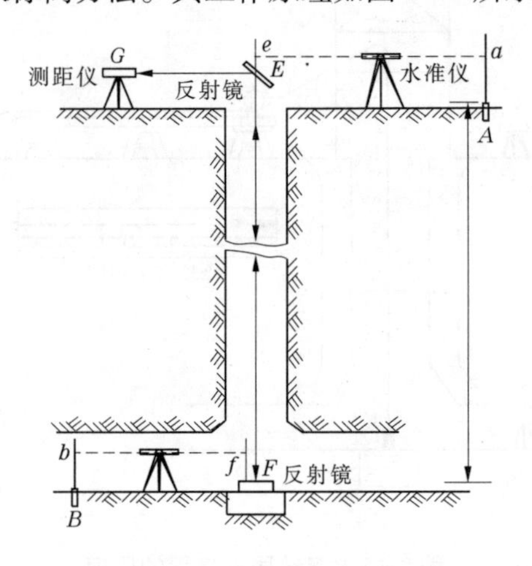

图9-16　光电测距仪导入高程

用光电测距仪导入高程的具体方法是：在井口附近的地面上安置光电测距仪，在井口和井底的中部，分别安置反射镜；井上的反射镜与水平面呈45°夹角，井下的反射镜处于水平状态；通过光电测距仪分别测量出仪器中心至井上和井下反射镜的距离 $L(L=GE)$、$S(S=GEF)$。

则井上与井下反射镜中心间的铅垂距离 H 为：

$$H = S - L + \Delta L \tag{9-33}$$

式中　ΔL——光电测距仪的总改正数。

分别在井上、井下安置水准仪，读取立于 E、A 及 F、B 处水准尺的读数 e、a 和 f、b，则 A、B 之间的高差为：

$$h = H - (a - e) + b - f \tag{9-34}$$

B 的高程 H_B：

$$H_B = H_A - h \tag{9-35}$$

运用光电测距仪导入标高也要测量两次，其互差不应超过 $H/8\ 000$。

复习和思考题

9-1 联系测量的目的和主要任务是什么?

9-2 一井定向与两井定向的区别及优缺点有哪些?

9-3 导入高程测量的实质是什么,有几种方法?

9-4 测定陀螺北的程序是什么? 测定陀螺北有几种方法?

9-5 为什么说陀螺经纬仪是定向测量的先进仪器? 定向实用价值如何?

9-6 矿井联系测量的实质是什么? 为什么说精确地传递井下导线起始边的方位角比较重要?

9-7 试述用连接三角形法进行一井定向时的投点和连接工作。

9-8 简述两井定向测量内、外业工作。

9-9 某矿通过主、副井开拓,打了一对相距60 m的800 m立井。现欲将地面坐标、高程系统传递到井下,试分析各种联系测量方法的优缺点和应用条件。

9-10 试述一井定向、两井定向及陀螺经纬仪定向各自的优缺点及适用条件。

9-11 一井定向中连接三角形的最有利形状应满足什么条件?

9-12 某矿用长钢丝导入高程。在井筒内下放钢丝,下端悬挂10 kg重锤,用两台水准仪在井口及井下对准钢丝作标记M、N,在地面量MN,丈量时,对钢尺加比长时拉力为15 kg,对钢丝施加拉力为10 kg,外业观测记录见表9-3,试计算井下水准基点B的高程。

表9-3 外业观测

1	地面井口水准基点A高程 = +402.376 m,A点水准尺读数a = 1.462 m,地面井口温度$t_{上}$ = +18 ℃
2	井下水准基点B(顶板)水准尺读数b = -1.626 m,井下温度$t_{下}$ = 16 ℃
3	在地面平地上量得钢丝MN长度为92.105 m,钢尺方程式$L_t = 50[1 + 0.000\ 011\ 5 \cdot (t - 20\ ℃) + 0.000\ 17]$

项目 10 井下平面控制测量

模块 1 井下平面控制导线的布设

10.1.1 井下平面控制测量的目的、特点及原则

在矿山井下测量工作中,平面控制测量是井下给向和测图的基础,通过建立井下平面控制,来确定井下巷道、硐室、回采工作面等的平面位置及相互关系。

井下通过近井点,采用联系测量的方式将其坐标与方向传递到井下,作为井下平面控制与高程控制的已知条件,最后在井下进行控制测量,这是矿山控制测量的整体思路。矿山井下平面控制是在井下巷道中进行的,而井下巷道和地面比较起来,其情况要特殊得多,如视野受限、观测方向受限、无 GNSS 信号等,因此井下平面控制均以导线的形式沿巷道布设,而不能像地面控制网那样可以选择测角网、测边网、GNSS 网和交会等多种可能方案,这是井下平面控制的最大特点。

矿山井下平面控制测量的原则与地面相同,同样要遵循“先控制,后碎部”的测量工作原则,但又有其自身的一些特点与原则,将在以后的内容中涉及。

10.1.2 井下平面控制导线的分类与等级

井下平面控制导线一般从井底车场的起始边开始,向井田边界分段布设。我国相关规程规定,井下平面控制分为基本控制和采区控制两类,这两类应敷设成闭(附)合导线或复测支导线。其中,基本控制导线是矿井的首级控制导线,能满足一般贯通工程的要求;采区控制导线是矿井的次级导线,主要满足日常生产测量的要求。

基本控制导线按照测角精度分为±7″和 ±15″两级。一般从井底车场的起始边开始,沿矿井主要巷道(井底车场、水平大巷、集中上、下山等)敷设,通常每隔 1.5~2.0 km 加测陀螺定向边,以提供检核和方位平差条件。采区控制导线也按测角精度分为±15″和±30″两级,沿采区上下山、工作面运输、回风巷道以及其他次要巷道敷设。

两类井下平面控制导线的主要技术指标见表 10-1 与表 10-2。

表 10-1　井下基本控制导线的主要技术指标

井田一翼长度(km)	测角中误差(″)	导线边长(m)	导线全长相对闭合差	
			闭(附)合导线	复测支导线
≥5	±7	60~200	1/8 000	1/6 000
<5	±15	40~140	1/6 000	1/4 000

表 10-2 井下采区控制导线的主要技术指标

井田一翼长度 (km)	测角中误差 (″)	导线边长 (m)	导线全长相对闭合差	
			闭(附)合导线	复测支导线
≥1	±15	30~90	1/4 000	1/3 000
<1	±30		1/3 000	1/2 000

对于上述的基本控制导线和采区控制导线等级的选取,并不是固定不变的,根据矿井的具体情况是可以变化的,如有些地方矿井确因井田一翼长度太短(小于 1 km),而巷道中又不需要安装精度要求高的机械,则可选用±30″导线作为首级控制,相应采区控制导线的等级就可能更低一些。

10.1.3 井下平面控制导线的布设特点与形式

井下平面控制导线往往不是一次全面布网,而是随井下巷道掘进而逐步敷设的。如图 10-1所示,当由石门处开始掘进主要运输大巷时,随巷道掘进而先敷设低等级的±15″和±30″采区控制导线(见图 10-1 中虚线所示),用以控制巷道中线的标定和及时填绘矿图,随巷道掘进,每 30~100 m 延长一次。

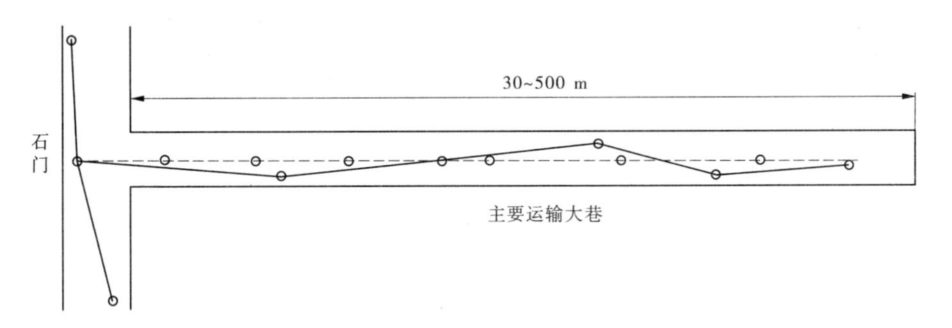

图 10-1 井下导线的布设特点

当巷道掘进到 300~500 m 时,再敷设±7″和±15″级基本控制导线,用来检查前面已敷设的低级采区控制导线是否正确。

当巷道继续向前掘进时,以基本控制导线所测设的最终边为基础,向前敷设低等级控制导线和给中线。当巷道又掘进 300~500 m 时,再延长基本控制导线。这样不断分段重复,直到形成闭(附)合导线,如图 10-2 所示。井下导线的布设特点是“先布设短边低精度的采区导线,再布设长边高精度的基本导线”。

由于受井下巷道掘进和开拓方式的限制,导线开始多为从已知点出发的支导线形式,随着已掘巷道的增多,便逐渐形成闭(附)合导线或者导线网,有时形成空间交叉闭合导线(见图 10-3(a)),即导线边的平面投影相交,而实际上是空间交叉关系;另外,还有在两井间定向时在两条已知坐标的垂球线之间敷设坐标附合导线(见图 10-3(b))或方向附合导线(见图 10-3(c))。

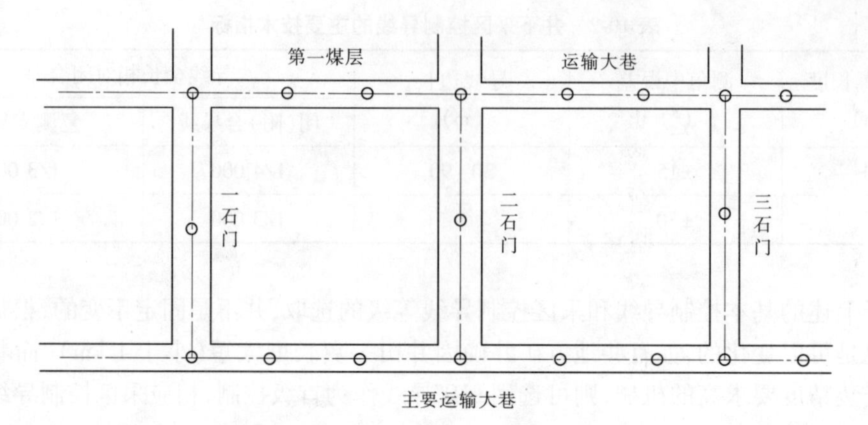

图 10-2　闭(附)合导线

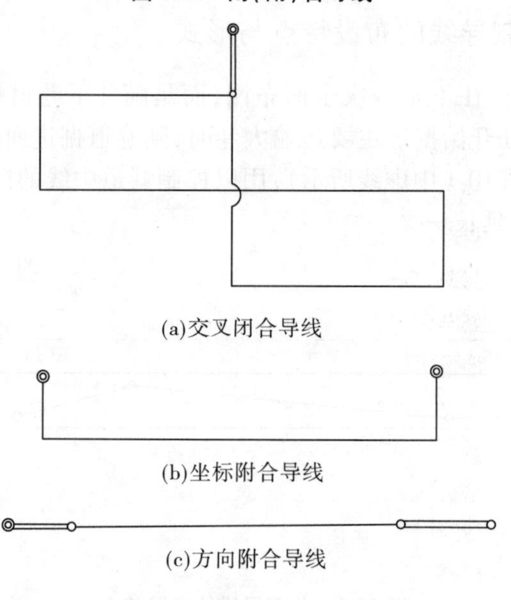

(a)交叉闭合导线

(b)坐标附合导线

(c)方向附合导线

图 10-3　附(闭)合导线

10.1.4　井下平面控制导线点的设置

井下平面控制导线点按照其使用时间长短和重要性而分为永久点和临时点两种。

导线点应当选择在巷道顶(底)板稳固、通视良好且易于安设仪器观测、尽量不受来往矿车影响的地方。永久导线点应埋设在主要巷道中,一般每隔 300~500 m 埋设一组 3 个永久点,以便用测角来检查其是否移动。永久点的结构应以坚固耐用和使用方便为原则。

具体的平面控制导线点的布设原则如下所述:

(1)应当选择在巷道顶(底)板稳固、通视良好且易于安设仪器观测、尽量不受来往矿车影响的地方。

(2)在巷道的交叉口和转弯处必须设点。

(3)导线边长一般以 30~70 m 为宜。

(4)永久导线点应埋设在主要巷道中,一般每隔 300~500 m 埋设一组 3 个永久点,所有导线点均应做明显标志并统一编号，用红漆或白漆将点位圈出来，并将编号醒目地涂写在设点处的巷道帮上，以便于寻找。

井下平面控制导线点的埋设方法有如下几种：

(1)在巷道顶板上打洞，用混凝土将已制作好的铁芯标志埋设在顶板的洞中，如图 10-4(a)所示，为固定巷道顶板上的永久点；

(2)用混凝土将预制好的点桩埋设于巷道的底板上，如图 10-4(b)所示为设置在巷道底板的永久点，上面加有保护盖；

(3)在巷道顶上钻孔，打入木桩，再在木桩上用铁钉设点，如图 10-5(a)所示；

(4)用混凝土或者水泥与水玻璃混合，将铁丝(或者铁芯标志)直接敷设在巷道顶板岩石上，如图 10-5(b)所示。

所有测点均应统一编号，并将编号明显地标记在点的附近。

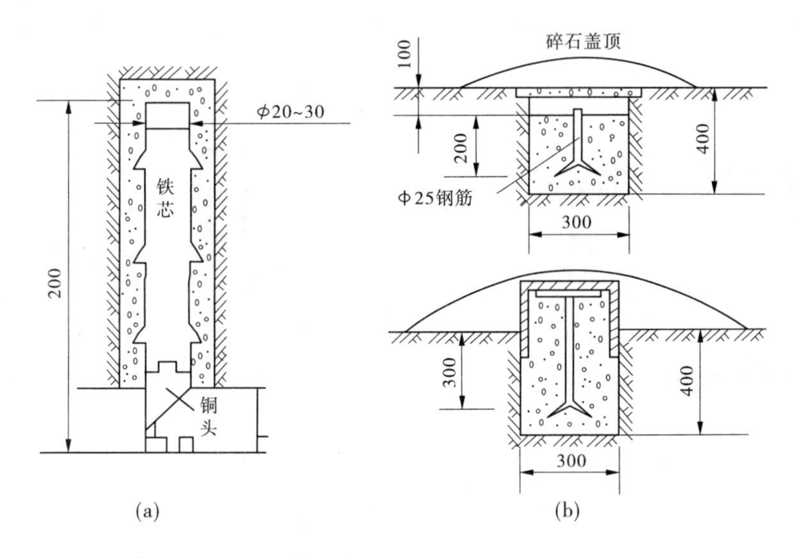

图 10-4　导线点埋设　(单位:mm)

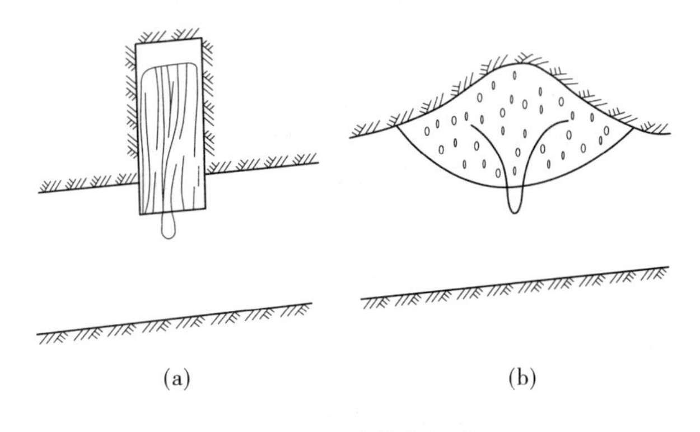

图 10-5　导线点埋设

模块 2 井下平面控制导线的角度测量

10.2.1 井下测角与地面测角的不同点

由于井下的特殊环境条件,井下测角与地面测角具有以下不同点:

(1)井下测点多设于巷道顶板上,因此经纬仪要在测点下对中(见图 10-6),经纬仪望远镜筒上刻有仪器中心,即镜上中心。经纬仪在测点下对中时,要整平仪器,并使望远镜水平,由测点上悬挂下垂球,移动经纬仪,使镜上中心对准垂球尖。对中用的垂球尖最好是可伸缩的,以利于微调。如果井下巷道中风大,可将作觇标用的垂球加重,放入水桶中稳定,或加挡风布。为利于在顶板测点下对中,最好在望远镜筒上安装点下对中器(见图 10-7)。由于井下导线边较短,风流较大,要十分注意经纬仪及觇标对中,以减少其对测角精度的不良影响。

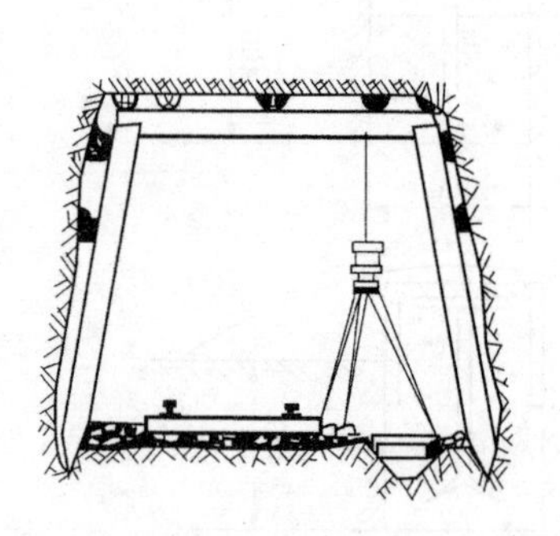

图 10-6 测点下对中

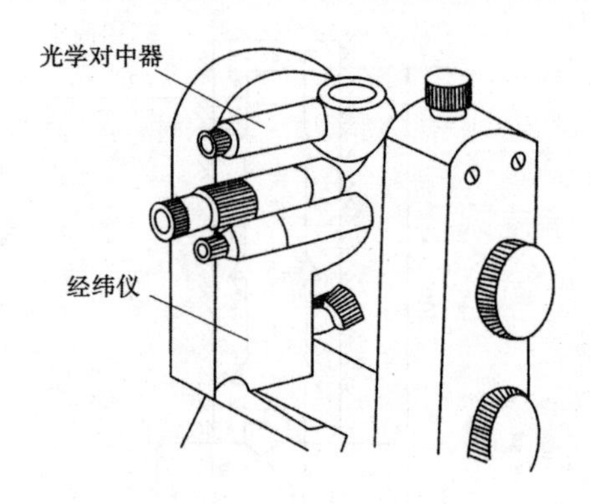

图 10-7 点下对中器

(2)在倾角很大的急倾斜巷道中测角时,望远镜视线有可能被水平度盘挡住,因此,要求望远镜筒要短,最好有目镜棱镜、弯管目镜(见图 10-8)或偏心望远镜。另外,仪器竖轴倾斜对水平角测量精度的影响随仪器视线倾角的增大而增大,在倾角较大的巷道中测角时,要注意严格整平经纬仪。

图 10-8 弯管目镜

(3)井下黑暗潮湿,并有瓦斯及煤尘,因此要求仪器有较好的密封性,经纬仪及觇标均需照明,最好有防爆照明设备。如果用垂球线作为觇标,可将矿灯置于垂球线的后侧面,并在矿灯上蒙一层白纸或毛面薄膜,使垂球线清晰地呈现在柔和的光亮背景上。

10.2.2 矿用经纬仪的检验与维护

井下各级经纬仪导线水平角观测所采用的仪器和作业要求,见表 10-3。

表 10-3　井下各级经纬仪导线水平角观测所采用的仪器和作业要求

导线级别	使用仪器	观测方法	按导线(水平)边长分					
			15 m 以下		15~30 m		30 m 以上	
			对中次数	测回数	对中次数	测回数	对中次数	测回数
7″	DJ_2	测回法	3	3	2	2	1	2
15″	DJ_6	测回法或复测法	2	2	1	2	1	2
30″	DJ_{15}	测回法或复测法	1	1	1	1	1	1

注:1.如不用表中所列的仪器,可根据仪器级别和测角精度要求适当增减测回数;

2.由一个测回转到下一个测回观测前,应将度盘位置变换 $180°/n$(n 为测回数);

3.多次对中时,每次对中测一个测回,若用固定在基座上的光学对中器进行点上对中,每次对中应将基座旋转 $360°/n$;

4.井下倾角一般用测回法观测一个测回;重要的两个测回,它与水平角同时观测。

1.*矿用经纬仪的检验*

目前,我国大多数矿井均采用 DJ_2 型经纬仪测量井下基本控制导线和进行其他精密测量,而用 DJ_6 型经纬仪测量采区控制导线及次要巷道、日常给中线等,矿用经纬仪的检验与校正方法与一般经纬仪基本相同,比如水准管、十字丝、视准轴、横轴、竖盘指标差的检校等,下面仅就某些特殊的检验项目作简要介绍。

(1)望远镜的镜上中心位置应正确,即当望远镜水平时,镜上中心应位于仪器竖轴上。

检验方法:先在室内悬挂一垂球线,在其下方安置经纬仪,使望远镜水平,仪器精确整平对中,使镜上中心与垂球尖对准。然后徐徐转动照难部,观察垂球尖是否离开镜上中心,如果始终不离开,则说明镜上中心位置正确,否则就需校正。

(2)光学对中器的视准轴应与竖轴重合。

检验方法;分为以下三种情况。

①光学对中器安装在望远镜上。

先在室内天花板上贴一张白纸,在其下方安置经纬仪并整平,使望远镜水平,将对中器的中心 A 投影于白纸上,然后将照准部旋转 180°,同法在白纸上投影出对中器中心 B 。若 A 与 B 两点重合,则说明光学对中器的视准轴与经纬仪的竖轴相重合,无须校正,否则需校正。

②光学对中器安装在照准部上(点上对中)。

安平经纬仪,在三脚架下方地面上平铺一张白纸,将对中器的中心 A 在白纸上标出,然后将照准部连同对中器旋转 180°,同法在白纸上标出对中器中心 B。若 A 与 B 两点重合,说明已满足要求,不需校正,否则需校正。

③光学对中器安装在经纬仪基座上(点上对中)。

将仪器头从三脚架上取下,水平横卧在稳定的平台边缘,固定照准部,而使基座连同对中器绕竖轴旋转(注意此时竖轴处于近似水平位置)。在距离基座 1~2 m 的墙上贴一张白纸,将光学对中器的中心 A 投影于白纸上,然后保持照准部不动,将基座连同对中器绕竖轴旋转 180°,同法在墙上的白纸上标出光学对中器中心 B。如果 A 与 B 重合,不需校正,否则,需要进行校正。

校正方法:调整光学对中器的校正螺丝,使光学对中器的中心对准 A、B 两点连线的中点。这项检验与校正应当变更经纬仪至投影白纸的距离后再进行一次,直到 A、B 两点之间的距离小于 0.5 mm。

采用上述②、③两种方法进行点上对中时,正确的操作步骤应当是:先利用旋转脚螺旋的方法对中,再伸缩三脚架腿以整平,最后松开三脚架头的中心螺旋精确对中和用脚螺旋精确整平。

2.矿用经纬仪的维护

经纬仪是精密贵重的测量仪器,应当对其精心爱护。针对井下特殊的环境条件,在安置仪器和进行观测时,应当注意以下几点:

(1)在井下安置仪器之前,应对巷道两帮及顶板进行仔细检查,即"敲帮问顶",确认无浮石、无冒顶和片帮危险后,再安置仪器。

(2)井下黑暗,巷道中过往矿车及行人很多,因此在安置好经纬仪之后,必须有专人看护,不得离人。

(3)由于井下潮湿,有的巷道有淋水,上井后必须擦干仪器,或将仪器置于通风处晾干后再装入仪器箱内。

(4)仪器在下井、上井搬运时,要防止剧烈震动,必要时可把仪器抱在怀中,切忌坐着仪器箱乘坐罐笼。

(5)当冬季地面与井下温度相差较大时,在由地面到达井下观测地点之后,要稍等片刻待仪器温度与周围巷道内温度接近后再开箱。如有水珠凝结在仪器表面上,切忌用手或毛巾擦拭物镜和目镜,而应当用专门的镜头纸轻轻擦去水珠和水雾。

10.2.3　井下测角方法与限差规定

井下测角一般用测回法,如图 10-9 所示,测量角度 β 时,在 C 点安置经纬仪,在后视点 A 和前视点 B 悬挂垂球线作为觇标,一般在矿灯上蒙上白纸,照明垂球线。

用测回法同时测量水平角和竖直角的步骤如下:

(1)正镜瞄准后视点 A,使水平度盘读数大致为 0°,读取水平度盘读数 a_1,并使十字丝的水平中丝照准垂球线上的标志(通常是用大头针或小钉插入垂球线的适当位置作为测量竖直角及丈量觇标高的标志),使竖盘指标水准器的气泡居中后,读取竖盘读数 L_A;

(2)正镜顺时针方向旋转照准部,照准前视点 B,读取水平度盘读数 b_1 和竖盘读数 L_B;

(3)倒镜后逆时针旋转照准部,照准前视点 B,读取水平度盘读数 b_2 和竖盘读数 R_B;

(4)倒镜后逆时针旋转照准部,照准后视点 A,读取水平度盘读数 a_2 和竖盘读数 R_A;

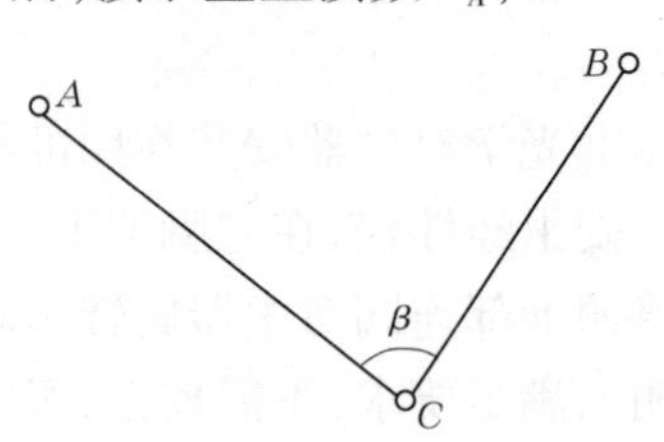

图 10-9　测回法

一测回所测水平角为:

$$\beta = \angle ACB = \frac{1}{2}(b_1 - a_1 + b_2 - a_2) \tag{10-1}$$

在倾角小于 30°的井巷中,经纬仪导线水平角的观测限差见表 10-4。在倾角大于 30°的井巷中,各项限差可放宽至 1.5 倍,并要特别注意整平仪器,因为当视线倾角较大时,仪器竖轴和水平轴倾斜对测角精度的影响大。

表 10-4　经纬仪导线水平角的观测限差

仪器级别	同一测回中半测回互差	两测回间互差	两次对中测回间互差
DJ_2	20″	12″	30″
DJ_6	40″	30″	60″

模块 3　井下平面控制导线的边长测量

井下经纬仪导线过去多用钢尺丈量边长,近年来,随着测距仪(全站仪)的出现和普及,许多矿山采用光电测距。下面对钢尺量距及光电测距分别加以介绍。

10.3.1　井下钢尺丈量边长

1.钢尺量边工具

井下用钢尺量边时所采用的工具包括钢尺、拉力计(弹簧秤)和温度计等。钢尺尺长宜采用 30 m 或 50 m 的。由于巷道内泥泞潮湿,钢尺最好卷在尺架上,而不放在尺盒内。钢尺每次用完之后应立即擦净并上油,以免生锈。拉力计是为了在精确量边时对钢尺施加一定拉力时用的,温度计则是用来测定量边时钢尺的温度。

2.钢尺量边方法

井下多采用悬空丈量边长的方法。具体做法是在前、后视所挂垂球线上用大头针或小钉做出标记,作为测量倾角时经纬仪望远镜十字丝水平中丝瞄准的目标和钢尺量边时的端点。丈量边长时,钢尺一端刻划对准经纬仪的镜上中心或横轴中心,另一端用拉力计施加在钢尺比长时的标准拉力,并对准垂球线上的大头针在钢尺上的读数,要估读到毫米。每尺段以不同起点读数三次,三次所测得的长度互差不得大于 3 mm。导线边长必须往、返丈量,丈量结果加入各种改正数之后的水平边长互差不得大于边长的 1/6 000。

当边长超过尺长时,须分段丈量。这时要用经纬仪定线,使中间加点位于望远镜视线上,并在加点的垂线绳与十字丝水平中丝交点处插上大头针,然后分段丈量距离。为了便于设置中间加点,有的矿研制了专门的定线杆,它可以直立于巷道顶底板之间或横置于巷道两帮之间,使用十分方便。

量边时,要注意不使钢尺碰到架空电线,以免发生触电事故,同时要注意不使钢尺打卷或打折而易于被拉断,并时刻小心保护钢尺不被过往行人踩坏或被矿车压断。

3.钢尺量边改正

用钢尺量得的边长,要视具体情况加入比长、温度、倾斜、拉力及垂曲等项改正数。

1)比长改正数

它是由钢尺比长检定而求得的。若对钢尺的整尺长做了比长检定,求得其在标准拉力 p_0 和标准温度 t_0 时的真实长度为 L_0,而尺面的名义长度为 L_M(通常 L_M 为 50 m 或 30 m),则整钢尺长的比长改正数为：

$$\Delta_K = L_0 - L_M \tag{10-2}$$

若用此钢尺去丈量某一边长 L，则此边长 L 的比长改正数为：

$$\Delta L_K = \frac{\Delta_K}{L_M} L \tag{10-3}$$

2）温度改正数

设钢尺在检定时的温度为 t_0℃，丈量时的温度为 t ℃，钢尺的线膨胀系数为 α，则某尺段 L 的温度改正数为

$$\Delta L_t = \alpha(t - t_0)L \tag{10-4}$$

3）倾斜改正数

设 L 为量得的斜距，h 为尺段两端间的高差，现要将 L 改算成水平距离 d，故要加倾斜改正数 $\Delta L_h = -\frac{h^2}{2L}$。倾斜改正数永远为负值。

4）拉力改正数

井下量边时对钢尺所加的拉力一般都等于钢尺检定时的拉力 P_0（即标准拉力），故不必改正。

5）垂曲改正数

实际丈量时，钢尺必然悬空下垂，不可能如同钢尺检定时在其下部设等距离水平托桩，此时对所量距离必须进行垂曲改正：

$$\Delta l = \frac{W^2 L^3}{24P^2} \tag{10-5}$$

式中 Δl——钢尺垂曲改正数；

W——钢尺每米重力，N；

L——尺段两端间的距离，m；

P——拉力，N。

除了上述 5 项边长改正数和化算，相关规程中还规定，在重要贯通测量工作中，还应当考虑导线边长归化到投影水准面的改正数 ΔL_M 和投影到高斯-克吕格平面的改正数 ΔL_G，这里不再作具体介绍。

10.3.2 井下光电测距仪测量边长

在井下巷道中用光电测距仪测边较之钢尺量边，既减轻了劳动强度，提高了工作效率，也提高了测边的精度。对于井下光电测距测边长，应按如下要求进行作业：

（1）下井作业前要对测距仪进行检验和校正。

（2）每条边的测回数不得少于两个。当采用单向观测或往返观测时，其限差为：一测回（照准棱镜 1 次，读数 4 次）读数较差不大于 10 mm；单程测回间较差不大于 15 mm；往返观测同一边长时，化算为水平距离（经气象改正和倾斜改正）后的互差，不大于 1/6 000。

（3）测定气压读至 100 Pa，气温读至 1 ℃。

模块 4 井下平面控制导线测量的外业

井下经纬仪导线测量的外业工作内容与地面导线测量基本相同,但是由于井下导线测量需与巷道掘进相结合,因此除了选点、埋点、测角、量边、碎部测量,还要进行导线的延长及其检查测量。

10.4.1 工作组织

井下光电测距导线一般需要 4 人,其中 1 人观测,1 人记录,另外 2 人立棱镜及照明前后视觇标。经纬仪钢尺导线如果是测角和量边同时进行,则需要 4~6 人。在下井之前应明确分工,以便到井下后迅速而有条不紊地开展工作。

10.4.2 选点与埋点

选择导线点埋设的地点时,应全面考虑下列各项要求:

(1)前后导线点通视良好,且便于安设仪器,并应尽可能使点间的距离大些;

(2)为了不影响或少影响运输,应将点设在巷道的一边;

(3)避免设在淋水和不安全的地方,应当设在稳定、便于保存和易于寻找的地方;

(4)巷道的连接处和交叉口处应埋设导线点;

(5)永久点选埋好后,至少要经过一昼夜时间,待混凝土将点位固牢后方能进行观测,临时点或者次要巷道中的导线点可边选边观测。

10.4.3 测角和量边

1.经纬仪钢尺导线测量

当测角量边同时进行时,一般至少要有 5 人组成作业小组,记录者帮助观测者安置仪器,量取仪器高,后测手在后视点挂垂球线。尺手先帮前测手到前视点找点和挂垂球线,并用大头针做好标志点,按要求用小钢尺量取觇标高,再到后视点量取觇标高,最后返回仪器旁准备量距。观测者用"灯语"指挥前后测手照明并稳定垂球线,用灯光照亮十字丝和度盘进行观测读数;记录者应靠近观测者,认真听记,同时要复诵,发现错误或超限时,及时告知观测者重测,负起把质量关和保护仪器的责任。测角合格后,观测者接过尺柄,尺手持尺的零端走向前视点与前测手共同量边。与此同时,记录者通知后测手回到仪器旁与观测者共同量前视边,合格后同法量取后视边,所有测量结果合格后迁站继续进行观测。

测量工作中大家要团结协作,积极配合,快速完成任务,并时刻注意人身和仪器安全。

2.光电测距导线测量

有条件的矿井可采用全站仪"三联脚架法"导线测量。所谓"三联脚架法"即:仪器照准部和棱镜觇标可以共用相同的基座与三脚架,每个三脚架连同基座可整平对中一次,在搬站时,只需移动仪器头和棱镜觇标,不必移动三脚架和基座。"三联脚架法"导线测量原理如图 10-10 所示 。

由此可见,每测完一站,只需在新的测点上对中整平三脚架一次,就能大大提高工作效率。

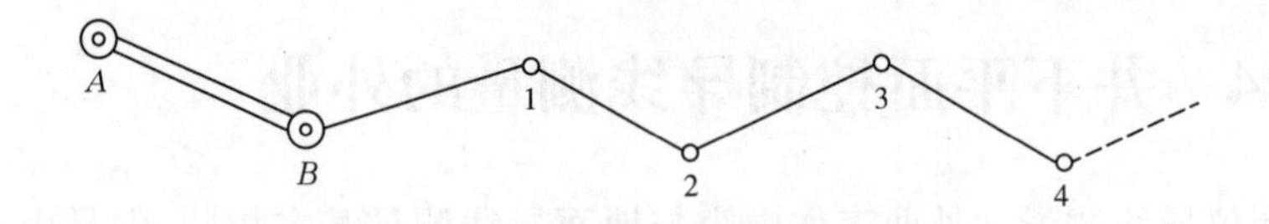

图10-10　三联脚架法导线测量原理

10.4.4　井下导线测量精度的影响因素及注意事项

1.井下导线测量精度的影响因素

井下导线测量精度的影响因素包括以下几点：

(1)井下导线测量的精度高低主要受导线的布设方法及测角、量边精度的影响。

(2)井下导线的布设形式可根据情况布设成闭合导线、附合导线和支导线，而日常工作中用得最多的则是支导线和无定向附合导线。

(3)井下用经纬仪或者全站仪进行角度测量时的主要误差来自于仪器误差、测角方法误差、对中误差三个方面。

(4)井下钢尺量边误差源有：钢尺尺长误差、拉力误差、定线误差、读数误差、井下巷道中风流影响等。

(5)井下光电测距的误差除了仪器误差、对中误差，还受外界条件的影响，主要是温度、气压及大气折光的影响。

2.井下导线测量的注意事项

(1)在测量过程中严格遵守相关规程，注意人员和仪器安全；

(2)在测量过程中必须步步检核，符合相应的限差要求；

(3)测角量边过程中仪器严格对中、觇标严格对中，同时采取相应措施，减弱风流的影响；

(4)由于井下粉尘、滴水的影响，虽然要求井下的仪器都具有很好的密闭性，也要在使用后及时擦拭干净。

10.4.5　碎部测量

碎部测量的目的就是要测得井巷的细部轮廓形状，作为填绘图的依据，一般碎部测量与井下导线测量可同时进行。在完成测角量边之后，丈量仪器中心到巷道顶板、底板和两帮的距离（俗称为量上、量下、量左和量右）。此外，还要测量巷道、硐室或工作面的轮廓，通常是用支距法或极坐标法进行碎部测量。

如图10-11所示为支距法碎部测量，在丈量完导线边长2—4之后，将钢尺拉紧，然后用皮尺或小钢尺丈量巷道两帮特征点到钢尺（即导线边）的垂直距离（纵距）b_i 和垂足到仪器站点的距离（横距）a_i，同时绘制草图。极坐标法多用在硐室碎部测量中，如图10-12所示，导线测至硐室，在支点 M 点至硐室各特征点方向线与导线边之间的夹角为 β_i，并丈量出仪器至特征点的水平距离 S_i，同时绘制草图。内业时根据所测数据和草图填绘矿图。

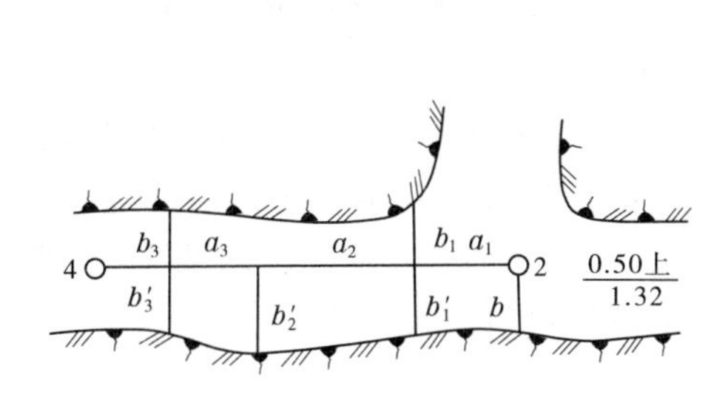

图 10-11 支距法碎部测量

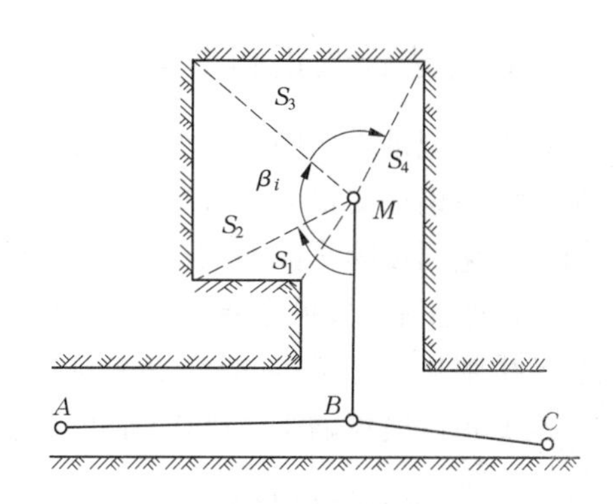

图 10-12 极坐标法碎部测量

10.4.6 导线的延长与检查

随着采掘工程的进展,井下导线是逐段向前延长,而不是一次全面布网的。相关规程规定基本控制导线一般每隔 300~500 m 延长一次,采区控制导线应随巷道掘进每30~100 m 延长一次。当掘进工作面接近各种安全边界(水、火、瓦斯、采空区及重要采矿技术边界)时,除应及时延长导线外,还必须以书面形式把情况报告矿(井)技术负责人,并通知安全检查和施工区、队等有关部门。

导线延长之前,为了避免用错测点并检查所依据的已知点是否移动,应对上次所测导线的最后一个水平角及最后一条边按原观测的相应精度进行检查。此次观测与上次观测的水平角之差 $\Delta\beta$ 不应超过由下式所计算出的容许值:

$$\Delta\beta_{容} \leqslant 2\sqrt{2}m_{\beta} \tag{10-6}$$

式中 m_{β}——相应等级的导线测角中误差。

相关规程规定,井下 7″、15″和 30″导线的 $\Delta\beta_{容}$ 分别为±20″、±40″、±80″。

边长检查值与原丈量结果之差也不应超过相应等级导线量边的限差,基本控制导线限差为边长的 1/6 000 或 1/4 000,采区控制导线限差为边长的 1/2 000。

如果检查结果不符合上述要求,则应继续向后检查,符合要求方可以此点为起始点,继续向前延长导线。

模块 5 井下平面控制导线测量的内业

内业计算的目的,是求出导线各边的坐标方位角及各导线点的平面坐标,并填绘矿图。一般是按照以下顺序进行的。

10.5.1 检查和整理外业观测记录手簿

在井下测角量边的过程中,应随时按照相关规程的要求进行检核,如果不符合,必须当场重测,直到满足要求。尽管如此,在内业计算开始之前,仍要重新仔细检查外业观测记录,如往、返丈量边长之差是否达到精度,测回间互差是否超限,是否有漏测、漏记、记错、算错等问题。记录手簿经检查无误后,方可进行下一步计算。

10.5.2 计算边长改正和平均边长

检查边长记录表格中的原始数据,并转抄到边长计算表中,抄录后要进行核对。井下基本控制导线用钢尺丈量的边长应加入比长、温度、垂曲等改正后化算为水平边长,如有必要,还应加入归化到投影水准面的改正和投影到高斯-克吕格平面的改正。将往、返测边长分别加入上述改正后,如果互差不超过边长的1/6 000,则可取其平均值作为最后的边长。采区控制导线则只需把量得的往、返测斜距化算为平距,而不必加入其他改正,如果往、返测平距的互差不超过边长的1/2 000,则可取其平均值作为最终边长。

10.5.3 井下平面控制导线计算

井下各级导线的角度闭合差限差 f_β 均不得超过表10-5的规定。

表10-5 井下各级导线的角度闭合差限差

导线类别	最大闭合差		
	闭合导线	复测支导线	附合导线
7″导线	$\pm 14''\sqrt{n}$	$\pm 14''\sqrt{n_1+n_2}$	$\pm 2\sqrt{m_{\alpha_1}^2+m_{\alpha_2}^2+nm_\varphi^2}$
15″导线	$\pm 30''\sqrt{n}$	$\pm 30''\sqrt{n_1+n_2}$	
30″导线	$\pm 60''\sqrt{n}$	$\pm 60''\sqrt{n_1+n_2}$	

注:n 为闭合(附合)导线的总站数;n_1、n_2 分别为复测支导线第一次和第二次测量的测站数。

模块6 罗盘仪在井下测量中的应用

罗盘仪(见图10-13)是利用磁针确定方位的仪器,用以测定地面上与地面下直线的磁方位角或磁象限角。在矿井中,罗盘仪多用于测量次要巷道和回采工作面,以及初步给定施工巷道的掘进方向等。在小煤矿中,它使用更为广泛,甚至用于小型贯通工程测量。

罗盘仪测量的主要工具有矿山挂罗盘仪、半圆仪、皮尺和测绳。

10.6.1 矿山挂罗盘仪的构造及用途

1.矿山挂罗盘仪

井下罗盘仪一般制成悬挂式,故称为挂罗盘仪,如图10-14所示。它的构造及用途与手罗盘相仿,罗盘盒利用螺丝与圆环相连,当挂钩挂在测绳上时,不论测绳的倾角如何,罗盘盒由于自重作用,均保持其水平。

罗盘盒的度盘刻划按逆时针方向由0°~360 °,最小分划值为30′。在0 °和180 °的位置,注有北(N)和南(S)字样。罗盘盒的背面有一制动磁针的螺丝,不用时将其旋紧,使用时须旋松。当罗盘盒内的磁针静止时,绕有铜丝端指向南,另一端指向北。

挂罗盘仪主要用于测量直线的磁方位角。为了方便使用,每个罗盘在使用前,应当在井下(或采区)的不同地点,选择若干条已知坐标方位角的边,用该罗盘仪分别测出各边的磁

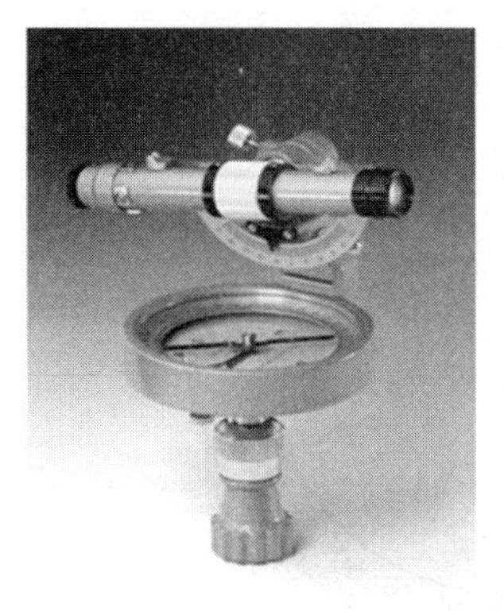

(a)DQL-1型森林罗盘仪

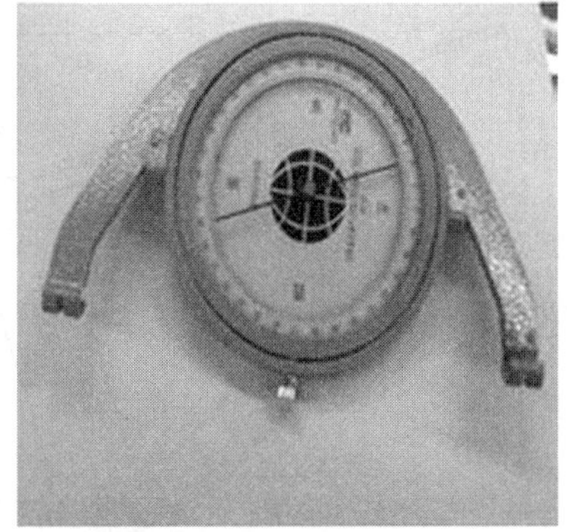

(b)矿山挂罗盘仪

图 10-13　罗盘仪

图 10-14　矿山挂罗盘仪

方位角。根据前述几种方位角之间的关系可知

$$\alpha = A_m + \delta - \gamma \tag{10-7}$$

若令 $\delta-\gamma=\Delta$,则会有

$$\alpha = A_m + \Delta \tag{10-8}$$

式中　α——已知边的坐标方位角；

A_m——已知边的磁方位角；

Δ——坐标磁偏角。

根据不同地点测得的磁方位角,按式(10-8)计算出矿井(或采区)的平均坐标磁偏角,它不仅用于罗盘仪导线测量,而且用于直线巷道的初步给向,以及次要巷道开门子测量等。

根据磁方位角与真方位角、坐标方位角的关系,挂罗盘仪可以用于测量直线的真方位角与坐标方位角。相邻两条直线的磁方位角之差为水平角,挂罗盘仪可以测量水平角。

2.半圆仪

半圆仪常用铝等轻金属制成,形状和刻划方法如图 10-15 所示,其刻划由半圆环中点 0°起,向两端刻至 90 °,最小刻划为 20′或 30′,半圆仪两端有挂钩,通过半圆环的圆心小孔,用细线挂一小垂球,当两挂钩挂水平时,垂球线正好对准 0 °刻划线。而当线绳倾斜时,挂于线绳上的半圆仪 90 °~90 °的连线平行于线绳,此时,半圆仪的小垂球沿铅垂方向下垂,垂球线切着半圆上的刻划值,就是该直线的倾斜角,一般用 δ 表示。

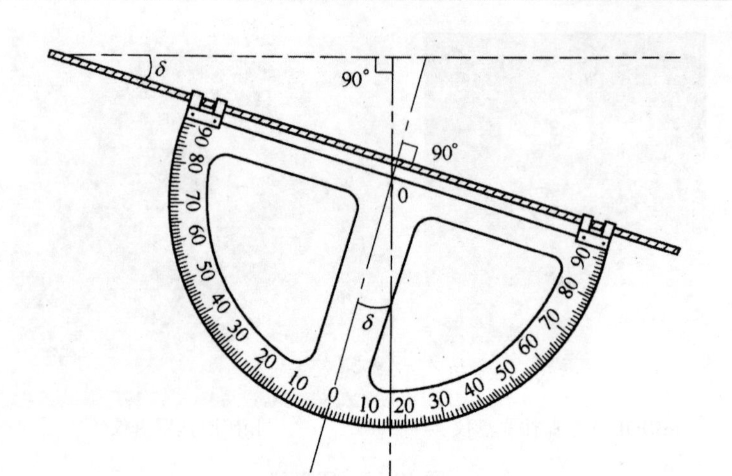

图 10-15　半圆仪

10.6.2　罗盘仪导线测量

罗盘仪布设导线须在采区导线控制之下，根据巷道和工作面的不同情况，可以布设成闭合、附合和支导线三种形式。

罗盘仪导线测量通常在下井前先对挂罗盘仪进行检验和校正。首先检查罗盘磁针两端是否处于水平位置，松开制动螺旋，使磁针处于自由旋转状态，待其稳定后用眼睛观察，如达不到水平要求，需打开罗盘，取下磁针，通过移动磁针南端的均重片进行调节；其次是对磁针灵敏度进行检验，松开制动螺旋，当磁针静止时，记下磁针所对的读数，然后以一铁磁物靠近磁针，使磁针偏离原来的位置，移开铁磁物后，看磁针是否回到原来的位置，否则说明磁针不灵敏。出现此类情况，先检查支点尖端是否磨损，使磁针转动阻力过大，此外就是磁针磁性不足，需重新对磁针充磁。充磁的简单方法是取两块磁铁，将其南北极分别对应磁针北南磁极，由磁针中央慢慢向两个尖端移动 20 次左右，再翻转磁针，同样方法移动 20 次左右，磁针的磁性就加强了。

罗盘仪导线测量的主要步骤如下：

（1）选点：从已知点开始，边选边测；一般在木棚子上钉入小钉作为临时测点。

（2）挂绳：将线绳挂在相邻两点之间，并拉紧。

（3）测倾角：将半圆仪分别挂在 1/3 边长与 2/3 边长处，用正、反两个位置测出倾斜角，取平均值为最后结果。

（4）测磁方位角：将挂罗盘的 N 端（零读数端）指向导线前进方向，然后，在靠近导线边的两端点处悬挂罗盘仪，分别按磁针北端读出磁方位角，互差不超过 2°时，取平均值作为最后结果。

（5）量边：罗盘仪导线边长一般不得超过 20 m。量边时，应拉紧皮尺往返丈量，读到厘米，当往、返丈量的差值与平均值之比不超过 1/200 时，取平均值作为最后结果。

当用罗盘仪导线测量时，导线的最远点距已知的起始点不得超过 200 m，内业计算出的导线相对闭合差不得大于 1/200，高程闭合差不得超过 1/300。

罗盘仪导线的内业计算前,应将导线边的磁方位角换算为坐标方位角,然后进行坐标计算。采用独立坐标系的小煤矿,如果标准方向为磁北方向,坐标方位角就是磁方位角,计算坐标时不需要换算。

复习和思考题

10-1 经纬仪导线的内业计算包括哪些内容?

10-2 怎样才能提高井下测角精度?

10-3 井下平面控制测量的等级与布设要求有哪些?

10-4 怎样减小等边直伸形支导线终点的位置误差?

项目 11 井下高程控制测量

模块 1 井下高程控制测量概述

11.1.1 井下高程控制测量的目的、任务和种类

井下高程控制测量的主要工作是测定井下各种测点的高程。其目的是建立一个与地面统一的高程系统,标定和检查巷道的坡度,确定各种采掘巷道、硐室在竖直方向上的位置及相互关系,以解决各种采掘工程在竖直方向上的几何问题,指导矿井采掘施工,给各种矿图的绘制提供高程依据,同时也为确定井下和地面的几何关系提供高程依据。

井下高程控制测量的具体任务包括以下几点:

(1)在井下主要巷道内精确测定高程点和永久导线点的高程,建立井下高程控制;

(2)给定巷道在竖直面内的方向;

(3)确定巷道底板的高程;

(4)检查主要巷道及其运输线路的坡度和测绘主要运输巷道纵剖面图。

井下高程控制测量通常分为井下水准测量和井下三角高程测量两类。一般而言,当巷道倾角小于5°时,采用水准测量;当巷道倾角在5°~8°时,可采用水准测量,也可采用三角高程测量;当倾角大于8°时,则采用三角高程测量。

如图 11-1 所示,根据井下实际作业环境,井下高程测量可分为三种类型:

(1)通过立井导入高程测量(由 B 至 C);

(2)水准测量(由 C 至 D);

(3)三角高程测量(由 D 至 E)。

11.1.2 井下高程控制测量的基本要求

井下高程控制测量可采用水准测量方法或三角高程测量方法。在主要水平运输巷道中,一般应采用精度不低于 S_3 级的水准仪和普通水准尺进行水准测量;在其他巷道中,可根据巷道坡度的大小、采矿工程的要求等具体情况,采用水准测量或三角高程测量测定。

从井底车场的高程起算点开始,沿井底车场和主要巷道逐段向前敷设,每隔 300~500 m 设置一组高程点,每组高程点至少应由三个点组成,其间距以 30~80 m 为宜,永久导线点也可作为高程点使用。

水准点既可设在巷道的顶板、底板或两帮上,也可设在井下固定设备的基础上,设置时应考虑使用方便,并选在巷道不易变形的地方,可以埋设在巷道的顶板(见图 11-2(a))、底板(见图 11-2(b))和巷道的两帮壁上(见图 11-2(c))稳固的岩石中,也可埋设在井下固定

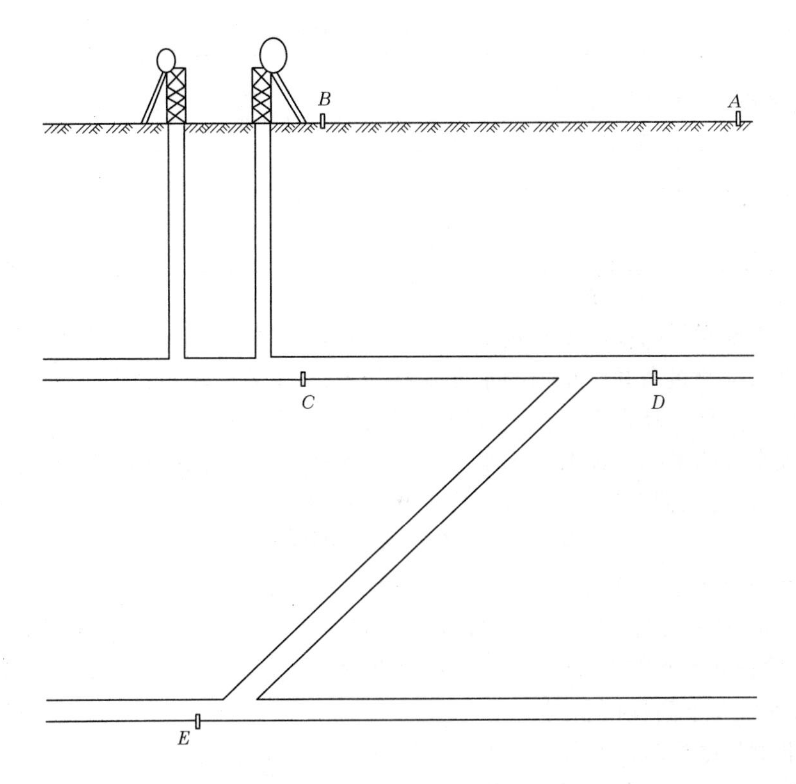

图 11-1　井下高程控制测量的类型

设备的基础上。井下所有高程点应统一编号,并将点号用白油漆明显地标记在点的附近。

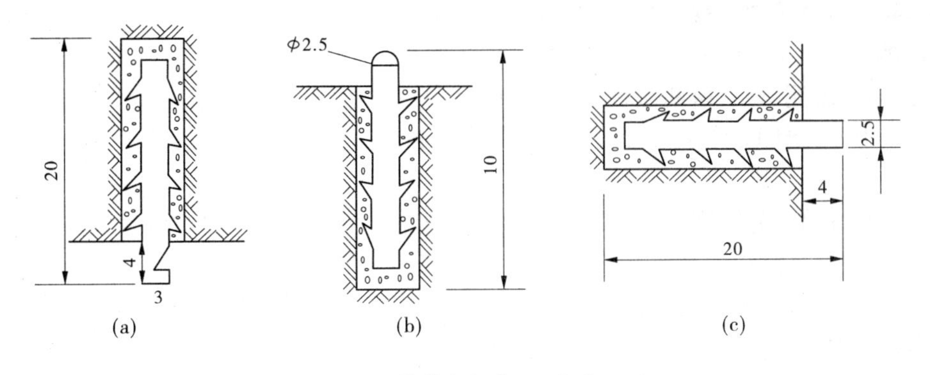

图 11-2　巷道高程点　(单位:cm)

模块 2　井下水准测量

11.2.1　井下水准测量外业

井下水准测量的外业工作主要是测出各相邻测点间的高差,其路线的布设形式同地面一样,根据具体情况可布设成支水准路线、附合水准路线和闭合水准路线三种形式。

井下水准测量按精度不同,可分为Ⅰ级水准测量和Ⅱ级水准测量。其限差要求如表 11-1所示。

表 11-1　井下水准测量限差

水准测量等级	一站两次高差较差	支水准路线往返测量的高差不符值	闭、附合路线的高差允许闭合差
Ⅰ级	4 mm	$\pm 50\sqrt{R}$ mm	$\pm 50\sqrt{L}$ mm
Ⅱ级	5 mm		

注：R 为单程水准路线长；L 为闭、附合路线长，均以 km 为单位。

井下Ⅰ级水准测量的精度要求较高，是矿井高程测量的基础，主要作为井下首级高程控制。井下Ⅰ级水准测量由井底车场的水准基点开始，沿主要运输巷道向井田边界测设；井底车场内的水准基点称为高程起算点，它的高程是通过联系测量得到的。

井下Ⅱ级水准测量均布设在Ⅰ级水准点之间和采区的次要巷道内。Ⅱ级水准测量的精度低，主要用于日常采掘工程中。例如，检查巷道的掘进坡度，以及测绘各种纵剖面图等；对于井田一翼长小于 500 m 的矿井，Ⅱ级水准测量可作为首级高程控制。

井下水准路线随着巷道掘进不断扩展，一般用Ⅱ级水准测量指示巷道掘进坡度，每掘进 30 ~50 m 时，应设临时水准点，测量出掘进工作面的高程；每掘进 800 m 时，则应布设Ⅰ级水准点，用以检查Ⅱ级水准点，同时建立一组永久水准点，作为继续进行高程测量的基础，如此不断扩展，形成井下高程控制网。

井下水准测量施测时水准仪置于两立尺点之间，使前、后视距离大致相等，这样可以消除由于水准管轴与视准轴不平行所产生的误差。由于井下黑暗，观测时要用矿灯照明水准尺，读取前、后视读数。读数前应使水准管气泡居中，读数后应注意检查气泡位置，如气泡偏离，则应调整，重新读数。视线长度一般以 15~40 m 为宜，要求每站用两次仪器高观测，两次仪器高之差应大于 10 cm，高差的互差不应大于 5 mm。上述限差在施测时应认真检核，如不符合，即应重测，最后取两次仪器高测得的高差平均值作为一次测量结果。当水准点设在巷道顶板上时，要倒立水准尺，以尺底零端顶住测点，记录者要在记录簿上注明测点位于顶板上。

当一段水准路线施测完后，应及时在现场检查外业手簿。检查内容包括表头的注记是否齐全；两次仪器高测得的高差互差是否超限；高差的计算是否正确；顶、底板的水准点是否注明等。另外，记录人员除记录清楚井下水准测量手簿中表头的内容、表中的测站数、点号、前后视读数等内容外，还应记录清楚立尺点的位置，即在记录中用“┬”“┴”“├”“┤”等符号表示立尺点位于巷道的顶板、底板、左帮和右帮。

11.2.2　水准测量内业

水准测量内业主要是计算出各测点间的高差，经平差后，再根据起算点的高程，求出各测点的高程。

由于井下巷道中的高程点有的设在顶板上，有的设在底板上，井下水准测量立尺点之间的高差可能出现如图 11-3 所示的四种情况，现分别说明如下：

（1）前后视立尺点都在底板上，如测站 1，有

$$h_1 = a_1 - b_1$$

（2）后视立尺点在底板上，前视立尺点在顶板上，如测站 2，有

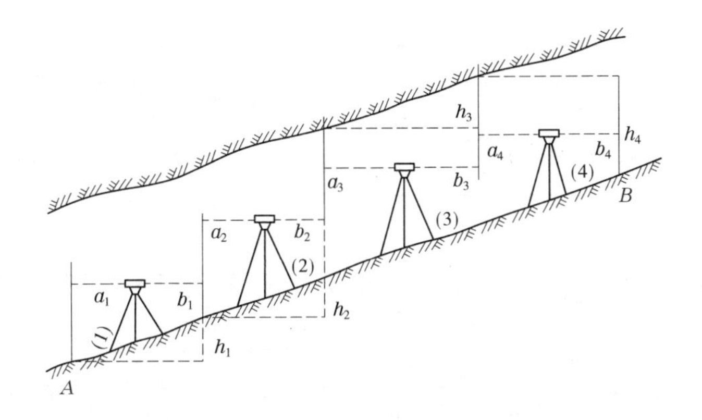

图 11-3 井下水准测量的四种形式

$$h_2 = a_2 - (-b_2) = a_2 + b_2$$

(3)前后视立尺点都在顶板上,如测站 3,有

$$h_3 = (-a_3) - (-b_3) = -a_3 + b_3$$

(4)后视立尺点在顶板上,前视立尺点在底板上,如测站 4,有

$$h_4 = (-a_4) - b_4 = -a_4 - b_4$$

当求得各点间的高差及各项限差都符合规定后,再将高程闭合差进行平差,并计算各测点的高程。

11.2.3 巷道剖面图测绘

为了检查平巷的铺轨质量或为平巷改造提供设计依据,需进行巷道纵剖面图的测绘,这一工作一般是在水准测量过程中同时完成的。具体做法是:

先用皮尺沿轨面(或底板)每隔 10 m 或 20 m 标记一个临时测点(中间点),并将其标设在巷道两帮上,以便调整坡度,放腰线时使用,这些测点要统一编号。施测时,在每测站上先用两次仪器高测出转点间的高差,符合要求后,再利用第二次仪器高,依次读取中间点上水准尺读数。

内业计算时,先根据后视点的高程和第二次仪器高时的后视点水准尺读数,求出仪器视线高程;再由仪器视线高程减去各中间点上的水准尺读数,即为各中间点的高程。室内绘制巷道纵剖面图时,水平比例尺一般为 1∶2 000、1∶1 000 或 1∶500,对应的竖直比例尺一般为 1∶200、1∶100 或 1∶50。其绘制方法如下:

(1)按水平比例尺画出表格,表中填写测点编号、测点间距、测点的实测高程和设计高程、轨面(或底板)的实际坡度。

(2)在表格的上方,绘出轨面(巷道)的纵剖面图。绘图时,先按竖直比例尺绘出水平线,在其左端注明高程,在线上绘出各测点的水平投影位置,再按各测点的实测高程和选定的竖直比例尺绘出各测点在竖直面上的位置,然后用直线段将这些位置点连接起来,即为轨面。

(3)在表格的下方绘出该巷道的平面图,并在图上绘出水准基点或导线点的位置。

图 11-4 为某矿主要运输大巷的剖面图。

经剖面测量后,如巷道轨面的实际坡度与设计的相差太大,则应进行调整。为了减少调

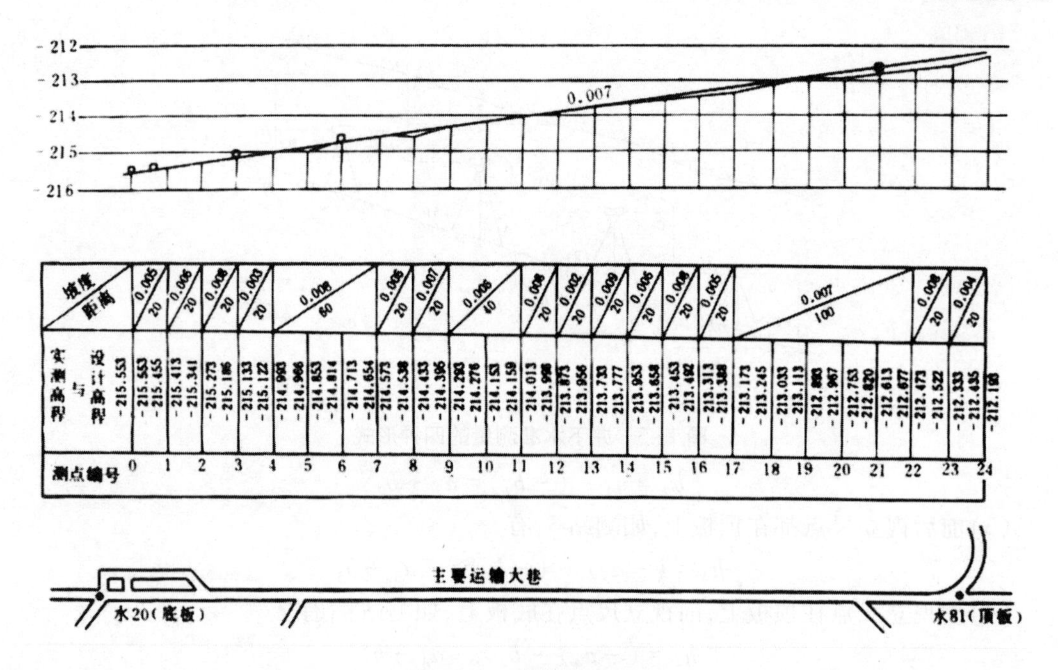

图 11-4 巷道纵剖面

整工作量,根据巷道的具体情况,在不影响运输的前提下,可适当改变原设计坡度,分段进行调整,但应与有关人员商定。巷道坡度调整后,测量人员应按调整的坡度要求,标设巷道的腰线。

模块 3 井下三角高程测量

井下三角高程测量由水准点开始,沿倾斜巷道进行。它的作用是把矿井各水平的高程联系起来,即通过倾斜或急倾斜巷道传递高程,测出巷道中导线点或水准点的高程。

井下三角高程测量一般是与经纬仪导线测量同时进行的,施测方法如图 11-5 所示。

安置经纬仪于 A 点,对中整平,在 B 点悬挂垂球。用望远镜瞄准垂球线上的标志,测出倾角 δ,用钢尺丈量仪器中心到 b 点的距离 L,量取仪器高 i 及觇标高 v。

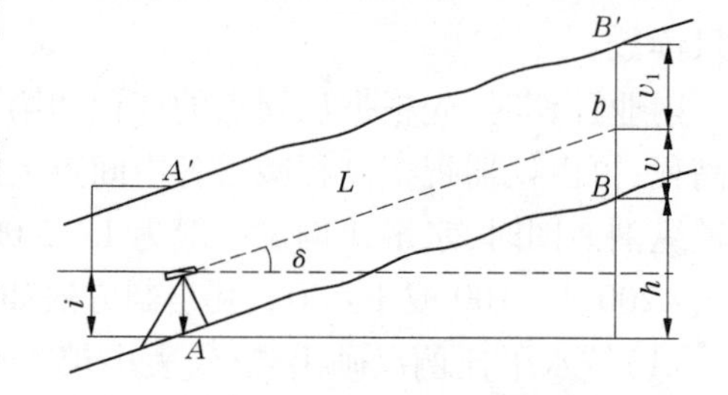

图 11-5 井下三角高程测量

B 点对 A 点的高差可按下式计算:

$$h = L\sin\delta + i - v \tag{11-1}$$

式中 L——实测斜长,基本控制导线应是经三项改正后的斜长,m;

δ——竖直角,仰角为正,俯角为负;

i——仪器高,由测点量至仪器中心的高度,m;

v——觇标高,由测点量至照准目标点的高度,m;

当测点在顶板时,i 和 v 为负值;当测点在底板时,i 和 v 为正值。

当井下经纬仪导线为光电测距导线时,在 A 点安置仪器,在 B 点安置反射棱镜,对中整平。用测距仪测出仪器至反射棱镜中心的斜距 L_0',经气象、加常数等项改正后,得改正后斜距 L'。A、B 两点间的高差可按下式计算:

$$h = L'\sin\delta + \frac{L'^2\cos\delta(\cos\delta - k)}{2R} + i - v \tag{11-2}$$

式中　k——折光系数;

　　R——测线处的地球曲率半径。

三角高程测量的倾角观测一般可采用一个测回。

仪器高和觇标高在开始前和结束后各量一次(以减小垂球线荷重后的渐变影响),两次测量的互差不得大于 4 mm,取其平均值作为测量结果。测量仪器高时,可使望远镜竖直,量出测点至镜上中心间的距离。基本控制导线的三角高程测量应往、返进行,相邻两点往、返测高差的互差和三角高程闭合差不应超过表 11-2 的规定,按边长成比例进行分配,然后算出各点高程。

表 11-2　三角高程测量技术要求

导线类别	相邻两点往返测高差的允许误差(mm)	三角高程允许闭合差(mm)
基本导线	$10+0.3l$	$30\sqrt{L}$
采区导线		$80\sqrt{L}$

注:表中 l 为导线水平边长,以米为单位;L 为导线周长,以百米为单位。

当高差的互差及闭合差符合要求后,应取往、返测高差的平均值作为一次测量结果。闭合和附合高程路线的闭合差,可按边长成正比例分配。复测支线终点的高程,应取两次测量的平均值。高差经改正后,可根据起始点的高程推算各导线点的高程。

复习和思考题

11-1　井下水准施测的条件是什么?

11-2　简述井下三角高程测量的分级、限差及适用范围。

11-3　如图 11-6 所示,已知 A 点的高程为 104.710 m,A、B 两点的距离为 110 m,B 点的地面高程为 105.510 m,已知将仪器安置于 A 点,仪器高为 1.140 m,今欲设置+8‰的巷道坡度,试求视线在 B 点尺上应截切的读数。

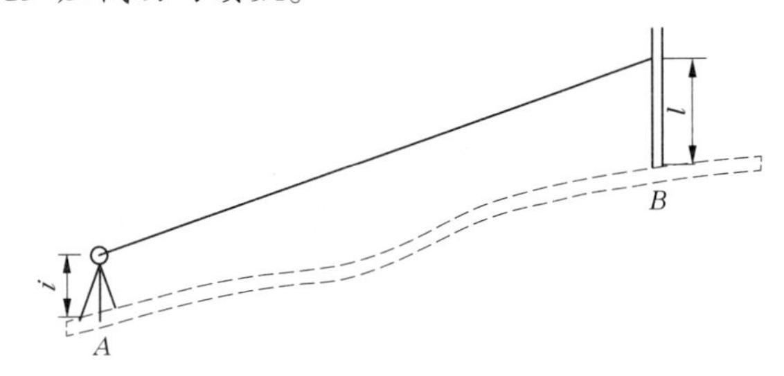

图 11-6　井下高程测量

11-4　井下高程水准点应如何布设?

11-5　简述井下高程测量的目的、任务和种类。

项目 12 贯通测量

贯通测量是矿山测量工作中一项重要的测量工作,贯通工程质量的好坏,直接关系整个矿井的建设、生产和经济效益。进行井下巷道贯通的目的是满足矿体开采生产系统的需要,为矿井以后的采掘部署打下基础。

模块 1 贯通测量概述

12.1.1 贯通和贯通测量

当两个或两个以上掘进工作面掘进同一条井巷时,在设计位置正确接通,称为贯通,为此而进行的测量和计算工作称为贯通测量。

通常巷道贯通是同一巷道在不同的地点以两个或两个以上的工作面分段掘进,而后彼此相通的。贯通可能出现下述三种情况:

(1)两个工作面相向掘进,叫作相向贯通,见图 12-1(a);

(2)两个工作面同向掘进,叫作同向贯通,见图 12-1(b);

(3)从巷道的一端向另一端指定处掘进,叫作单向贯通,见图 12-1(c)。

这种井巷施工方式,可以缩短施工期,改善通风状况和劳动条件,有利于安排生产,是加快矿井建设速度的重要技术措施。

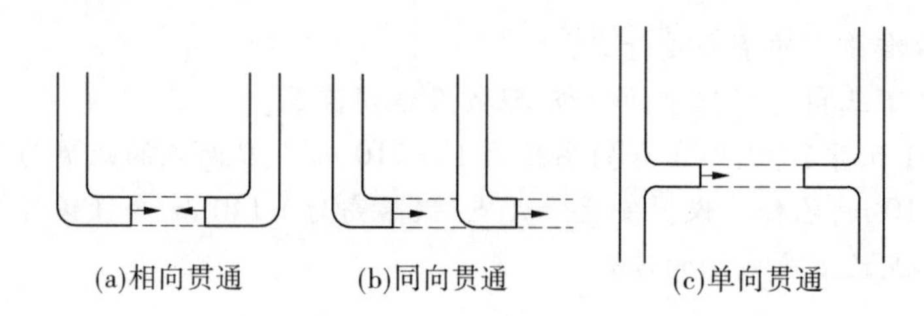

图 12-1 巷道贯通的三种情况

井巷贯通时,矿山测量人员的任务是要保证各掘进工作面沿着设计的方向掘进,使贯通后接合处的偏差不能超过限差要求。显然,贯通测量是一项十分重要的测量工作,要求矿山测量技术人员必须密切配合、严肃认真地对待贯通测量工作,以保证贯通工程的顺利完成。在贯通过程中应遵循下列几点:

(1)要在确定测量方案和施测方法时保证贯通所必需的精度,过高的或过低的精度要求都是不可取的。

(2)注意分析原始资料 ,对工程设计的资料,包括方位、坐标、距离、高程、坡度等,要进行认真的检查核对,测量起算数据要反复检查,确保准确无误。

(3)对所完成的测量和计算工作应有客观的检查,尽可能换人观测和计算,进行复测复算,以防止出现不应有的粗差。

(4)精度要求高的重要贯通测量,要采取提高精度的相应措施,如设法提高定向测量精度,条件允许时可加测陀螺定向边,并进行平差等,施测高精度导线时,尽可能采用长边导线,并使用光电测距仪测边;对井下边长较短的测站,要设法提高仪器和觇标的对中精度,如采取防风措施、采用光学对中、加大垂球重量、采用三联角架法测量等来提高导线的测量精度。

(5)对施测成果要及时进行精度分析,并与原误差预计精度要求进行比较,各个环节都不能低于精度要求,做到及时发现问题,必要时应重测。在巷道贯通掘进过程中,要及时进行测量和填图,并根据测量成果及时调整巷道掘进方向和坡度。

12.1.2 贯通的种类和容许偏差

井下巷道贯通一般分为下列两大类:

第一类是沿导向层的贯通(所谓导向层就是矿层或某个地质标志层)。巷道沿导向层掘进的贯通又可分为两种:沿导向层贯通水平巷道与沿导向层贯通倾斜巷道。

第二类是不沿导向层的巷道贯通。

这类贯通又可分为三种:①一井内不沿导向层的贯通;②两井间的巷道贯通;③立井贯通。

由于测量过程中不可避免地存在误差,贯通实际上总是有偏差的。如果贯通接合处的巷道偏差达到某一限值,但仍不影响巷道的正常使用,则称该限差为贯通的容许偏差。这种容许偏差的大小是随采矿工程的性质和需要而定的,也叫作贯通的生产限差。

贯通巷道接合处的偏差可能发生在三个方向上,即沿贯通巷道中心线方向的长度偏差,垂直于贯通巷道中心线的左右偏差(水平面内)和上下的偏差(垂直面内)。第一种偏差只对贯通在距离上有一定的影响,对巷道质量没有影响,而后两种在方向上的偏差对巷道质量有直接影响,这两种方向上的偏差又称为贯通重要方向的偏差。贯通的容许偏差是针对重要方向而言的。对立井贯通来说,影响贯通质量的是平面位置的偏差。

井巷贯通的容许偏差值,由矿(井)技术负责人和测量负责人根据井巷的用途、类型及运输方式等不同条件研究确定,如表 12-1 所列,可供实际工作中参照使用。

表 12-1 井巷贯通的容许偏差值参考

贯通种类	贯通巷道名称	在贯通处的允许偏差(m)	
		两中线之间	两腰线之间
第一种	沿导向层开凿的水平巷道	—	0.2
第二种	沿导向层开凿的倾斜巷道	0.3	—
第三种	在同一矿井中开凿的水平巷道或倾斜巷道	0.3	0.2
第四种	在两矿井中开凿的水平巷道或倾斜巷道	0.5	0.2
第五种	用小断面开凿的立井井筒	0.5	—
第六种	全断面开凿并同时砌筑永久井壁	0.1	—
第七种	全断面掘砌并安装罐梁罐道	0.02~0.03	—

用全断面开凿与砌壁的立井中线的贯通容许偏差一般定为0.1 m,当井筒中预安罐梁罐道时,立井中线的贯通容许偏差一般定为0.02~0.03 m。这些贯通容许偏差的参考数值总的来说是合理的,但在每个具体工程实施时,还应考虑巷道的支护类型和用途,以及运输提升方式等因素。贯通容许偏差值一般先由采矿设计人员提出,再由矿井总工程师和测量负责人共同研究确定。

贯通测量的预计误差一般采用中误差的两倍值。当预计误差值超过容许偏差值时,应尽量采用提高测量精度的办法解决。不得已时,也可在施工中采用某些技术措施,以达到贯通的要求。

12.1.3 贯通测量工作的步骤

一般来说,贯通测量的实际工作步骤为:

(1)根据贯通测量的容许偏差,选择合理的测量方案和测量方法,对重要的贯通工程,要编制贯通测量设计书,进行贯通误差预计,说明采用的测量仪器和方法。

(2)依据选定的测量方案和测量方法进行施测和计算。每一施测和计算工作环节,均须有独立的检核,并将施测的实际测量精度与设计书中所要求的精度进行比较。若发现实际施测精度低于设计书中所要求的精度,应找出原因,采取提高实测精度的相应措施,进行重测。

(3)根据有关数据计算贯通巷道的标定几何要素,并实地标定贯通巷道的中线和腰线。

(4)根据掘进工作的需要,及时延长巷道的中线和腰线,定期进行检查测量,及时填图,并根据测量结果及时调整中线和腰线。当两工作面间的距离在岩巷中剩下15~20 m,煤巷中剩下20~30 m时(快速掘进应于贯通前两天),测量负责人应以书面方式报告矿井总工程师,并通知安全检查部门及施工区队,要停止一头掘进及准备好透巷措施,以免发生安全事故。

(5)巷道贯通后,应立即测量贯通的实际偏差值,并将两边的导线连接起来,计算各项闭合差,还应对最后一段巷道的中腰线进行调整。

(6)重大贯通工程完成后,应对测量工作进行精度分析,做出技术总结。

模块2 一井内巷道贯通测量

凡是由井下一条起算边开始,能够敷设井下导线到达贯通巷道两端的贯通,均属于一井内的巷道贯通。它可分为下述三种情况。

12.2.1 沿倾斜导向层贯通平巷

这种贯通的典型情况是沿倾斜导向层或急倾斜煤层贯通平巷,如图12-2所示。设下平巷已由一号下山A点开切,二号下山已掘至B点。为加快下平巷的掘进,当二号下山掘到C点后,便与A点进行相向贯通。由于平巷的水平面内方向受导向层的限制,无须给定巷道的中线,而只需保证高程位置的正确就能贯通。

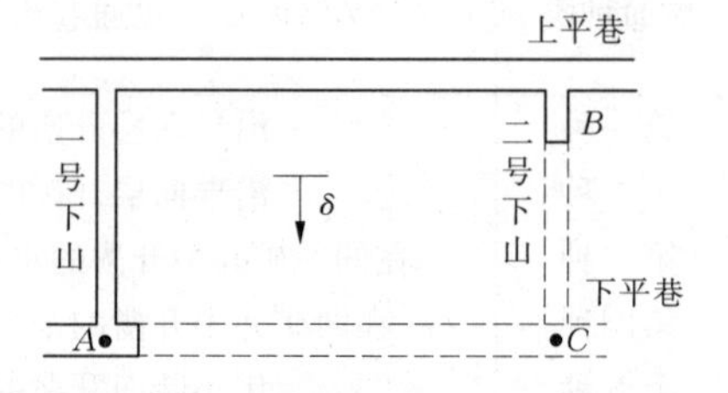

图12-2 沿倾斜导向层贯通平巷

现以【例 12-1】来说明测量和计算步骤。

【例 12-1】　如图 12-2 所示，已知由 A 向 C 的坡度为+5‰，用水准测量和三角高程测得 $H_A=-236.450$ m，$H_B=-200.415$ m，矿体倾角 δ 为 36°，在图上量取 AC 长度为 320.4 m，求 B、C 两点的斜长。

解：(1)进行水准测量和三角高程测量，测得 A、B 两点的高程分别为 H_A 和 H_B，本例分别为−236.450 m、−200.415 m。

(2)计算 C 点的高程 H_C。可在巷道平面图上量得 A、C 点间的平距 $l_{AC}=320.4$ m，并设下平巷由 A 点向 C 点的坡度为 i (‰)= +5‰，则 C 点高程为：

$$H_C = H_A + i \cdot l_{AC} = -236.450 + 5‰ \times 320.4 = -234.848(\text{m})$$

(3)计算从 B 点到 C 点的下掘深度 h 和斜长 L_{BC}：

则

$$h = H_B - H_C = -200.415 - (-234.848) = +34.433(\text{m})$$

$$L_{BC} = \frac{h}{\sin\delta} = \frac{34.433}{\sin 36°} = 58.581(\text{m})$$

当二号下山由 B 点掘进斜长 58.581 m 后，用三角高程测量求出 H_C，测设 C 点，并与前面计算所得的 C 点高程−234.848 m 相比较，符合后就可以作为下平巷掘进的起点。

(4)严格控制下平巷按设计的坡度+5‰掘进，掘进时要用水准测量测设腰线点，随时检查坡度并及时填图。

这类沿导向层用腰线控制掘进的平巷，高程上必须严格掌握，导向层在此范围内应无地质构造破坏，而且导向层的倾角要足够大，一般应大于 30°，才可以不标设巷道中线。高程误差对巷道水平位置有一定的影响，如图 12-3 所示。由于高程测量误差 ΔH 引起巷道由 D 移至 D'，巷道在水平面内产生的横向位移量 ΔL 为：

$$\Delta L = \Delta h \cdot \cot\delta$$

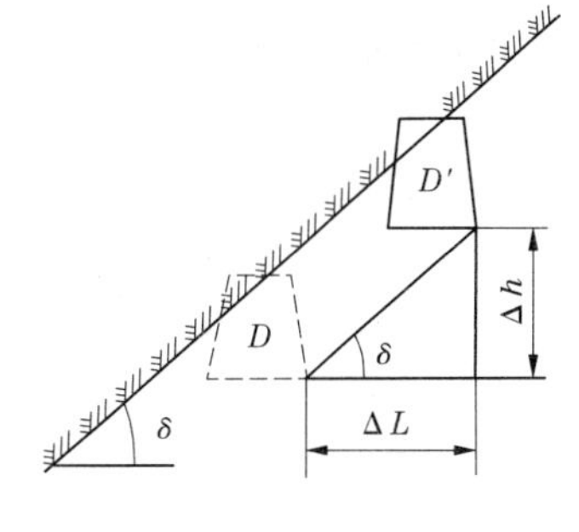

图 12-3　沿导向层贯通时高程误差对巷道中线的影响

由此可见，巷道在水平面内产生的横向位移量是随导向层倾角 δ 的大小而变化的：当 δ 很小时，由误差 Δh 所产生的 ΔL 很大。因此，一般来说，只有在 δ 大于 30°的条件下，才可以不标设巷道中线。

12.2.2　沿导向层贯通斜巷

这种贯通的典型情况是沿倾斜煤层贯通人行上下山。此时由于贯通巷道在高程上受导向层的限制，只需标设巷道在水平面内的方向就可以了。如果发现此区内导向层受到地质构造破坏，那么还应当同时标设巷道的腰线。

在图 12-4 中，上下平巷已经掘好，它们之间的一号下山也已掘好。假如二号下山已由下平巷 D 点掘至 B 点，欲继续沿着 D—B 方向掘进。为了尽快掘通二号下山，决定从上平巷同时往下开掘。这时就需要在上平巷中确定二号下山的预定交点 P 和指向角 β，以便标定上平巷中向下掘进的开切点和方向。

测量和计算步骤如下：

(1)沿平巷和一号下山测设经纬仪导线至 DB 边和预计交点 P 附近的 AC 边上，求出 A、B 点的坐标和 AC、DB 边的方位角，DB 边的方位角即为巷道中线 BP 的方位角。

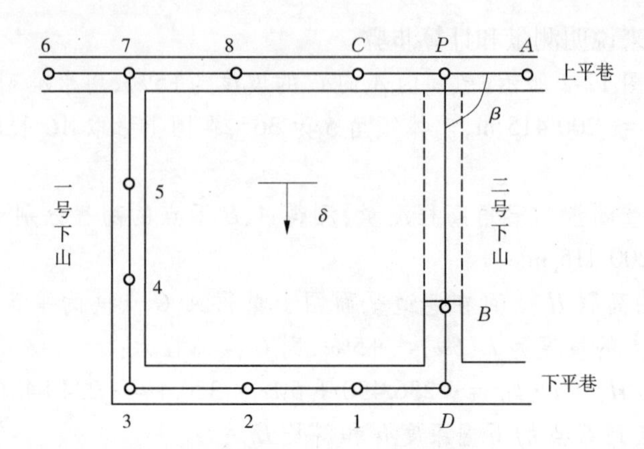

图 12-4　沿导向层贯通斜巷

(2)利用解析法列出 AP 和 BP 的直线方程式,求出 P 点的坐标,即

$$\begin{cases} y_P - y_A = \tan\alpha_{AP}(x_P - x_A) \\ y_P - y_B = \tan\alpha_{BP}(x_P - x_B) \end{cases} \tag{12-1}$$

解联立方程式,可求得 x_P 和 y_P。

(3)求算 A、B 点到 P 点的平距 l_{AP} 和 l_{BP},即

$$\begin{cases} l_{AP} = \dfrac{x_P - x_A}{\cos\alpha_{AP}} = \dfrac{y_P - y_A}{\sin\alpha_{AP}} \\ l_{BP} = \dfrac{x_P - x_B}{\cos\alpha_{BP}} = \dfrac{y_P - y_B}{\sin\alpha_{BP}} \end{cases} \tag{12-2}$$

为了检核,再求算 C 点到 P 点的平距 l_{CP}、l_{AP} 与 l_{CP} 之和应等于 l_{AP}。根据平距 l_{AP} 和 l_{CP},可在实地标设出下山开切点 P 的位置。

(4)求算指向角 β,即

$$\beta = \alpha_{PB} - \alpha_{PA} \tag{12-3}$$

根据指向角 β 可在 P 点标设出下山巷道的中线。

【例 12-2】　如图 12-4 所示,已测得导线点 D、C、A、B 的坐标分别为:$x_D = y_D = 150.000$ m;$x_C = 54.382$ m,$y_C = 5.073$ m;$x_A = 68.950$ m,$y_A = 35.631$ m;$x_B = 143.233$ m,$y_B = 140.090$ m;$\alpha_{DP} = 235°40'24''$,$\alpha_{CP} = 64°30'12''$,试确定 P 点及指向角 β 的大小。

解:(1)求 P 点的坐标。

由直线方程的有关知识得:

$$y_P - y_C = \tan\alpha_{CP}(x_P - x_C) = \tan64°30'12'' \cdot (x_P - 54.382)$$

$$y_P - y_D = \tan\alpha_{DP}(x_P - x_D) = \tan235°40'24'' \cdot (x_P - 150.000)$$

$$y_P - 5.073 = 2.097(x_P - 54.382) = 2.097x_P - 114.039$$

$$y_P - 150.000 = 1.464(x_P - 150.000) = 1.464x_P - 219.6$$

解得:$x_P = 62.063$ m,$y_P = 21.189$ m。

(2)求 l_{AP}、l_{BP}。

由坐标反算式子得:$l_{AP} = \sqrt{(x_P - x_A)^2 + (y_P - y_A)^2} = 16.000(\text{m})$

$$l_{BP} = \sqrt{(x_P - x_B)^2 + (y_P - y_B)^2} = 143.965(\text{m})$$

同理得，$l_{CP}=17.853$ m，$l_{CA}=33.853$ m，检核 $l_{CA}=l_{CP}+l_{AP}$，由此标定 P 点。

(3)求指向角 β。

由坐标反算知：$\alpha_{PA}=64°30'17''$，$\alpha_{PB}=55°40'24''$，则

$$\beta=\alpha_{PB}-\alpha_{PA}=351°10'07''$$

即在 P 点安置经纬仪，照准 A 点后由 PA 方向顺时针方向拨 351°10′07″，定出开切点及方向。

在实际工作中，代入大量数据来解算联立方程式是很烦琐的，一般都采用下述方法计算距离。

(1)利用三角形的边、角关系求算平距 l_{AP} 和 l_{BP}。

如图 12-5 所示，先根据 A、B 两点坐标反算出长度 l_{AB} 和坐标方位角 α_{AB}。在 $\triangle APB$ 中，三条边的坐标方位角均已知，则可算出三个内角 β_A、β_B 和 β_P。AB 边长 l_{AB} 是已知的，可按正弦公式求算出平距 l_{AP} 和 l_{BP}，即

$$\begin{cases} l_{AP}=l_{AB}\cdot\dfrac{\sin\beta_B}{\sin\beta_P} \\ l_{BP}=l_{AB}\cdot\dfrac{\sin\beta_A}{\sin\beta_P} \end{cases} \tag{12-4}$$

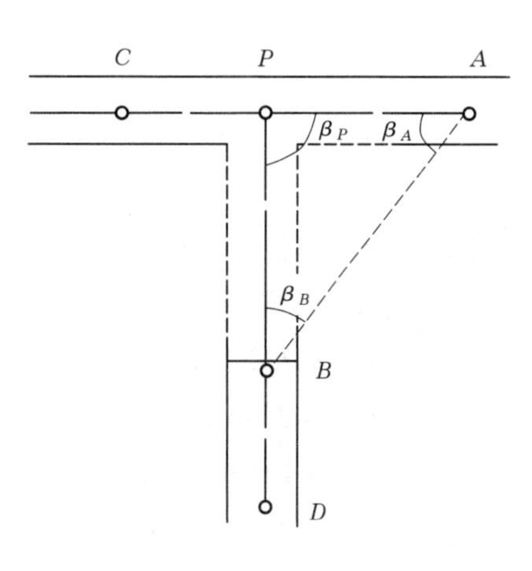

图 12-5　用三角形法求边长

(2)将上述公式经过推演，导出直接根据 A、B 两点的坐标和 AP、BP 的坐标方位角，计算平距 l_{AP} 和 l_{BP} 的公式为

$$\begin{cases} l_{AP}=\dfrac{(x_A-x_B)\sin\alpha_{BP}-(y_A-y_B)\cos\alpha_{BP}}{\sin(\alpha_{AP}-\alpha_{BP})} \\ l_{BP}\doteq\dfrac{(x_A-x_B)\sin\alpha_{AP}-(y_A-y_B)\cos\alpha_{AP}}{\sin(\alpha_{AP}-\alpha_{BP})} \end{cases} \tag{12-5}$$

以上两种沿导向层的贯通，如果是在同一采区内，线路总长不到三四百米，而贯通巷道又不是主要巷道时，可在大比例尺图上用图解法来求贯通的几何要素，并可用低精度仪器来测量。

12.2.3　不沿导向层贯通平、斜巷

这一类贯通，巷道掘进时上下左右均无导向层可循，因此必须同时标设出贯通巷道的中线和腰线，以保证巷道在水平面和竖直面内都能正确接通。此时，测量和计算工作包括了上述两个方面的内容，不再赘述。

在实际工作中，贯通巷道有时较复杂，既有坡度的变化，又常带有弯道，而贯通地点有时也可能就在弯道上。这时，贯通标定的数据计算也要复杂一些。下面通过带有一个弯道的巷道贯通例子来说明解算过程。

【例 12-3】　如图 12-6 所示为采区上山与大巷的贯通中各巷道间关系，设计要求采区上山(倾角 $\delta=12°$)到达大巷水平后，继续按上山方向掘石门(坡度 0%)，石门与大巷之间尚须

通过半径为 $R(R=12\ \mathrm{m})$ 的一段弯道 AB 才能互相连通。试求算测量标定数据。

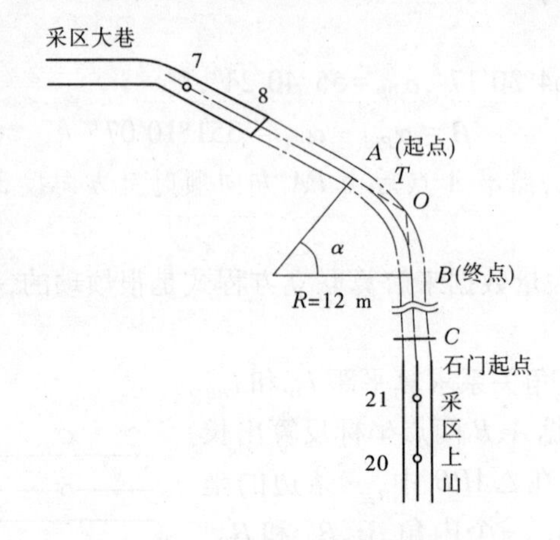

图 12-6　一井内带弯道的巷道贯通

解:通过在已掘上山和大巷中的经纬仪导线测量和高程测量,已求得测点的数据如下:

$$\text{大巷:}\begin{cases}x_8=9\ 734.529\ \mathrm{m}\\ y_8=7\ 732.511\ \mathrm{m}\\ \alpha_{7-8}=3°46'57''\\ H_8=-121.931\ \mathrm{m}(\text{测点 8 高于轨面 2.613 m})\end{cases}$$

$$\text{上山:}\begin{cases}x_{21}=9\ 879.227\ \mathrm{m}\\ y_{21}=7\ 917.675\ \mathrm{m}\\ \alpha_{20-21}=236°17'03''\\ H_{21}=-129.439\ \mathrm{m}\ (\text{测点 21 高于腰线点 1.240 m,腰线距轨面法线高 1 m})\end{cases}$$

解算步骤如下:

(1)求石门与大巷在直线相交时尚需掘进的距离 l_{8-0} 和 l_{21-0},其具体解算见表 12-2。由表中得:

$$l_{8-0}=22.159\ \mathrm{m}\qquad l_{21-0}=220.849\ \mathrm{m}$$

(2)计算弯道转角 α 和切线长 T

$$\alpha=\alpha_{21-20}-\alpha_{7-8}=56°17'03''-3°46'57''=52°30'06''$$

$$T=R\cdot\tan\frac{\alpha}{2}=12\times\tan 26°15'03''=5.918(\mathrm{m})$$

(3)计算大巷 8 点到弯道起点 A 的长度

$$l_{8-A}=l_{8-0}-T=22.159-5.918=16.241(\mathrm{m})$$

(4)计算采区上山从 21 点起的剩余长度和从石门起点 C 到弯道终点 B 的长度。为此应先求出测点 8 处轨面和点 21 处轨面的高差 h,即

$$H_{8\text{轨}}=-121.931-2.613=-124.544(\mathrm{m})$$

$$H_{21\text{轨}}=-129.439-1.240-\frac{1}{\cos 12°}=-131.701(\mathrm{m})$$

$$h=-124.544-(-131.701)=7.157(\mathrm{m})$$

则采区上山剩余长度(平距) $l_{21-C}=\dfrac{h}{\tan\delta}=\dfrac{7.157}{\tan 12^{\circ}}=33.671(\mathrm{m})$

表 12-2 坐标计算

点号	水平角 (° ′ ″)			方位角 (° ′ ″)			边长 l (m)	坐标增量(m)		坐标(m)		点号
								Δx	Δy	x	y	
8	180	00	00	3	46	57				9 734.529	7 732.511	8
				3	46	57	16.241	16.206	1.071			
A	193	07	32							9 750.735	7 733.582	A
				16	54	29	5.450	5.214	1.585			
1	206	15	03							9 755.949	7 735.167	1
				43	09	32	5.450	3.976	3.728			
B	193	07	31							9 759.925	7 738.895	B
				56	17	03	181.260	100.613	150.772			
C	180	00	00							9 860.538	7 889.667	C
				56	17	03	33.671	18.690	28.008			
21										9 879.228	7 917.675	21

石门直线段长度(平距) $l_{CB}=l_{21-0}-T-l_{21-C}=220.849-5.918-33.671=181.260(\mathrm{m})$

(5)计算弯道的弦长和转角,参看图 12-7,设 $n=2$,则

弦长 $l=2R\cdot\sin\dfrac{\alpha}{2n}=2\times12\times\sin\dfrac{52^{\circ}30'06''}{4}=5.450(\mathrm{m})$

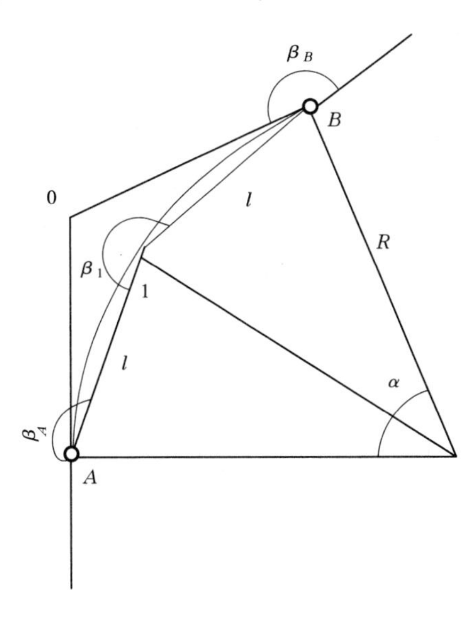

图 12-7 弯道的计算

转角 $\beta_A = \beta_B = 180° + \frac{\alpha}{2n} = 180° + \frac{52°30'06''}{4} = 193°07'32''$

$$\beta_1 = 180° + \frac{\alpha}{n} = 180° + \frac{52°30'06''}{2} = 206°15'03''$$

(6)计算整个设计导线使坐标闭合,以检查计算的正确性,见表 12-2。

全部解算正确以后,即可按设计导线数据,在实地标设巷道中线和腰线。标设时,应严格按照算得的数据进行。掘进一段后,应进行检查测量,若发现有偏差,应及时纠正,以保证巷道正确贯通。

模块 3 两井间的巷道贯通测量

两井间的巷道贯通是指巷道贯通前,井下不能由一条起算边向贯通巷道两端敷设井下导线的贯通。为保证两井间巷道的正确贯通,两井间的测量数据必须统一。这类贯通的特点是在两井间要进行地面测量、联系测量和井下测量,因而积累的误差一般较大,必须采用更精确的测量方法和更严格的检查措施。下面通过一个典型例子来说明这类贯通测量工作。

如图 12-8 所示为某矿中央回风上山贯通的示意图。该矿用立井开拓,主副井在−425 m 水平开掘井底车场和主要运输大巷,风井在−70 m 水平开掘总回风巷。中央回风上山位于矿井的中部,采用相向掘进,由−425 m 水平井底车场 12 号碹岔绕道起,按一定的倾角(不沿煤层)通往−125 m 的巷道。这是两井间不沿导向层的巷道贯通,必须同时标设巷道掘进的中线和腰线,以保证正确地贯通中央回风上山。为此需要进行下述测量工作:

(1)主、副井与风井之间的地面联测。

两井间的地面联测可以采用导线、独立三角锁或在原有矿区三角网中插点等方式。该矿由于地面比较平坦,采用了导线联测。先分别在主、副井和风井附近建立近井点(点 12 和点 04),并将联测导线附合到附近的三角点上,作为检核。在两井之间还要进行水准测量,求出近井点的高程。

(2)主、副井与风井分别进行矿井联系测量。

主、副井采用两井定向的方法,求出井下起始边 Ⅲ_{01}—Ⅲ_{02} 的坐标方位角和井下定向基点 Ⅲ_{01} 的坐标。风井采用一定向方法,求出井下起始边 Ⅰ_0—Ⅰ_1 的坐标方位角和井下定向基点 Ⅰ_1 的坐标。当然,应尽可能采用陀螺定向方法。同时,通过风井和副井进行导入高程测量,求出井下水准基点的高程。

矿井联系测量工作均须独立进行两次,以资检核。若在矿井建设时期已进行过精度能满足贯通要求的矿井联系测量,而且井下基点牢固未动,可再进行一次,将两次成果进行比较,互差合乎要求,即可取平均值使用。

(3)井下导线和高程测量。

从−425 m 井底车场的井下起始边测设导线到中央回风上山的下口,再从风井井底的井下起始边测设导线到中央回风上山的上口。敷设导线要选择线路短、条件好的巷道。如果条件允许,导线可以布设成闭合形的环形作为检核,支导线则必须独立测两次。

高程测量在平巷采用水准测量,斜巷采用三角高程测量,分别测出中央回风上山的上、下口处腰线点的高程。

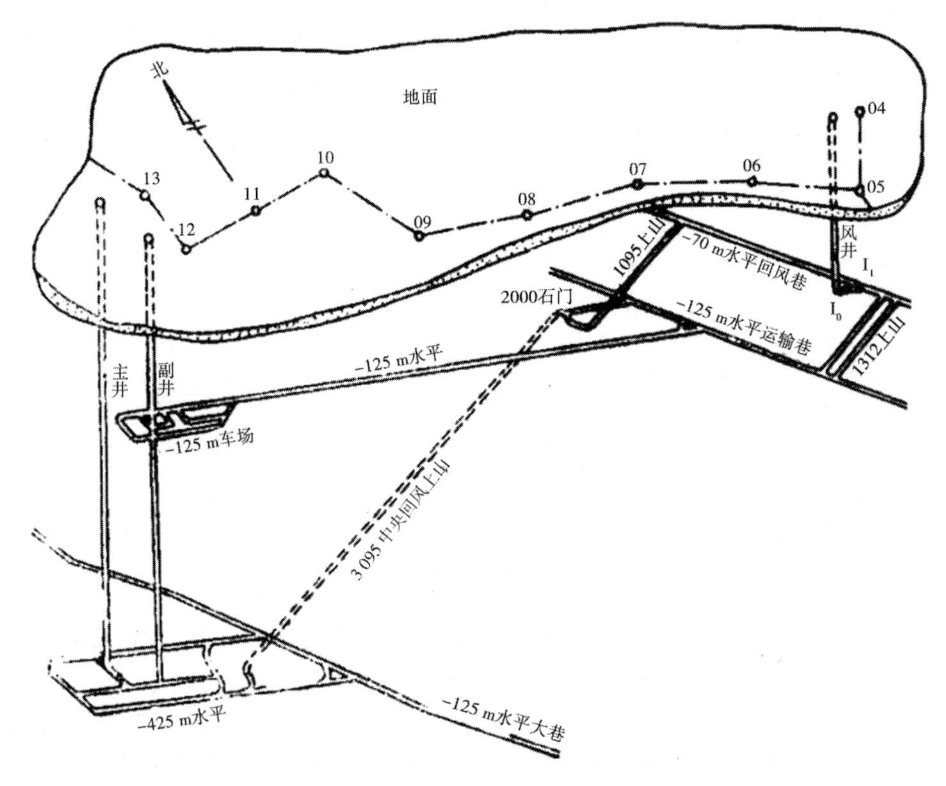

图 12-8　某矿中央回风上山贯通示意

(4)求算贯通巷道的方向和坡度,进行实地标定。

根据中央回风上山的上、下口的导线点坐标和腰线点高程,反算出上山的方向和坡度,并进行实地标设工作。在掘进过程中,应经常检查和调整掘进的方向和坡度。

两井间的巷道贯通,由于涉及联系测量,积累的误差较大,尤其是两井间距离较大时更为明显。为保证贯通接合差不超过容许偏差,对于大型贯通,要针对具体情况优选施测方案和测量方法,并进行贯通误差预计。

复习和思考题

12-1　如表 12-3 所示,已知有两组 A、B 的坐标(x_A, y_A, z_A)、(x_B, y_B, z_B)。求两点连线 AB 的坐标方位角 α_{AB}、平距 l_{AB}、斜距 L_{AB}和倾角 δ_{AB}。

表 12-3　已知点坐标

序号	已知点坐标(m)	
1	$x_A = 1\ 306.772$ $y_A = 1\ 976.423$ $z_A = -3.147$	$x_B = 776.087$ $y_B = 2\ 156.203$ $z_B = +0.122$
2	$x_A = 88.237$ $y_A = 53.326$ $z_A = -7.313$	$x_B = -12.166$ $y_B = -52.163$ $z_B = +8.334$

12-2　已知两点 P、Q 的坐标 (x_P, y_P)、(x_Q, y_Q) 及直线的坐标方位角 α_{PK} 和 α_{QK}，见表 12-4。求两直线交点 K 的坐标 (x_K, y_K) 及平距 l_{AK}、l_{BK}。

表 12-4　坐标计算

序号	已知坐标(m)	已知坐标方位角	交点坐标	平距
1	$x_P = 76.108$ $y_P = -34.144$ $x_Q = 23.166$ $y_Q = 52.788$	$\alpha_{PK} = 127°41'44''$ $\alpha_{QK} = 217°06'20''$	$x_K =$ $y_K =$	$l_{PK} =$ $l_{QK} =$
2	$x_P = 106.342$ $y_P = 287.263$ $x_Q = 303.974$ $y_Q = 216.511$	$\alpha_{PK} = 133°51'14''$ $\alpha_{QK} = 144°07'06''$	$x_K =$ $y_K =$	$l_{PK} =$ $l_{QK} =$

12-3　如图 12-9 所示，为解决通风和运输问题，在 P、D 之间开一条下山，采用相向掘进贯通。已知数据：$x_P = 69\ 450.010$ m、$y_P = 88\ 028.150$ m，$H_{P轨} = 51.342$ m，$\alpha_{P—A} = 45°30'24''$，$x_D = 69\ 310.010$ m、$y_D = 88\ 139.398$ m，$H_{D轨} = -2.856$ m，$\alpha_{D—1} = 252°34'30''$，试求该巷道的几何要素。如果下山掘进工作面甲队掘进日进尺平均 5.6 m，上山由乙队日进尺 6.0 m，当两掘进工作面相距 20 m 时，由乙队完成，则贯通还需多长时间？贯通点距 D 点有多长？

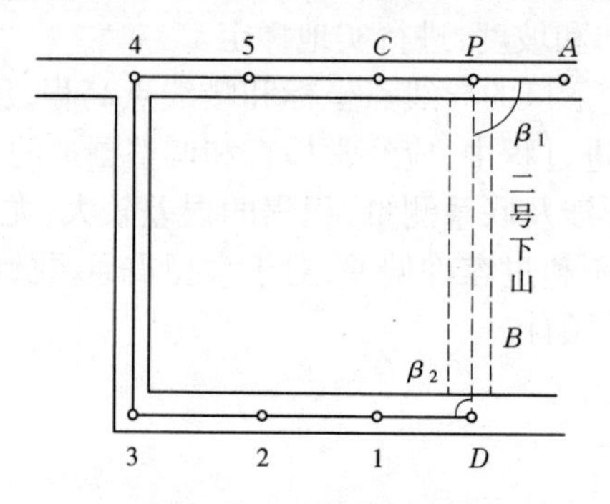

图 12-9　巷道贯通要素计算

项目 13 变形监测

模块 1 概 述

改革开放以来,我国兴建了大量的水利工程设施、工业与交通设施及高大建筑物。在这些设施的使用与运营过程中都会产生变形,如建筑物基础下沉、倾斜建筑物墙体及其构件挠曲就是变形的表现形式。变形或多或少都是存在的,但当变形超过一定的限度就会危害人们的生命财产安全。因此,了解变形,研究其产生的根源、特征及其随空间与时间的变化规律,及时预测、预报,避免或尽可能减少损失,是变形监测的主要任务。

产生变形的原因较多,一般来说,建筑物变形主要由两个方面的原因引起。

一是自然条件及其变化:即建筑物地基的工程地质、水文地质、土壤的物理性质、大气温度等。如地下水的升降、地下开采及地震等。二是与建筑物自身相联系的,即建筑物本身的荷重、建筑物的结构形式及力(荷载)的作用,如风力和机械振动等的影响。

既然变形超过一定限度会产生危害,那么就必须通过变形监测的手段了解其变形。在变形影响范围外设置稳定的测量基准点,在变形体上设置被监测的测量标志(变形监测点),从基准点出发,定期地测量监测点相对于基准点的变化量,从历次监测结果比较中了解变形随时间的发展情况。这个过程就称为变形监测。

变形监测按时间特性可分为静态式、运动式和动态式。根据变形监测的目的,变形监测工作由三部分组成:

(1)根据不同的监测对象、目的设置基准点及监测点;

(2)进行多周期的重复监测;

(3)进行数据整理与统计分析。

不同监测对象,变形监测的目的和内容也不同。虽然工程建筑物的变形监测在我国是一门比较年轻的科学,但也积累了许多成功的经验,并研究出了实用的理论。这些经验和理论在国民经济建设中起到了愈来愈重要的作用。

模块 2 垂直位移监测

13.2.1 水准点、监测点的标志与埋设

垂直位移包括地面垂直位移和建筑物垂直位移。

地面垂直位移指地面沉降或上升,其原因除了地壳本身的运动,主要是人为造成的。建筑物垂直位移监测是测定基础和建筑物本身在垂直方向上的位移。为了测定地面和建筑物

的垂直位移,需要在远离变形区的稳定地点设置水准基点,并以它为依据来测定设置在变形区的监测点的垂直位移。

为了检查水准基点本身的高程是否有变动,可将其成组地埋设,通常每组三个点,并形成一个边长约 100 m 的等边三角形,如图 13-1 所示。在三角形的中心,与三点等距的地方设置固定测站,由此测站上可以经常监测三点间的高差,这样就可以判断出水准基点的高程有无变动。

水准基点是沉陷监测的基准点,它的构造与埋设必须保证稳定不变和长久保存。水准基点应尽可能埋设在基岩上,此时,如地面的覆盖层很薄,则水准基点可采用如图 13-2 所示的地表岩石标志类型;在覆盖层较厚的平坦地区,采用钻孔穿过土层和风化岩层达到基岩埋设钢管标志,这种钢管式基岩标志如图 13-3 所示。对于冲积层地区,覆盖层深达几百米,这时钢管内部不充填水泥砂浆,为防止钢管弯曲,可用钢丝索正(即钢管内穿入钢丝束,钢丝索下端固定在钢管底部的基岩上,上端高出地面,用平衡锤平衡,使钢丝索处于伸张状态,使钢管处于被钢丝束导正的状态)。另外,为避免钢管受土层的影响,外面套上比钢管直径稍大的保护管。在城市建筑区,亦可利用稳固的永久建筑物设立墙脚水准标志,如图 13-4 所示。

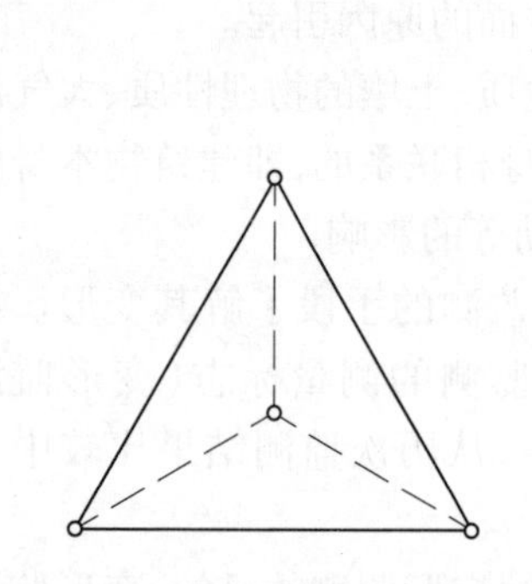

图 13-1　判断水准基点高程

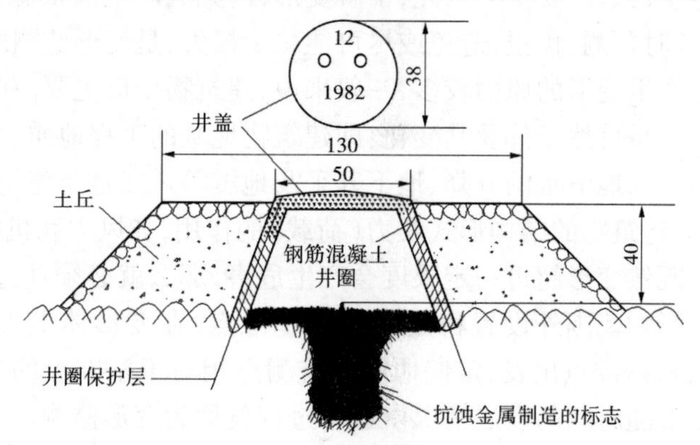

图 13-2　地表岩石标志　(单位:cm)

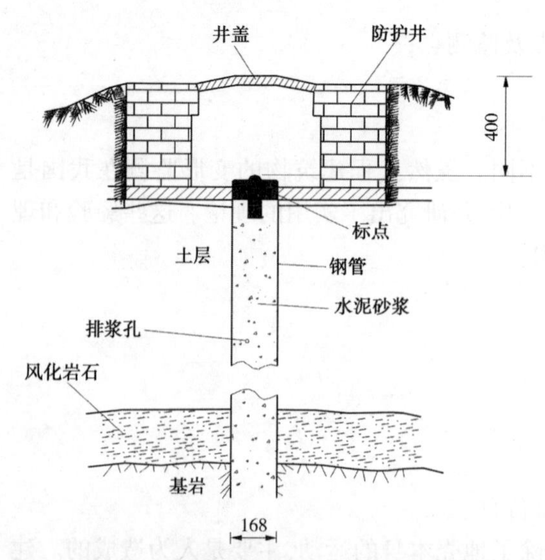

图 13-3　钢管式基岩标志　(单位:mm)

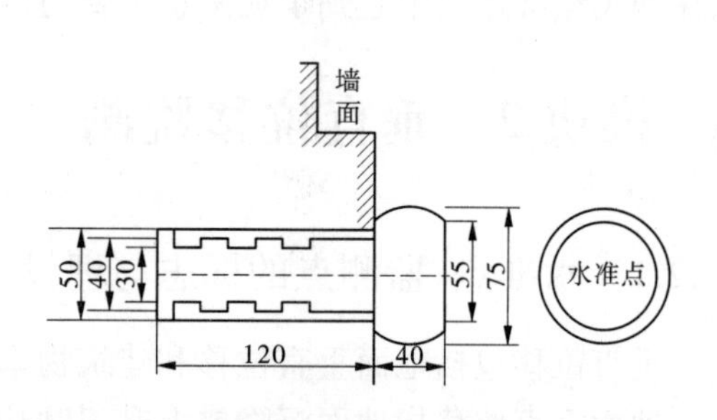

图 13-4　墙脚水准标志　(单位:mm)

水准基点可根据监测对象的特点和地层结构,从上述类型中选取。但为了保证基准点本身的稳定可靠,应尽量使标志的底部坐落在岩石上。因为埋设在土中的标志,受土壤膨胀和收缩的影响不易稳定。

沉陷监测点应布设在最有代表性的地方。对于建筑物沉陷监测点的布设,既要看建筑物基础的地质条件、建筑结构、内部应力的分布情况,又要考虑便于监测等。埋设时注意监测点与建筑物的联结要牢靠,使得监测点的变化能真正反映建筑物的沉陷情况。

对于工业与民用建筑物,常采用图 13-5 所示的各种监测标志。其中,图 13-5(a)为钢筋混凝土基础上的监测点,它是埋设在基础面上的、直径为 20 mm、长 80 mm 的铆钉;图 13-5(b)为钢筋混凝土柱上的监测点,它是一根截面为 30 mm×30 mm×5 mm、长 150 mm 的角钢,以 60°的倾斜角埋入混凝土内;图 13-5(c)为钢柱上的标志,它是在角钢上焊一个铜头后再焊到钢柱上的;图 13-5(d)为隐藏式的监测标志,监测时将球形标志旋入孔洞内,用毕即将标志旋下,换以罩盖。

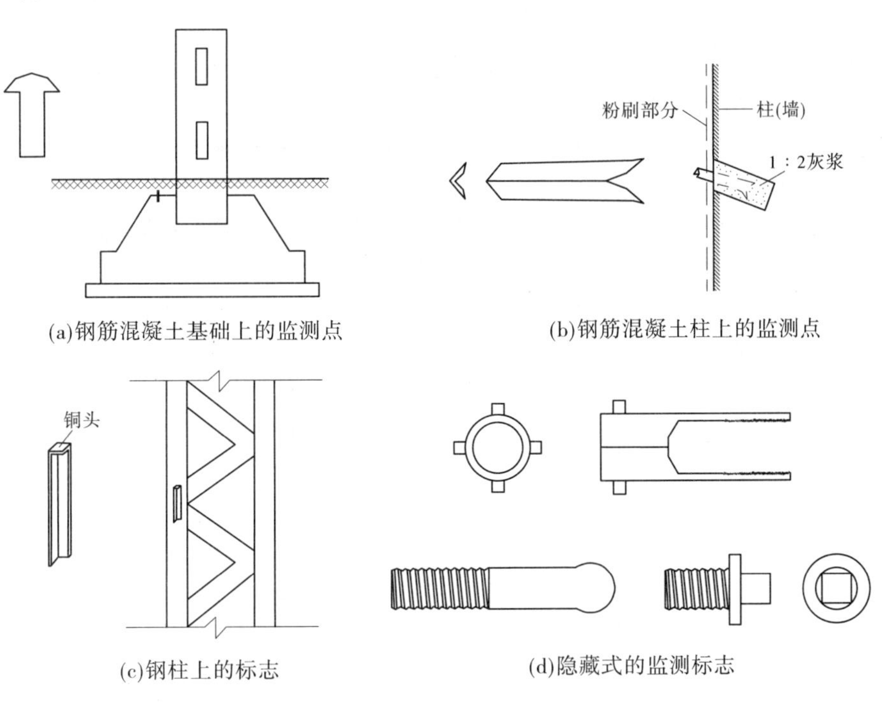

(a)钢筋混凝土基础上的监测点　(b)钢筋混凝土柱上的监测点

(c)钢柱上的标志　(d)隐藏式的监测标志

图 13-5　各种监测标志

13.2.2　沉降监测

1.沉降监测概述

1)沉降监测的目的

监测建筑物在垂直方向上的位移(沉降),以确保建筑物及其周围环境的安全。建筑物沉降监测应测定建筑物地基的沉降量、沉降差及沉降速度,并计算基础倾斜、局部倾斜、相对弯曲及构件倾斜。

2)沉降产生的主要原因

(1)自然条件及其变化,即建筑物地基的工程地质、水文地质、大气温度、土壤的物理性质等;

（2）与建筑物本身相联系的原因，即建筑物本身的荷重、建筑物的结构、形式及动载荷（如风力、震动等）的作用。

3）沉降监测的原理

定期地测量监测点相对于稳定的水准点的高差以计算监测点的高程，并将不同时间所得同一监测点的高程加以比较，从而得出监测点在该时间段内的沉降量：

$$\Delta H = H_i^{(j+1)} - H_i^j \tag{13-1}$$

式中 i——监测点点号；

j——监测期数。

4）沉降监测点的布置

沉降监测点的布置，应以能全面反映建筑物地基变形特征并结合地质情况及建筑结构特点确定。点位宜选设在下列位置：

（1）建筑物的四角、大转角处及沿外墙每 10～15 m 处或每隔 2～3 根柱基上；

（2）高低层建筑物、新旧建筑物、纵横墙等交接处的两侧；

（3）建筑物裂缝和沉降缝两侧、基础埋深悬殊处、人工地基与天然地基接壤处、不同结构的分界处及挖填方分界处；

（4）宽度不小于 15 m 或小于 15 m 而地质条件复杂以及膨胀土地区的建筑物，在承重内隔墙中部设内墙点，在室内地面中心及四周设地面点；

（5）临近堆置重物处、受震动有显著影响的部位及基础下的暗浜（沟）处；

（6）框架结构建筑物的每个或部分柱基上或沿纵横轴线设点；

（7）片筏基础、箱形基础底板或接近基础的结构部分之四角及其中部位置；

（8）重型设备基础和动力设备基础的四角、基础形式或埋深改变处，以及地质条件变化处两侧；

（9）电视塔、烟囱、水塔、油罐、炼油塔、高炉等高耸建筑物，沿周边在与基础轴线相交的对称位置上布点，点数不少于 4 个。

5）沉降监测点的埋设

沉降监测的标志，可根据不同的建筑结构类型和建筑材料，采用墙（柱）标志、基础标志和隐蔽式标志（用于宾馆等高级建筑物）等形式。各类标志的立尺部位应加工成半球形或有明显的突出点，并涂上防腐剂。标志的埋设位置应避开如雨水管、窗台线、暖气片管、电气开关等有碍设标与监测的障碍物，并应视立尺需要离开墙（柱）面和地面一定距离。普通监测点的埋设见图 13-6，隐蔽式沉降监测点标志见图 13-7。

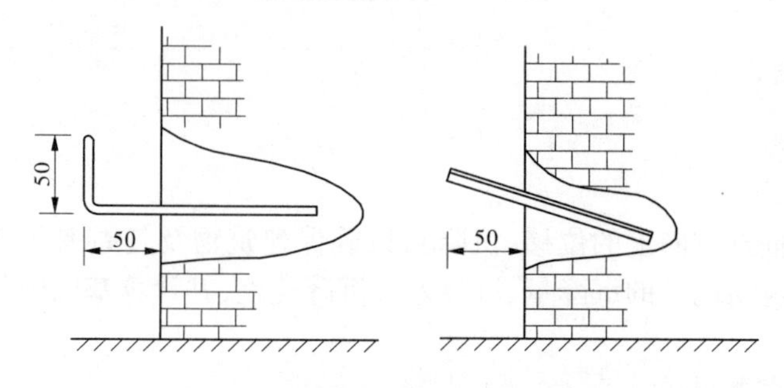

图 13-6 普通监测点的埋设 （单位：mm）

*

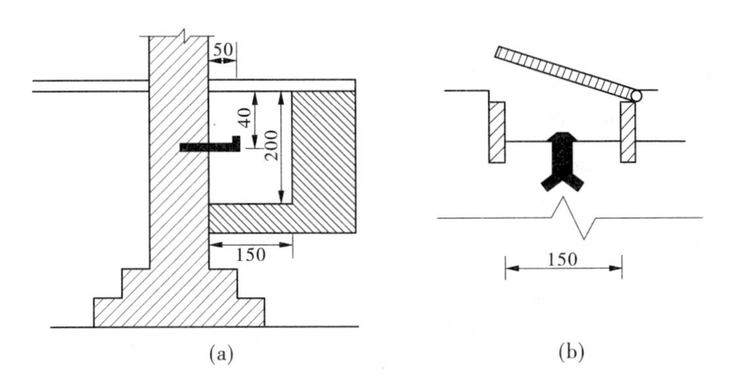

图 13-7　隐蔽式沉降监测点标志　（单位：mm）

6）监测精度要求

（1）根据表 13-1，确定最终沉降量值监测中误差。

表 13-1　最终沉降量监测中误差的要求

序号	监测项目或监测目的	监测中误差的要求
1	绝对沉降（如沉降量，平均沉降量等）	（1）对于一般精度要求的工程，可按低、中、高压缩性地基土的类别，分别选±0.5 mm、±1.0 mm、±2.5 mm； （2）对于特高精度要求的工程，可按地基条件，结合经验与分析具体确定
2	（1）相对沉降（如沉降差、地基倾斜、局部倾斜等）； （2）局部地基沉降（如基坑回弹、地基土分层沉降），以及膨胀土地基变形	不应超过其变形允许值的 1/20
3	建筑物整体性变形（如工程设施的整体垂直挠曲等）	不应超过允许垂直偏差的 1/10
4	结构段变形（如平直构件挠度等）	不应超过允许值的 1/6
5	科研项目变形量的监测	可视所需提高监测精度的程度，将上列各项监测中误差乘以$\frac{1}{5}$~$\frac{1}{2}$系数后采用

（2）以最终沉降量监测中误差估算单位权中误差 μ，估算公式为：

$$\mu = \frac{m_s}{\sqrt{2Q_H}} \tag{13-2}$$

$$\mu = \frac{m_{\Delta s}}{\sqrt{2Q_h}} \tag{13-3}$$

式中　m_s——沉降量 s 的监测中误差，mm；

$m_{\Delta s}$——沉降差 Δs 的监测中误差，mm；

Q_H——网中最弱监测点高程（H）的权倒数；

Q_h——网中待求监测点间高差（h）的权倒数。

7)监测周期

沉降监测的周期和监测时间,可按下列要求并结合具体情况确定。

(1)建筑物施工阶段的监测,应随施工进度及时进行。一般建筑,可在基础完工后或地下室砌完后开始监测;大型、高层建筑,可在基础垫层或基础底部完成后开始监测。监测次数与间隔时间应视地基与加载情况而定。民用建筑可每加高1~2层监测一次;工业建筑可按不同施工阶段(如回填基坑、安装柱子和屋架、砌筑墙体、设备安装等)分别进行监测。如建筑物均匀增高,应至少在增加荷载的25%、50%、75%和100%时各测一次。施工过程中如暂时停工,在停工时、重新开工时,应各监测一次。停工期间,可每隔2~3个月监测一次。

(2)建筑物使用阶段的监测次数,应视地基土类型和沉降速度而定。除有特殊要求者外,一般情况下,要在第一年监测4次,第二年监测3次,第三年后每年1次,直至稳定。监测期限一般不少于如下规定:砂土地基2年,膨胀土地基3年,黏土地基5年,软土地基10年。

(3)在监测过程中,如有基础附近地面荷载突然增减、基础四周大量积水、长时间降雨等情况,均应及时增加监测次数。当建筑物突然发生大量沉降、不均匀沉降或严重裂缝时,应立即进行几天一次、或逐日、或一天几次的连续监测。

(4)沉降是否进入稳定阶段,有几种方法进行判断:①根据沉降量和时间关系曲线来定;②对重点监测和科研监测工程,若最后三期监测中,每期沉降量均不大于$2\sqrt{2}$倍测量中误差,则可认为已进入稳定阶段;③对于一般监测工程,若沉降速度小于0.01~0.04 mm/d,可认为已进入稳定阶段,具体取值宜根据各地区地基土的压缩性确定。

8)沉降监测的工作方式

作为建筑物沉降监测的水准点一定要有足够的稳定性,水准点必须设置在受压、受震的范围以外。同时,水准点与监测点相距不能太近,但水准点和监测点相距太远会影响精度。为了解决这个矛盾,沉降监测一般采用"分级监测"方式。将沉降监测的布点分为三级:水准基点、工作基点和沉降监测点。如图13-8所示为大坝沉降监测的测点布置。在图13-8中,为了测定坝顶和坝基的垂直位移,分别在坝顶以及坝基处各布设了一排平行于坝轴线的垂直位移监测点。一般要在每个坝段布置一个监测点,重要部位则应适当增加,由于图中4、5坝段处于最大坝高处,且地质条件较差,每坝段增设一点。此外,为了在该处测定大坝的转动角,在上游方向增设监测点,故4、5坝段内各布设了4个沉降监测点。

沉降监测分两级进行:

(1)水准基点—工作基点;

(2)工作基点—沉降监测点。

工作基点相当于临时水准点,其点位也应力求坚固稳定。定期由水准基点复测工作基点,由工作基点监测沉降点。

如果建筑物施工场地不大,则可不必分级监测,但水准点应至少布设3个,并选择其中最稳定的1个点作为水准基点。

9)确定沉降监测的路线,并绘制监测路线图

当进行沉降监测时,因施工或生产的影响,会造成通视困难,往往为寻找设置仪器的适当位置而花费时间。因此,对监测点较多的建筑物、构筑物进行沉降监测前,应到现场进行规划,确定安置仪器的位置,选定若干较稳定的沉降监测点或其他固定点作为临时水准点

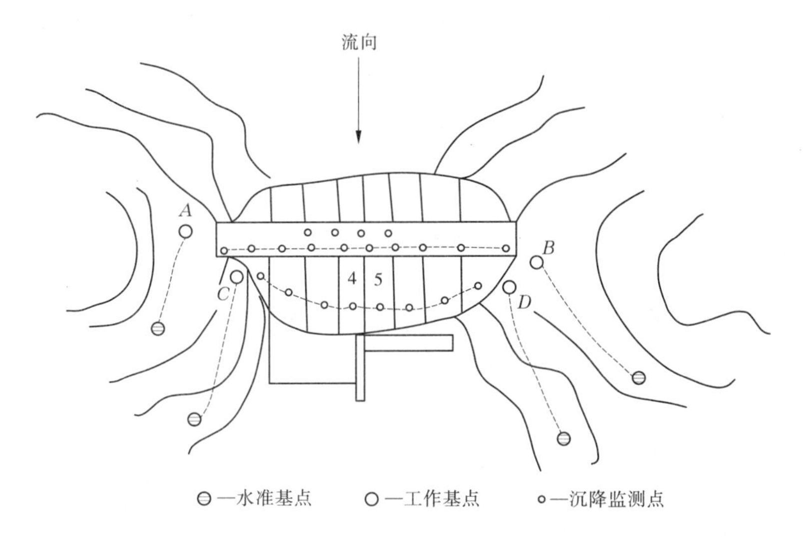

图 13-8　大坝沉降监测的测点布置

(转点),并与永久水准点组成环路。应根据选定的临时水准点、设置仪器的位置以及监测路线,绘制沉降监测路线图(见图 13-9),以后每次都按固定的路线监测。采用这种方法进行沉降测量,不仅避免了寻找设置仪器位置的麻烦,加快了施测进度,而且由于路线固定,比任意选择监测路线都提高沉降测量的精度。但应注意,必须在测定临时水准点高程的同一天内同时监测其他沉降监测点。

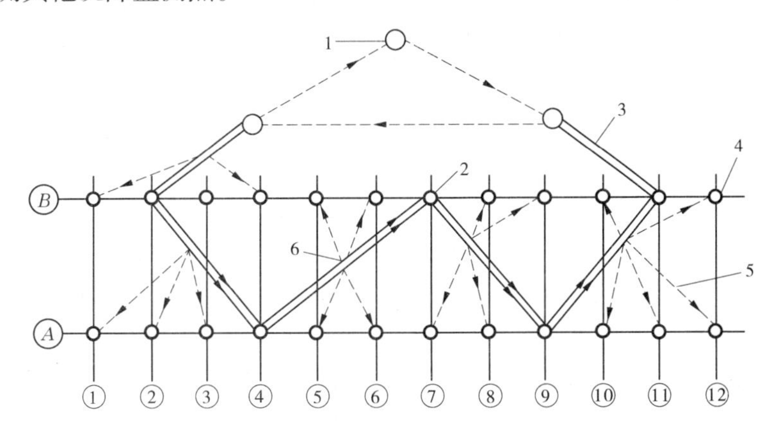

1—沉降监测水准点;2—作为临时水准点的监测点;3—监测路线;
4—沉降监测点;5—前视线;6—置仪器位置

图 13-9　沉降监测线路

沉降监测点首次监测的高程值是以后各次监测用以进行比较的根据,如初测精度不够或存在错误,不仅无法补测,而且会造成沉降工作中的矛盾现象,必须提高初测精度。如有条件,最好采用 N_2 或 N_3 类型的精密水准仪进行首次高程测定。每个沉降监测点首次高程,应在同期进行两次监测后决定。

10)沉降监测工作的要求

沉降监测作业中应遵守以下规定:

(1)监测应在成像清晰、稳定时进行;

(2)仪器离前、后视水准尺的距离要用皮尺丈量,或用视距法测量,视距一般不应超过 50 m,前后视距应尽可能相等;

(3)前、后视监测最好用同一根水准尺;

(4)前视各点监测完毕以后,应回视后视点,最后应闭合于水准点上。

沉降监测是一项较长期的系统监测工作,为了保证监测成果的正确性,应尽可能做到四定:

(1)固定人员监测和整理成果;

(2)固定使用的水准仪及水准尺;

(3)使用固定的水准点;

(4)按规定的日期、方法及路线进行监测。

11)提交成果

(1)沉降监测成果表;

(2)沉降监测点位分布图及各周期沉降展开图;

(3)u—t—s(沉降速度、时间、沉降量)曲线图;

(4)p—t—s(载荷、时间、沉降量)曲线图(视需要提交);

(5)建筑物等沉降曲线图(如监测点数量较少可不提交);

(6)沉降监测分析报告。

2.高程控制测量

1)高程控制的网点布设要求

(1)对于建筑物较少的测区,宜将控制点连同监测点按单一层次布设;对于建筑物较多且分散的大测区,宜按两个层次布网,即由控制点组成控制网,监测点与所联测的控制点组成扩展网。

(2)控制网应布设为闭合环、结点网或附合高程路线,扩展网亦应布设为闭合或附合高程路线。

(3)每一测区的水准基点不应少于 3 个;对于小测区,当确认点位稳定可靠时,可少于 3 个,但连同工作基点不得少于 3 个。水准基点的标石,应埋设在基岩层或原状土层中。在建筑区内,点位与邻近建筑物的距离应大于建筑物基础最大宽度的 2 倍,其标石埋深应大于邻近建筑物基础的深度。在建筑物内部的点位,其标石埋深应大于地基土压缩层的深度。

(4)工作基点与联系点布设的位置应视构网需要确定。作为工作基点的水准点位置与邻近建筑物的距离不得小于建筑物基础深度的 1.5~2.0 倍。工作基点与联系点也可在稳定的永久性建筑物墙体或基础上设置。

(5)各类水准点应避开交通干道、地下管线、仓库堆栈区、水源地、河岸、松软填土、滑坡地段、机器震动区,以及其他能使标石、标志易遭腐蚀和破坏的地点。

2)高程测量精度等级和方法的确定

(1)测量精度的确定。

先根据表 13-1 确定最终沉降量监测中误差,再根据式(13-2)或式(13-3)估算单位权中误差μ,最后根据μ与表 13-1 的规定选择高程测量的精度等级。

(2)测量方法的确定。

高程控制测量宜采用几何水准测量方法。当测量点间的高差较大且精度要求较低时,亦可采用短视线光电测距三角高程测量方法。

3) 几何水准测量的技术要求

几何水准测量的技术要求见表 13-2~表 13-4。

表 13-2 仪器精度要求和监测方法

变形测量等级	仪器型号	水准尺	监测方法	仪器 i 角要求
特级	DSZ_{05}或 DS_{05}	铟瓦合金标尺	光学测微法	≤10°
一级	DSZ_{05}或 DS_{05}	铟瓦合金标尺	光学测微法	≤15″
二级	DS_{05}或 DS_1	铟瓦合金标尺	光学测微法	≤15″
三级	DS_1	铟瓦合金标尺	光学测微法	≤20″
	DS_3	木质标尺	中丝读数法	

注:光学测微法和中丝读数法的每测站监测顺序和方法,应按有关规定执行。

表 13-3 水准监测的技术指标 (单位:m)

等级	视线长度	前后视距差	前后视距累积差	视线高度
特级	≤10	≤0.3	≤0.5	≥0.5
一级	≤30	≤0.7	≤1.0	≥0.3
二级	≤50	≤2.0	≤3.0	≥0.2
三级	≤75	≤5.0	≤8.0	三丝能读数

表 13-4 水准监测的限差要求 (单位:mm)

等级		基辅分划(黑红面)读数之差	基辅分划(黑红面)所测高差之差	往返较差及附合或环线闭合差	单程双测站所测高差较差	检测已测测段高差之差
特级		0.15	0.2	$\leqslant 0.1\sqrt{n}$	$\leqslant 0.07\sqrt{n}$	$\leqslant 0.15\sqrt{n}$
一级		0.3	0.5	$\leqslant 0.3\sqrt{n}$	$\leqslant 0.2\sqrt{n}$	$\leqslant 0.45\sqrt{n}$
二级		0.5	0.7	$\leqslant 1.0\sqrt{n}$	$\leqslant 0.7\sqrt{n}$	$\leqslant 1.5\sqrt{n}$
三级	光学测微法	1.0	1.5	$\leqslant 3.0\sqrt{n}$	$\leqslant 2.0\sqrt{n}$	$\leqslant 4.5\sqrt{n}$
	中丝读数法	2.0	3.0			

注:n 为测站数。

3.基准点监测

现以大坝变形监测为例,介绍沉降监测分级监测的具体实施过程。首先介绍基准点监测,然后介绍沉降点监测。

1) 监测内容

采用精密几何水准测量方法测量水准基点与工作基点之间的高差,水准路线宜构成闭合形式。

2) 监测周期

基准点监测的周期一般为 1 年或半年,即 1 年监测 1 次或 1 年监测 2 次。

3) 精度要求

精度要求为:每千米水准测量高差中数的中误差不大于 0.5 mm,即:

$$m_o = \mu_{km} = \sqrt{\frac{[pd_id_i]}{4n}} \leqslant 0.5 \text{ mm} \tag{13-4}$$

$$p_i = \frac{1}{R_i}$$

式中 d_i——各测段往返测高差之差值；

n——测段数；

p_i——各测段的权值；

R_i——各测段水准路线长度，km。

4）监测方法

采用国家一等水准测量方法，或参考有关规定，变形测量等级取"特级"或"一级"。

5）具体措施

（1）监测前，仪器、标尺应晾置 30 min 以上，以使其与作业环境相适应；

（2）各期监测应固定仪器、标尺和监测人员；

（3）各期监测应固定仪器位置，即安置水准仪时要对中；

（4）读数基辅差互差 $\Delta K \leqslant 0.15$ mm（特级），或 $\Delta K \leqslant 0.30$ mm（一级）。

4.沉降点监测

1）监测内容

采用精密几何水准测量方法测量工作基点与沉降监测点之间的高差，水准路线多构成闭合形式，或在多个工作基点之间构成附合形式。

2）监测周期

不同建筑物沉降监测的周期和监测时间，可根据建筑物本身的具体要求并结合具体情况确定。大坝变形监测是长期的，沉降监测的周期一般为 30 d，即每月监测 1 次。

3）精度要求

大坝沉降监测最弱点沉降量的测量中误差应满足±1 mm 的精度要求，即：

$$m_{H_{ii}} \leqslant \pm 1.0 \text{ mm} \tag{13-5}$$

4）监测方法

采用国家二等水准测量方法，或参考表 13-1，变形测量等级取"一级"或"二级"。

5）具体措施

大坝沉降监测大部分时间是在大坝廊道内进行的，有的廊道净空高度偏小，作业不便；有的廊道（如基础廊道）高低不平，坡度变化大，视线长度受限制，给精密水准测量带来了很大困难。为了保证精度，除执行有关规定外，还应根据生产单位的作业经验，对沉降监测补充如下具体措施：

（1）每次监测前（包括进出廊道前后），仪器、标尺应晾置 30 min 以上；

（2）各期监测应固定仪器、标尺和监测人员；

（3）设置固定的架镜点和立尺点，使每次往返测量能在同一线路上进行；

（4）仪器至标尺的距离不宜超过 40 m，每站的前后视距差不宜大于 0.7 m，前后视距累积差不宜大于 1.0 m，基辅差误差不得超过 0.30 mm（一级），或 0.50 mm（二级）；

（5）当在廊道内监测时，要用手电筒以增强照明。

5.沉降监测数据处理

1)监测资料的整理

(1)校核:校核各项原始记录,检查各次变形监测值的计算是否有错误;

(2)填表:对各种变形值按时间逐点填写监测数值表;

(3)绘图:绘制各种变形过程线、建筑物变形分布图等。

2)沉降监测中常遇到的问题及其处理

(1)曲线在首次监测后即发生回升现象。

在第二次监测时即发现曲线上升,至第三次后,曲线又逐渐下降。发生此种现象,一般都是首次监测成果存在较大误差所引起的。此时,如周期较短,可将第一次监测成果作废,而将第二次监测成果作为首测成果。因此,为避免发生此类现象,建议首次监测应适当提高测量精度,认真施测,或进行两次监测,以资比较,确保首次监测成果可靠。

(2)曲线在中间某点突然回升。

发生此种现象的原因,多半是因为水准基点或沉降监测点被碰所致,如水准基点被压低,或沉降监测点被撬高,此时,应仔细检查水准基点和沉降监测点的外形有无损伤。如果众多沉降监测点出现此种现象,则水准基点被压低的可能性很大,此时可改用其他水准点作为水准基点来继续监测,并再埋设新水准点,以保证水准点个数不少于 3 个;如果只有 1 个沉降监测点出现此种现象,则多半是该点被撬高(如果采用隐蔽式沉降监测点,则不会发生此现象),如监测点被撬后已活动,则需另行埋设新点,若点位尚牢固,则可继续使用,对于该点的沉降量计算,则应进行合理处理。

(3)曲线自某点起渐渐回升。

产生此种现象一般是水准基点下沉所致。此时,应根据水准点之间的高差来判断出最稳定的水准点,以此作为新水准基点,将原来下沉的水准基点废除。另外,埋在裙楼上的沉降监测点,由于受主楼的影响,有可能会出现属于正常的渐渐回升现象。

(4)曲线的波浪起伏现象。

曲线在后期呈现微小波浪起伏现象,一般是测量误差所造成的。曲线在前期波浪起伏所以不突出,是因下沉量大于测量误差;但到后期,由于建筑物下沉极微或已接近稳定,在曲线上就出现测量误差比较突出的现象,此时,可将波浪曲线改成水平线。后期测量宜提高测量精度等级,并适当地延长监测的间隔时间。

(5)曲线中断现象。

由于沉降监测点开始是埋设在柱基础面上进行监测的,在柱基础二次灌浆时没有埋设新点并进行监测;或者由于监测点被碰毁,后来设置的监测点绝对标高不一致,而使曲线中断。

为了将中断曲线连接起来,可按照处理曲线在中间某点突然回升的办法,估求出未监测期间的沉降量;并将新设置的沉降点不计其绝对标高,而取其沉降量,一并加在旧沉降点的累计沉降量中去(见图 13-10)。

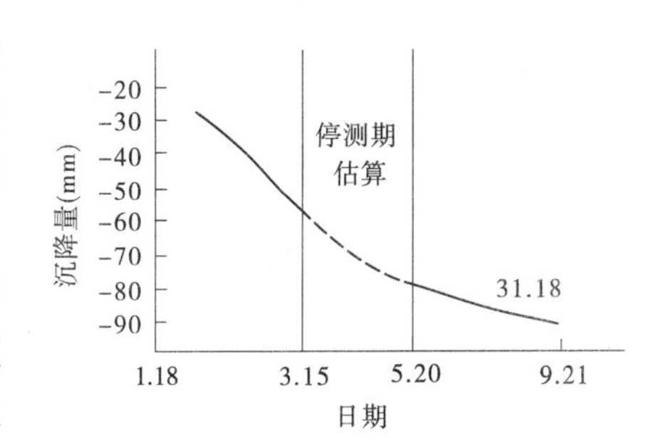

图 13-10　沉降曲线中断示意

模块3　水平位移监测

13.3.1　水平位移监测内容

建筑物水平位移监测包括:位于特殊性土地区的建筑物地基基础水平位移监测、受高层建筑基础施工影响的建筑物及工程设施水平位移监测,以及挡土墙、大面积堆载等工程中所需的地基土深层侧向位移监测等,应测定在规定平面位置上随时间变化的位移量和位移速度。

建筑物的水平位移监测可以通过基准线法监测水平位移、交会法测定水平位移和导线测量法测定水平位移。我们的任务就是根据工程建筑物的特点和需要,选择合适的方法进行水平位移监测。

13.3.2　监测点的布设

1.水平位移监测点位的选设

监测点的位置,对建筑物应选在墙角、柱基及裂缝两边等处;地下管线应选在端点、转角点及必要的中间部位;护坡工程应按待测坡面成排布点;测定深层侧向位移的点位与数量,应按工程需要确定。控制点的点位应根据监测点的分布情况来确定。

2.水平位移监测点位的标志和标石设置

建筑物上的监测点,可采用墙上或基础标志;土体上的监测点,可采用混凝土标志;地下管线的监测点,应采用窨井式标志。各种标志的形式及埋设,应根据点位条件和监测要求设计确定。

控制点的标石、标志,应按《建筑变形测量规范》(JGJ 8—2016)中的规定采用。对于如膨胀土等特殊性土地区的固定基点,亦可采用深埋钻孔桩标石,但须用套管桩与周围土体隔开。

13.3.3　精度要求

位移监测点坐标中误差应按下列规定进行估算:

(1)应按照设计的位移监测网,计算网中最弱监测点坐标的协因数 Q_X、待求监测点间坐标差的协因数 $Q_{\Delta X}$;

(2)单位权中误差即监测点坐标中误差 μ 应按下列公式估算:

$$\mu = \frac{m_d}{\sqrt{2Q_X}} \tag{13-6}$$

$$\mu = \frac{m_{\Delta d}}{\sqrt{2Q_{\Delta X}}} \tag{13-7}$$

式中　m_d——位移分量 d 的测定中误差,mm;

$m_{\Delta d}$——位移分量差 Δd 的测定中误差,mm。

(3)公式中的 m_d 和 $m_{\Delta d}$ 应按下列规定确定:

①对建筑基础水平位移、滑坡位移等绝对位移,可按《建筑变形测量规范》(JGJ 8—2016)选取精度级别;

②受基础施工影响的位移、挡土设施位移等局部地基位移的测定中误差,不应超过其变形允许值分量的$\frac{1}{20}$,变形允许值分量应按变形允许值的$\frac{1}{2}$采用;

③建筑的顶部水平位移、工程设施的整体垂直挠曲、全高垂直度偏差、工程设施水平轴线偏差等建筑整体变形的测定中误差,不应超过其变形允许值分量的$\frac{1}{10}$;

④高层建筑层间的相对位移、竖直构件的挠度、垂直偏差等结构段变形的测定中误差,不应超过其变形允许值分量的 1/6;

⑤基础的位移差、转动挠曲等相对位移的测定中误差,不应超过其变形允许值分量的$\frac{1}{20}$;

⑥对于科研及特殊目的的变形量测定中误差,可根据需要将上述各项中误差乘以$\frac{1}{5}$~$\frac{1}{2}$系数后采用。

13.3.4　监测措施

(1)仪器:尽可能采用先进的精密仪器。

(2)采用强制对中:设置强制对中固定监测墩,使仪器强制对中,即对中误差为零。目前,一般采用钢筋混凝土结构的监测墩。监测墩底座部分要求直接浇筑在基岩上,以确保其稳定性,并在监测墩顶面常埋设固定的强制对中装置,该装置能使仪器及觇牌的偏心误差小于 0.1 mm。满足这一精度要求的强制对中装置式样很多,有采用圆锥、圆球插入式的,有采用埋设中心螺杆的,还有采用置中圆盘的。置中圆盘的优点是适用于多种仪器,对仪器没有损伤,但对加工精度要求较高。

(3)照准觇牌:目标点应设置成觇牌(平面形状的),觇牌图案应自行设计。视准线法的主要误差来源是照准误差,研究觇牌形状、尺寸及颜色,对于提高视准线法的监测精度具有重要意义。一般来说,觇牌设计应考虑以下 5 个方面。

①反差大:用不同颜色的觇牌所进行的试验表明,以白色作底色,以黑色作图案的觇牌效果最好。白色与红色配合,虽然能获得较好的反差,但是它相对于前者而言容易使监测者产生疲劳。

②没有相位差:采用平面觇牌可以消除相位差,在视准线法监测中一般采用平面觇牌。

③图案应对称。

④应有适当的参考面积:为了精确照准,应使十字丝两边有足够的比较面积,图案间隔应根据监测点与目标点之间的距离来确定。同心圆环图案对精确照准是不利的。

⑤便于安置:所设计的觇牌能随意安置,即当觇牌有一定倾斜时,仍能保证精确照准。

如图 13-11 所示为照准觇牌设计图案,监测时,觇牌也应该强制对中。

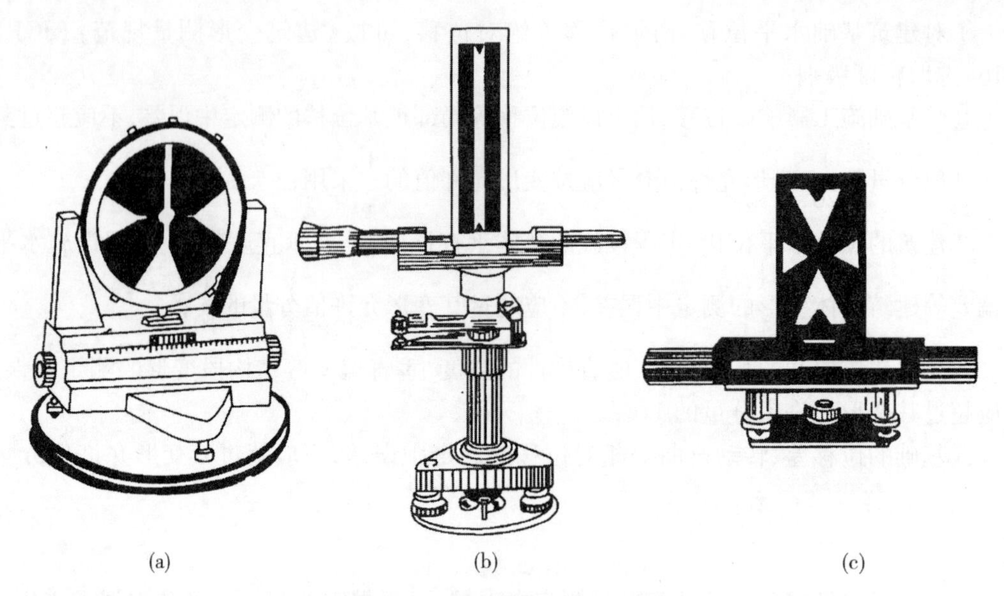
(a) (b) (c)

图 13-11 照准觇牌设计图案

13.3.5 监测方法

水平位移监测的主要方法有前方交会法、精密导线测量法、基准线法等,而基准线法又包括视准线法(测小角法和活动觇牌法)、激光准直法、引张线法等。水平位移的监测方法可根据需要与现场条件选用,见表 13-5。

表 13-5 水平位移监测方法的选用

序号	具体情况或要求	方法选用
1	测量地面监测点在特定方向的位移	基准线法(包括视准线法、激光准直法、引张线法等)
2	测量监测点任意方向位移	可视监测点的分布情况采用前方交会法或方向差交会法、精密导线测量法或近景摄影测量等方法
3	对于监测内容较多的大测区或监测点远离稳定地区的测区	宜采用三角、三边、边角测量与基准线法相结合的综合测量方法
4	测量土体内部侧向位移	可采用测斜仪监测方法

1.基准线法

1)概述

对于直线形建筑物的位移监测,采用基准线法具有速度快、精度高、计算简便等优点。

基准线法测量水平位移的原理是以通过大型建筑物轴线(例如,大坝轴线、桥梁主轴线等)或者平行于建筑物轴线的、固定不变的铅直平面为基准面,根据它来测定建筑物的水平位移。由两基准点构成基准线,只能测量建筑物与基准线垂直方向的变形。图 13-12 为某坝坝顶基准线法测量水平位移示意图。A、B 分别为在坝两端所选定的基准线端点。将经纬仪安置在 A 点,觇牌安置在 B 点,则通过仪器中心的铅直线与 B 点处固定标志中心所构成的铅直平面 P,即形成基准线法中的基准面。这种由经纬仪的视准面形成基准面的基准线法,称为视准线法。

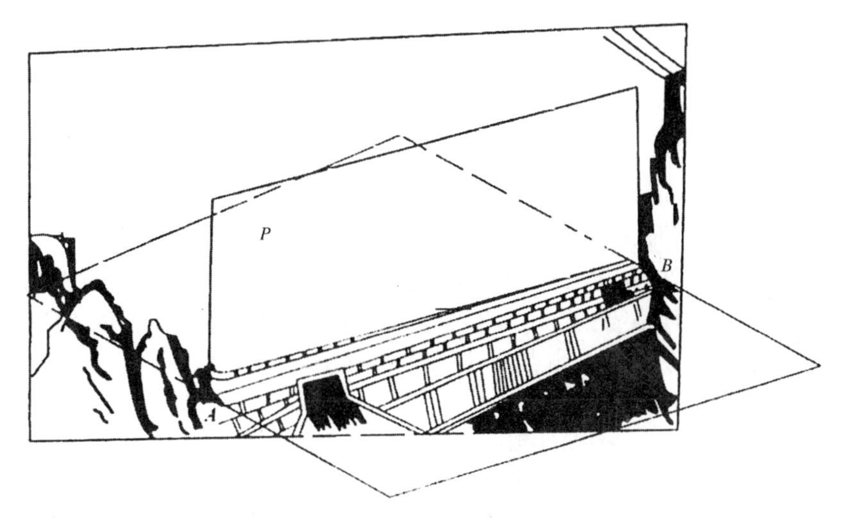

图 13-12　基准线法测量水平位移

视准线法按其所使用的工具和作业方法的不同,可分为“测小角法”和“活动觇牌法”。测小角法是利用精密经纬仪精确地测出基准线方向与置镜点到监测点的视线方向之间所夹的小角,从而计算出监测点相对于基准线的偏离值。活动觇牌法则是利用活动觇牌上的标尺,直接测定此项偏离值。

随着激光技术的发展,出现了由激光光束建立基准面的基准线法,根据其测量偏离值的方法不同,该法有“激光经纬仪准直法”和“波带板激光准直法”两种,见下文所述。

在大坝廊道的特定条件下,采用通过拉直的钢丝的竖直面作为基准面来测定坝体偏离值具有一定的优越性,这种基准线法称为引张线法。

由于建筑物的位移一般来说都很小,对位移值的监测精度要求很高(例如,混凝土坝位移监测的中误差要求不超过±1 mm),因此在各种测定偏离值的方法中都要采取一些高精度的措施。对基准线端点的设置、对中装置构造、觇牌设计及监测程序等均进行了不断的改进。

2)分类

基准线法的分类见表13-6。

表 13-6　基准线法的分类

序号	基准线法名称	说明
1	视准线法	分为“测小角法”和“活动觇牌法”
2	激光准直法	有“激光经纬仪准直法”和“波带板激光准直法”两种
3	引张线法	—

3)激光准直法

激光准直法根据其测量偏离值的方法不同,可分为“激光经纬仪准直法”和“波带板激光准直法”,现分别简述如下。

(1)激光经纬仪准直法。

当采用激光经纬仪准直时,活动觇牌法中的觇牌是由中心装有两个半圆的硅光电池组成的光电探测器。两个硅光电池各连接在检流表上,如激光束通过觇牌中心,硅光电池左右

两半圆上接收相同的激光能量,检流表指针在零位。反之,检流表指针就偏离零位。这时,移动光电探测器使检流表指针指零,即可在读数尺上读取读数。为了提高读数精度,通常利用游标卡尺,可读到 0.1 mm。当采用测微器时,可直接读至 0.01 mm。

激光经纬仪准直法的操作要点为:

①将激光经纬仪安置在端点 A 上,在另一端点 B 上安置光电探测器。将光电探测器的读数安置在零上,调整经纬仪水平度盘微动螺旋,移动激光束的方向,使在 B 点的光电探测器的检流表指针指零。这时,基准面即已确定,经纬仪水平度盘就不能再动。

②依次在每个监测点处安置光电探测器,将望远镜的激光束投射到光电探测器上,移动光束探测器,使检流表指针指零,就可以读取每个监测点相对于基准面的偏离值。

为了提高监测精度,在每一监测点上,探测器的探测需进行多次。

(2)波带板激光准直法。

波带板激光准直系统由三个部件组成:激光器点光源、波带板装置和光电探测器。用波带板激光准直系统进行准直测量如图 13-13 所示。

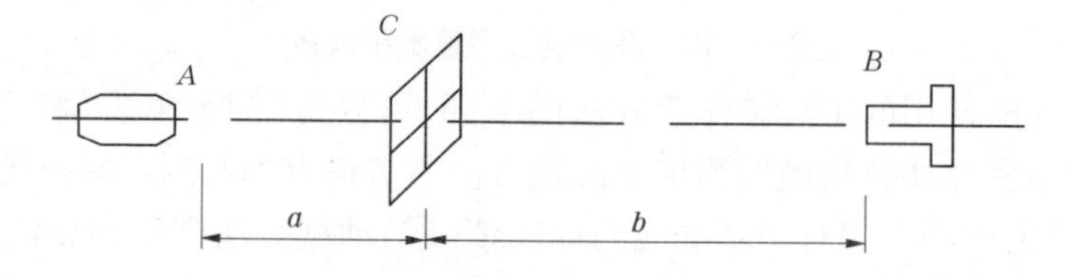

图 13-13　波带板激光准直测量

在基准线两端点 A、B 分别安置激光器点光源和探测器,在需要测定偏离值的监测点 C 上安置波带板。当激光管点燃后,激光器点光源就会发射出一束激光,照满波带板,通过波带板上不同透光孔的绕射光波之间的相互干涉,就会在光源和波带板连线的延伸方向线上的某一位置形成一个亮点(见图 13-14 中的圆形波带板)或十字线(见图 13-15 中的方形波带板)。根据监测点的具体位置,对每一监测点可以设计专用的波带板,使所成的像正好落在接收端点 B 的位置上。利用安置在 B 点的探测器,可以测出 A、C 连线在 B 点处相对于基准面的偏离值 $\overline{BC'}$,则 C 点相对基准面的偏离值为:$l_c=\dfrac{S_c}{L}\overline{BC'}$(见图 13-16)。在波带板激光准直系统中,在激光器点光源的小孔光栏后安置一个机械斩波器,使激光束成为交流调制光,这样既可大大削弱太阳光的干涉,又可以在白天成功地进行监测。

图 13-14　圆形波带板

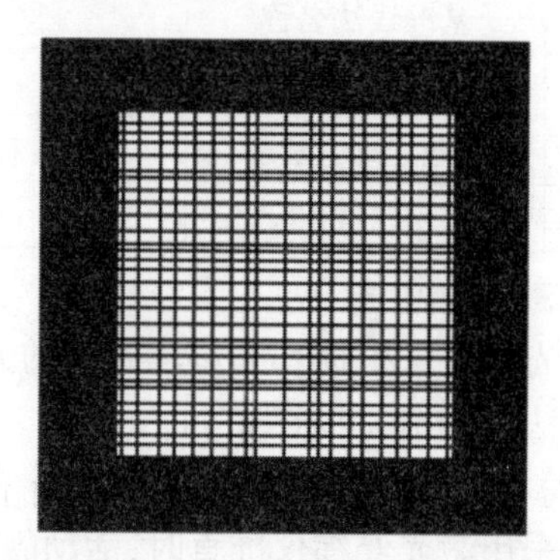

图 13-15　方形波带板

尽管一些试验表明,激光经纬仪准直法在照准精度上比直接用经纬仪时提高了 5 倍,但对于很长的基准线监测,外界影响(旁折射光影响)已经成为精度提高的障碍,因此有的研究者建议将激光束包在真空管中以克服大气折光的影响。

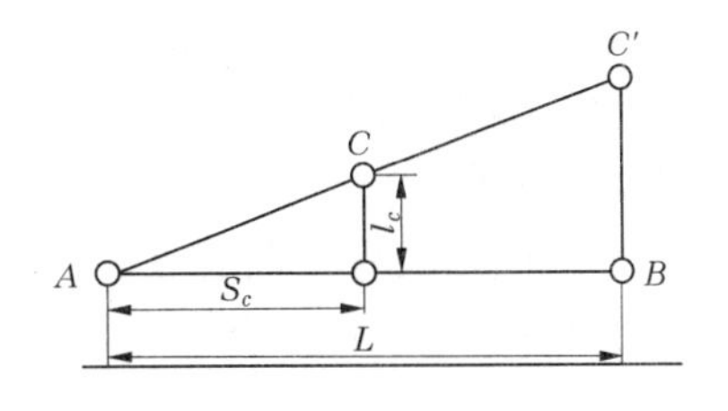

图 13-16 偏离值计算

4)引张线法

在坝体廊道内,利用一根拉紧的不锈钢所建立的基准面来测定监测点的偏离值的引张线法,可以不受旁折射光的影响。

为了解决引张线垂曲度过大的问题,通常在引张线中间设置若干浮托装置,它使垂径大为减小,且保持整个线段的水平投影仍为一直线。

(1)引张线装置。

引张线的装置由端点、监测点、测线(不锈钢丝)与测线保护管等四部分组成。

端点:由墩座、夹线装置、滑轮、垂线连接装置及重锤等部件组成(见图 13-17)。夹线装置是端点的关键部件,起着固定不锈钢丝位置的作用。为了不损伤钢丝,夹线装置的 V 形槽底及压板底部镶嵌铜质类软金属。端点处用以拉紧钢丝的重锤,其质量视允许拉力而定,一般在 10~50 kg。

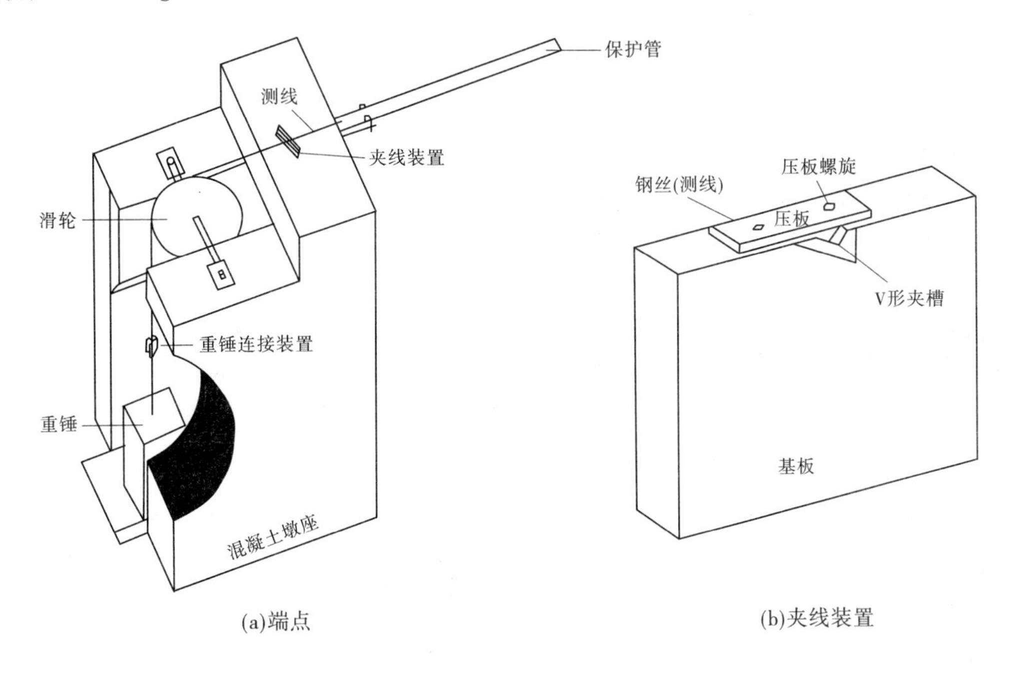

图 13-17 引张线的端点

监测点:由浮托装置、标尺、保护箱组成,如图 13-18 所示。浮托装置由水箱和浮船组成,将浮船置入水箱内,用以支撑钢丝。浮船的大小(或排水量)可以依据引张线各监测点间的间距和钢丝的单位长度重量来计算。一般浮船体积为排水量的 1.2~1.5 倍,而水箱体积为浮船体积的 1.5~2 倍。标尺系由不锈钢制成,其长度为 15 cm 左右,标尺上的最小分划为 1 mm。它固定在槽钢面上,槽钢埋入大坝廊道内,并与之牢固结合。引张线各监测点的标尺基本位于同一高度面上,尺面应水平且垂直于引张线,尺面刻划线平行于引张线。保护

箱用于保护监测点装置,同时也可以防风,以提高监测精度。

测线:测线一般采用直径为 0.6~1.2 mm 的不锈钢丝(碳素钢丝),在两端重锤作用下引张线为一直线。

测线保护管:保护管保护测线不受损坏,同时起防风作用。保护管可以用直径大于 10 cm的塑料管,以保证测线在管内有足够的活动空间。

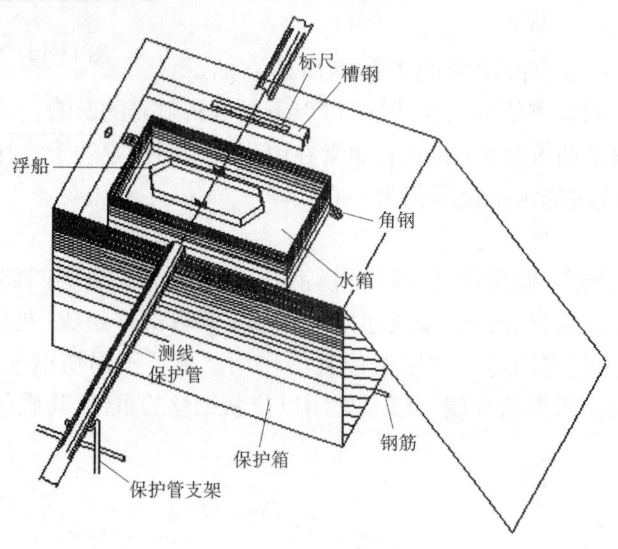

图 13-18 引张线监测点

(2)引张线读数。

引张线法中假定钢丝两端点固定不动,因而引张线是固定的基准线。由于各监测点上的标尺是与坝体固连的,对于不同的监测周期,钢丝在标尺上的读数变化值就直接表示该监测点的位移值。

监测钢丝在标尺上读数方法很多,现介绍读数显微镜法。该法是利用由刻有测微分划线的读数显微镜进行的,测微分划线最小刻划为 0.1 mm,可估读数到 0.01 mm。由于通过显微镜后钢丝与标尺分划线的像都变得很粗大,采用测微分划线读数,应采用读两个读数,取平均值的方法。图 13-19 给出了监测情况与读数显微镜中的成像情形。如图 13-20 所示,钢丝左边缘读数 $a=62.00$ mm,钢丝右边缘读数 $b=62.20$ mm,故该监测结果为$\frac{a+b}{2}=62.10$ mm。

通常监测是从靠近端点的第一个监测点开始读数的,依次监测到测线的另一个端点,此为一个测回,每次需要监测三个测回。各测回之间应轻微拨动中间监测点上的浮船,使整条引张线浮动,待其静止后,再进行下一个测回的监测工作。各测回之间监测值互差的限差为 0.2 mm。

为了使标尺分划与钢丝的像能在读数显微镜场内同样清晰,监测前加水时,应调节浮船高度到使钢丝距标尺面 0.3~0.5 mm。根据生产单位对引张线大量监测资料进行统计分析的结果,三测回监测平均值的中误差约为 0.03 mm。可见,引张线测定水平位移的精度是较高的。

5)视准线法

(1)测小角法。

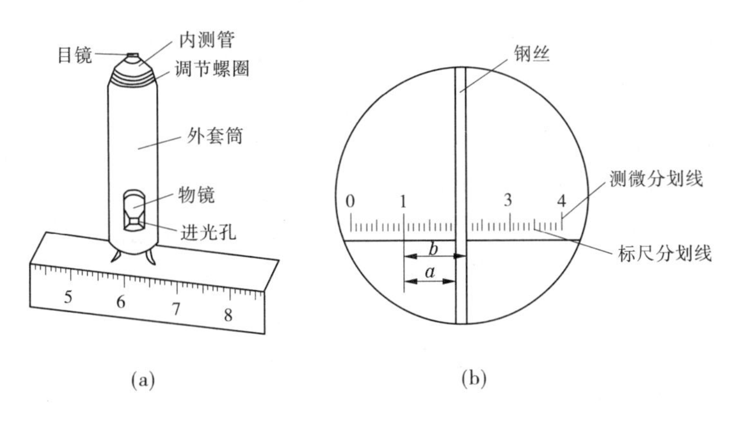

图 13-19　引张线读数

测小角法是视准线法测定水平位移的常用方法。测小角法是利用精密经纬仪精确地测出基准线与置镜点到监测点(p_i)视线所夹的微小角度β_i(见图 13-20),并按式(13-8)计算偏离值:

$$\Delta p_i = \frac{\beta_i}{\rho} D_i \tag{13-8}$$

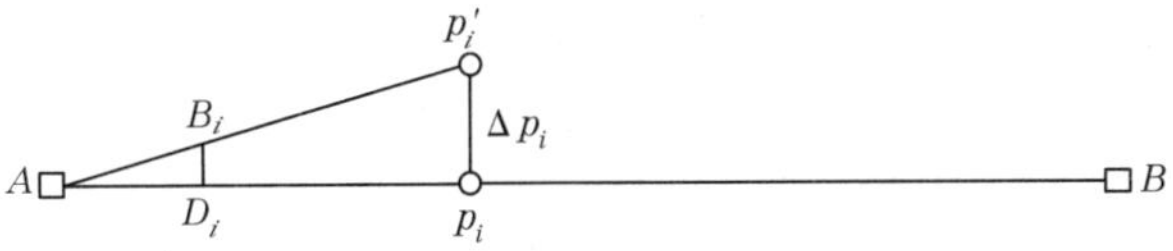

图 13-20　视准线测小角法

式中　D_i——从端点 A 到监测点 p_i 的水平距离,m;

ρ——206 265″。

(2)活动觇牌法。

活动觇牌法是视准线法的另一种方法。监测点的位移值是直接利用安置于监测点上的活动觇牌(见图 13-21)直接读数来测算的,活动觇牌读数尺上最小分划为 1 mm,采用游标可以读数到 0.1 mm。

监测过程如下:先在 A 点安置精密经纬仪,精确照准 B 点目标(觇标)后,基准线就已经建立好了,此时,仪器就不能左右旋转了;然后,依次在各监测点上安置活动觇牌,监测者在 A 点用精密经纬仪观看活动觇牌(仪器不能左右旋转),并指挥活动觇牌操作人员利用觇牌上的微动螺旋左右移动活动觇牌,使之精确对准经纬仪的视准线,此时在活动觇牌上直接读数,同一监测点各期读数之差即为该点的水平位移值。

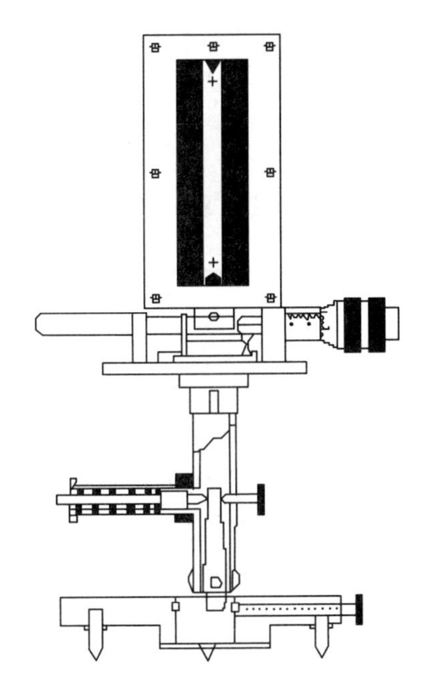

图 13-21　活动觇牌

(3)误差分析。

由于视准线法监测中采用了强制对中设备,其主要误差来源是仪器照准觇牌的照准误差。测小角法对

于距离 D_i 的监测精度要求不高，一般取相对精度的$\frac{1}{2\ 000}$即可满足要求。在测小角法中，边长只需测量一次，在以后各周期监测中，此值可以认为不变。

对于照准误差，从实际监测来看，影响照准误差的因素很多，它不仅与望远镜放大倍率、人眼的视力临界角有关，而且与所用觇牌的图案形状、颜色也有关。另外，不同的视线长度、外界条件的影响等也会改变照准误差的数值。因此，要保证测小角法的精度，关键是要提高照准精度。由于测小角法的主要误差为照准误差，故有：

$$m_\beta = m_V \tag{13-9}$$

式中　m_V——照准误差，若取肉眼的视力临界为 60″，则照准误差为：

$$m_V = \frac{60''}{V} \tag{13-10}$$

式中　V——望远镜的放大倍数。

测小角法测量小角度的精度要求可按下式估算，由式(13-8)对 β_i 全微分得：

$$m_{\beta_i} = \frac{\rho}{D_i} m_{\Delta p_i} \tag{13-11}$$

若已知 $m_{\Delta p_i}$，根据现场所量的距离 D_i，即可计算对小角度监测的要求。

【例 13-1】　设某监测点到端点(置镜点)距离为 100 m，若要求测定偏离值的精度为 ±0.3 mm，试问用测小角法监测，测量小角度的精度 m_β 应为多少？

解：将已知数值代入式(13-11)，可求得：

$$m_\beta \leqslant |0.62''|$$

【例 13-2】　续例 13-1，若设 $m_V = \frac{60''}{V}$，则当采用望远镜放大倍数为 40 倍的 DJ_1 型精密经纬仪监测时，小角度至少应监测几个测回？

解：由式(13-6)可计算得小角度监测一测回的中误差为：

$$m_{\beta_1} = m_V = \frac{60''}{40} = 1.5''$$

要使小角度达到±0.62″的测量精度，则小角度监测的测回数 n 应满足下式：

$$m_\beta = \frac{m_{\beta_1}}{\sqrt{n}} = \frac{1.5''}{\sqrt{n}} \leqslant |0.62''|$$

由上式求得 $n \geqslant 5.9$，即小角度应至少监测 6 个测回。

2. 交会法测定水平位移

1) 测量原理

图 13-22 所示为双曲线拱坝变形监测。为精确测定 B_1、B_2，…，B_n 等监测点的水平位移，首先在大坝的下游面合适位置处选定供变形监测用的 2 个工作基准点 E 和 F；为对工作基准点的稳定性进行检核，应根据地形条件和实际情况，设置一定数量的检核基准点(如 C、D、G 等)，并组成良好图形条件的网形，用于检核控制网中的工作基点(如 E、F 等)。各基准点上应建立永久性的监测墩，并且利用强制对中设备和专用的照准觇牌。对 E、F 两个工作基点，除满足上面的这些条件外，还必须满足以下条件：当用前方交会法监测各变形监测点时，交会角 γ(见图 13-22)不得小于 30°，且不得大于 150°。

变形监测点应预先埋设好合适的、稳定的照准标志,标志的图形和式样应考虑在前方交会中监测方便、照准误差小。此外,在前方交会监测中,最好能在各监测周期由同一监测人员以同样的监测方法,使用同一台仪器进行。

利用前方交会法测量水平位移的原理如下:如图 13-23 所示,A、B 两点为工作基准点,P 为变形监测点,假设测得两水平夹角为 α 和 β,则由 A、B 两点的坐标值和水平角 α、β 可求的 P 点的坐标为:

$$\begin{cases} x_P - x_A = D_{AP}\cos\alpha_{AP} = \dfrac{D_{AB}\sin\beta}{\sin(\alpha+\beta)}\cos(\alpha_{AB}-\alpha) \\ y_P - y_A = D_{AP}\sin\alpha_{AP} = \dfrac{D_{AB}\sin\beta}{\sin(\alpha+\beta)}\sin(\alpha_{AB}-\alpha) \end{cases} \tag{13-12}$$

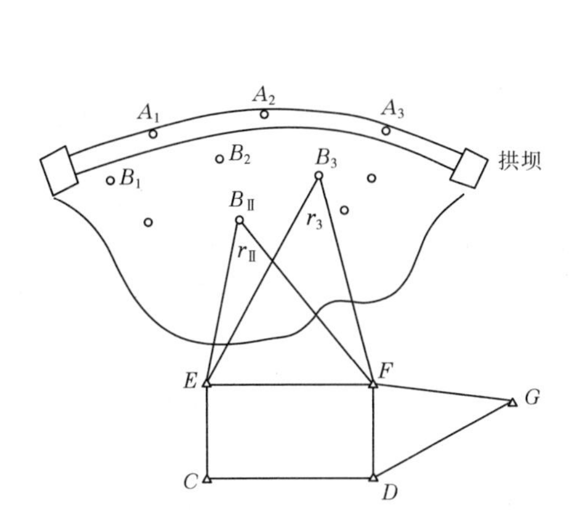

图 13-22 双曲线拱坝变形监测

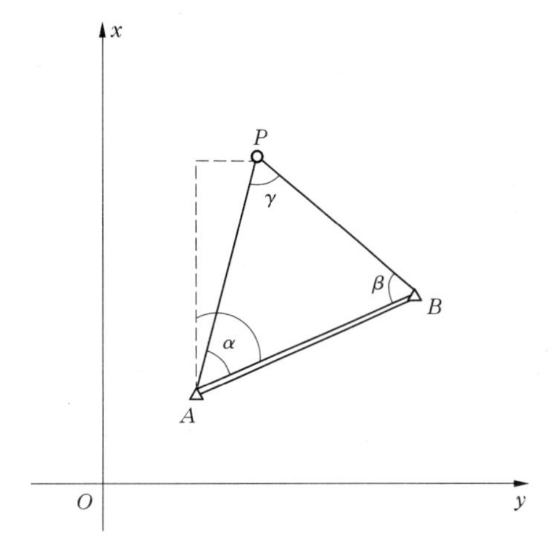

图 13-23 角度前方交会法测量原理

其中,D_{AB}、α_{AB} 可由 A、B 两点的坐标值通过坐标反算求得,经过对式(13-12)整理可得:

$$\begin{cases} x_P = \dfrac{x_A\cot\beta + x_B\cot\alpha - y_A + y_B}{\cot\alpha + \cot\beta} \\ y_P = \dfrac{y_A\cot\beta + y_B\cot\alpha + x_A - x_B}{\cot\alpha + \cot\beta} \end{cases} \tag{13-13}$$

第一次监测时,假设测得两水平夹角为 α_1 和 β_1,由式(13-13)求得 P 点坐标值为(x_{P_1}, y_{P_1}),第二次监测时,假设测得的水平夹角为 α_2 和 β_2,则 P 点坐标值为(x_{P_2}, y_{P_2}),那么在此两期变形监测期间,P 点的位移可按下式解算:

$$\begin{cases} \Delta x_P = x_{P_2} - x_{P_1} \\ \Delta y_P = y_{P_2} - y_{P_1} \end{cases} \tag{13-14}$$

$$\Delta P = \sqrt{\Delta x_P^{\ 2} + \Delta y_P^{\ 2}} \tag{13-15}$$

P 点的位移方向 $\alpha_{\Delta P}$ 为:

$$\alpha_{\Delta P} = \arctan\frac{\Delta y_P}{\Delta x_P} \tag{13-16}$$

2)前方交会法测量注意事项

(1)各期变形监测应采用相同的测量方法,固定测量仪器、固定测量人员;

(2)应对目标觇牌图案进行精心设计;

(3)当采用角度前方交会法时,应注意交会角 γ 要大于 30°,小于 150°;

(4)仪器视线应离开建筑物一定距离(防止由于热辐射而引起旁折射光的影响);

(5)为提高测量精度,有条件最好采用边角交会法。

【例 13-3】 如图 13-24 所示,已知 $x_A=2\ 417.214\ 5$ m、$y_A=6\ 324.287\ 1$ m,$x_B=2\ 229.286\ 6$ m、$y_B=6\ 509.906\ 3$ m,$S_{AB}=304.932\ 1$ m。用角度前方交会法首次测量(角度)值:$\beta_1^0=60°31'25.5''$,$\beta_2^0=63°11'36.3''$;第 i 次测量(角度)值:$\beta_1^i=60°31'29.8''$,$\beta_2^i=63°11'41.3''$。试求第 i 次监测的位移值。

解:按式(13-13)计算,首次监测时,P 点坐标值为:

$$x_P^0=2\ 516.870\ 8\ \text{m},y_P^0=6\ 648.287\ 7\ \text{m}$$

同样,按式(13-13)计算,第 i 次监测时,P 点坐标值为:

$$x_P^i=2\ 516.879\ 5\ \text{m},y_P^i=6\ 648.300\ 4\ \text{m}$$

第 i 次监测的位移值为:

$$\Delta x_P=x_P^i-x_P^0=8.7\ \text{mm},\Delta y_P=y_P^i-y_P^0=12.7\ \text{mm}$$

$$\Delta P=\sqrt{\Delta x_P^2+\Delta y_P^2}=15.4\ \text{mm}$$

$$\alpha_{\Delta P}=\arctan\frac{\Delta y_P}{\Delta x_P}=55°35'14''$$

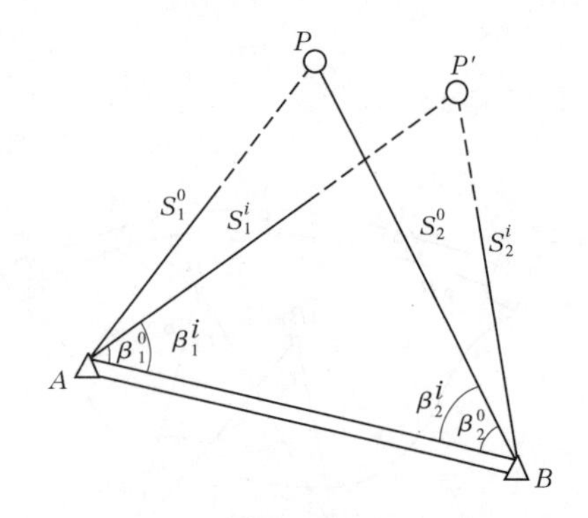

图 13-24　前方交会法测量水平位移

【例 13-4】 如图 13-24 所示,已知数据同"例 13-3"。用测边前方交会法首次测量(边长)值:$S_1^0=327.201\ 6$ m,$S_2^0=319.145\ 8$ m;第 i 次测量(边长)值:$S_1^i=327.214\ 1$ m,$S_2^i=319.159\ 8$ m。试求第 i 次监测的位移值。

解:按式(13-13)和式(13-14)计算,首次监测时,P 点坐标值为:

$$x_P^0=2\ 516.870\ 8\ \text{m},y_P^0=6\ 648.287\ 7\ \text{m}$$

同样按式(13-13)计算,第 i 次监测时,P 点坐标值为:

$$x_P^i=2\ 516.880\ 8\ \text{m},y_P^i=6\ 648.298\ 9\ \text{m}$$

第 i 次监测的位移值为:

$$\Delta x_P=x_P^i-x_P^0=10.0\ \text{mm},\Delta y_P=y_P^i-y_P^0=11.2\ \text{mm}$$

$$\Delta P=\sqrt{\Delta x_P^2+\Delta y_P^2}=15.0\ \text{mm}$$

$$\alpha_{\Delta P}=\arctan\frac{\Delta y_P}{\Delta x_P}=48°14'23''$$

3.导线测量法测定水平位移

对于非直线形建筑物,如重力拱坝、曲线形桥梁以及一些高层建筑物的位移监测,宜采用导线测量法、前方交会法以及地面摄影测量等方法。

与一般测量工作相比,由于变形测量是通过重复监测、由不同周期监测成果的差值而得到的监测点的位移,用于变形监测的精密导线在布设、监测及计算等方面都具有其自身的特点。

1) 导线的布设

应用于变形监测中的导线，是两端不测定向角的导线。可以在建筑物的适当位置（如重力拱坝的水平廊道中）布设，其边长根据现场的实际情况确定，导线端点的位移，在拱坝廊道内可用倒垂线来控制，在条件许可的情况下，其倒锤点可与坝外三角点组成适当的联系图形，定期进行监测，以验证其稳定性。图 13-25 为某拱坝在水平廊道内进行位移监测的精密导线布置形式。

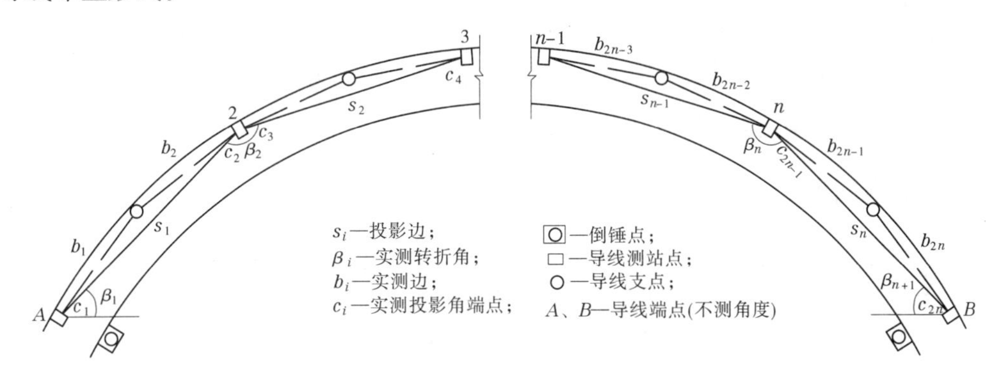

图 13-25　某拱坝在水平廊道内进行位移监测的精密导线布置形式

导线点上的装置，在保证建筑物位移监测精度的情况下，应稳妥可靠。它由导线点装置（包括槽钢支架、特制滑轮拉力架、底盘、重锤和微型觇标等）及测线装置（引张的铟瓦丝，其端头均有刻划，供读数用；固定铟瓦丝的装置越牢固，则其读数越方便，且读数精度越高）等组成，其布置形式如图 13-26(a) 所示。图中微型觇标供监测时照准用，当测点要架设仪器时，微型觇标可取下。微型觇标顶部刻有中心标志，供边长测量时用，如图 13-26(b) 所示。

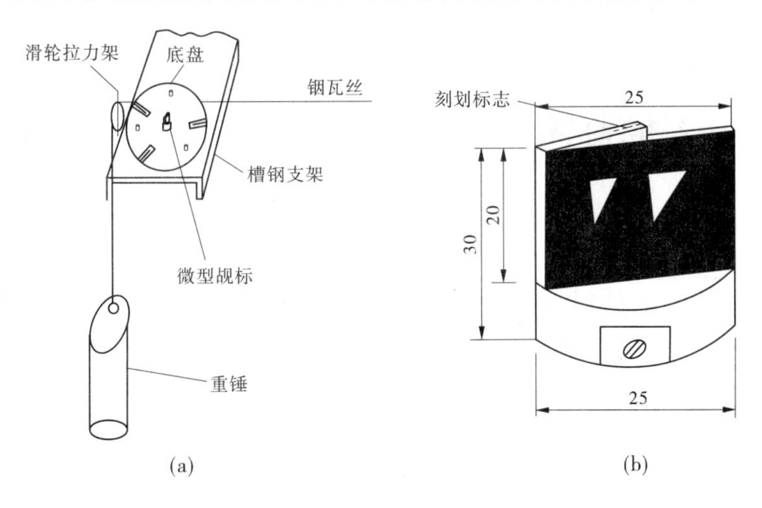

图 13-26　导线测量用的小觇标　（单位：mm）

2) 导线的监测

在拱坝廊道内，由于受条件限制，一般布设的导线边长较短。为减少导线点数，使边长较长，可由实测边长（b_i）计算投影边长（s_i）（见图 13-25）。实测边长（b_i）应用特制的基线尺来测定两导线点间（即两微型觇标中心标志刻划间）的长度。为减少方位角的传递误差，提高测角效率，可采用隔点设站的办法，即实测转折角(β_i)和投影角(c_i)(见图 13-25)。

3)导线的平差与位移值的计算

由于导线两端不监测定向角 β_i、β_{n+1}(见图 13-25)，导线点坐标计算相对要复杂一些。假设首次监测精密地测定了边长 $s_1, s_2, \cdots, s_n$ 与转折角 $\beta_2, \beta_3, \cdots, \beta_n$，则可根据无定向导线平差(有兴趣的读者可参看有关参考书)，计算出各导线点的坐标作为基准值。以后各期监测各边边长 $s'_1, s'_2, \cdots, s'_n$ 及转折角 $\beta_2, \beta_3, \cdots, \beta'_n$，同样可以求得各点的坐标，各点的坐标变化值即为该点的位移值。值得注意的是，端点 A、B 同其他导线点一样，也是不稳定的，每期监测均要测定 A、B 两点的坐标变化值(Δ_{x_A}、Δ_{y_A}，Δ_{x_B}、Δ_{y_B})，端点的变化对各导线点的坐标值均有影响，其具体计算方法请参考有关书籍。

13.3.6　监测周期

水平位移监测的周期，对于不良地基土地区的监测，可与一并进行的沉降监测协调考虑确定；对于受基础施工影响的位移监测，应按施工进度的需要确定，可逐日或隔数日监测一次，直至施工结束；对于土体内部侧向位移监测，应视变形情况和工程进展而定。

13.3.7　提交成果

(1)水平位移监测点位布置图；
(2)监测成果表；
(3)水平位移曲线图；
(4)地基土深层侧向位移图(视需要提交)；
(5)当基础的水平位移与沉降同时监测时，可选择典型剖面，绘制两者的关系曲线；
(6)监测成果分析资料。

模块 4　裂缝监测

13.4.1　裂缝监测的内容

裂缝监测应测定建筑物上的裂缝分布位置，裂缝的走向、长度、宽度及其变化程度。监测的裂缝数量视需要而定，主要的或变化大的裂缝应进行监测。

13.4.2　裂缝监测点的布设

对需要监测的裂缝应统一进行编号。每条裂缝至少应布设两组监测标志：一组设在裂缝最宽处；另一组设在裂缝末端。每组标志由裂缝两侧各一个标志组成。

裂缝监测标志，应具有可供量测的明晰端或中心，如图 13-27 所示。当监测期较长时，可采用镶嵌式或埋入墙面的金属标志、金属杆标志或楔形板标志；当监测期较短或要求不高时，可采用油漆平行线标志或用建筑胶粘贴的金属片标志。当要求较高、需要测出裂缝纵横向变化值时，可采用坐标方格网板标志。使用专用仪器设备监测的标志，可按具体要求另行设计。

13.4.3　裂缝监测的方法

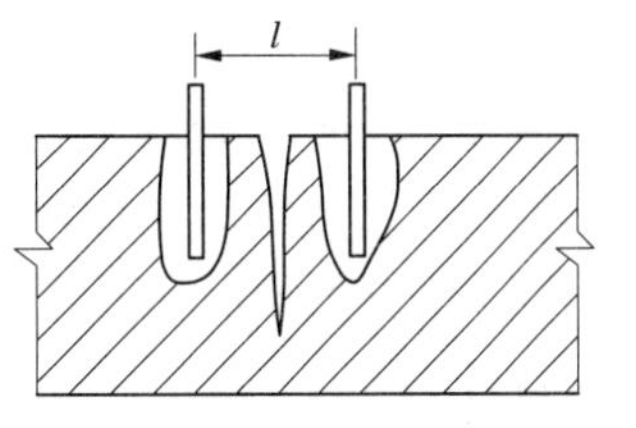

图13-27　裂缝监测标志

对于数量不多、易于量测的裂缝，可视标志形式不同，用比例尺、小钢尺或游标卡尺等工具定期量出标志间距离，求得裂缝变位值，或用方格网板定期读取坐标差，计算裂缝变化值；对于较大面积且不便于人工量测的众多裂缝，宜采用近景摄影测量方法；当需连续监测裂缝变化时，还可采用裂缝计或传感器自动测记方法监测。

在裂缝监测中，裂缝宽度数据应量取至0.1 mm，每次监测应绘出裂缝的位置、形态和尺寸，注明日期，附必要的照片资料。

13.4.4　裂缝监测的周期

裂缝监测的周期应视裂缝变化速度而定。通常刚开始时可半月测一次，以后一月左右测一次。当发现裂缝加大时，应增加监测次数，直至几天或逐日一次连续监测。

13.4.5　提交成果

(1)裂缝分布位置图；
(2)裂缝监测成果表；
(3)监测成果分析说明资料；
(4)当建筑物裂缝和基础沉降同时监测时，可选择典型剖面绘制两者的关系曲线。

模块5　倾斜监测

建筑物产生倾斜的原因主要有：地基承载力不均匀，建筑物体形复杂、形成不同载荷，施工未达到设计要求、承载力不够，受外力作用结果，如风荷载、地下水抽取、地震等。一般用水准仪、经纬仪或其他专用仪器来测量建筑物的倾斜度。

建筑物主体倾斜监测，应测定建筑物顶部相对于底部或各层间上层相对于下层的水平位移与高差，分别计算整体或分层的倾斜度、倾斜方向以及倾斜速度。对具有刚性建筑物的整体倾斜，亦可通过测量顶面或基础的相对沉降间接测定。

测定建筑物倾斜的方法较多，归纳起来可分为两类：一是直接测定建筑物的倾斜；二是通过测定建筑物基础相对沉降来确定建筑物的倾斜。现将监测方法介绍如下。

13.5.1　倾斜监测点的布设

1.主体倾斜监测点位的布置

(1)监测点应沿对应测站点的某主体竖直线，对整体倾斜按顶部、底部，对分层倾斜按分层部位、底部上下对应布设；

(2)当从建筑物外部监测时，测站点或工作基点的点位应选在与照准目标中心连线呈接近正交或呈等分角的方向线上，距照准目标1.5~2.0倍目标高度的固定位置处；当利用建筑物内竖向通道监测时，可将通道底部中心点作为测站点；

（3）按纵横轴线或前方交会法布设的测站点，每点应选设1~2个定向点；基线端点的选设应顾及其测距或测量的要求。

2.主体倾斜监测点位的标志设置

（1）建筑物顶部和墙体上的监测点标志，可采用埋入式照准标志形式；有特殊要求，应专门设计；

（2）不便埋设标志的塔形、圆形建筑物以及竖直构件，可以照准视线所切同高边缘认定的位置或用高度角控制的位置作为监测点位；

（3）位于地面的测站点和定向点，可根据不同的监测要求，采用带有强制对中设备的监测墩或混凝土标石；

（4）对于一次性倾斜监测项目，监测点标志可采用标记形式或直接利用符合位置与照准要求的建筑物特征部位；测站点可采用小标石或临时性标志。

13.5.2 倾斜监测的方法

倾斜监测的方法见表13-7。

表13-7 倾斜监测的方法

序号	倾斜监测内容	监测方法选取
1	测量建筑物基础相对沉降	1.几何水准测量； 2.液体静力水准测量
2	测量建筑物顶点相对于底点的水平位移	1.前方交会法； 2.投点法； 3.吊垂球法； 4.激光铅直仪监测法
3	直接测量建筑物的倾斜度	气泡倾斜仪监测

1.直接测定建筑物的倾斜

在直接测定建筑物倾斜度的方法中，最简单的是悬吊垂球的方法，根据其偏差值可直接确定建筑物的倾斜度，但是，由于有时在建筑物上无法悬挂垂球，对于高层建筑物、水塔、烟囱等建筑物，通常采用经纬仪投影或监测水平角的方法来测定它们的倾斜度。

1）经纬仪投影法

如图13-28（a）所示，根据建筑物的设计，A点与B点应位于同一铅垂线上，当建筑物发生倾斜时，则A点相对B点移动了数值a，该建筑物的倾斜度为

$$i = \tan\alpha = \frac{a}{h} \tag{13-17}$$

式中　a——顶点A相对于底点B的水平位移量，mm；

h——建筑物的高度，m。

为了确定建筑物的倾斜度，必须测出a和h值，其中h值一般为已知数；当h未知时，则可对着建筑物设置一条基线，用三角高程测量的方法测定。这时经纬仪应设置

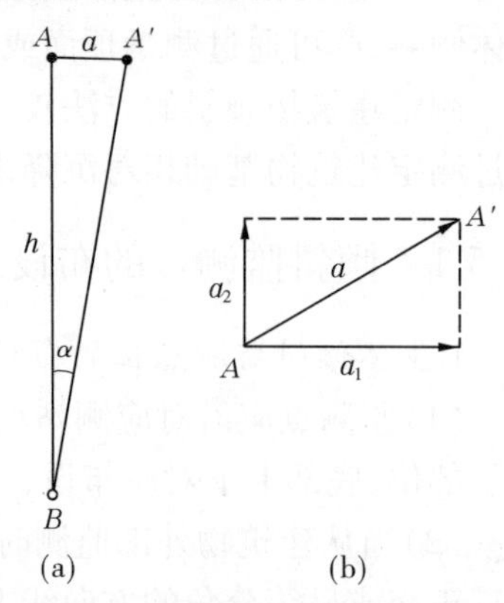

图13-28 经纬仪投影法

在离建筑物 1.5h 以外的地方，以减少仪器竖轴不垂直的影响。对于 a 值的测定方法，可用经纬仪将 A'点投影到水平面上量得。投影时，先将经纬仪严格安置在固定测站上，用经纬仪分中法得 A'点，然后量取 A'点至中点 A 在视线方向的偏离值 a_1，再将经纬仪移到与原监测方向约成 90°的方向上，用前述方法可量得偏离值 a_2。最后，根据偏离值，即可求得该建筑物顶底点的相对水平位移量 a，如图 13-28(b)所示。

2）监测水平角法

如图 13-29 所示，在离烟囱(1.5~2.0)h 的地方，在互相垂直的方向上，选定 2 个固定标志作为测站。在烟囱顶部和底部分别标出 1,2,3,…,8 点，同时，选择通视良好的远方点 M_1 和 M_2，作为后视目标，最后，在测站 1 测得水平角(1)、(2)、(3)和(4)，并计算两角和的平均值$\frac{(2)+(3)}{2}$及$\frac{(1)+(4)}{2}$，它们分别表示烟囱上部中心 a 和勒脚部分中心 b 的方向。知道测站 1 至烟囱中心的距离，根据 a 与 b 的方向差，可计算偏离分量 a_1。

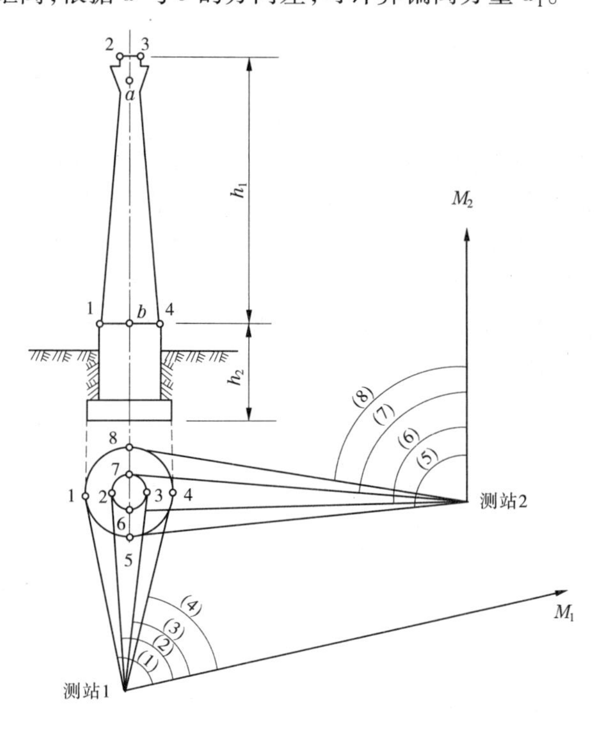

图 13-29　监测水平角法

同样，在测站 2 上监测水平角(5)、(6)、(7)和(8)，重复前述计算，得到另一偏离分量 a_2，根据分量 a_1 和 a_2，按矢量相加的方法求得合量 a，即得烟囱上部相对于勒脚部分的偏离值。最后，利用式(13-17)可算出烟囱的倾斜度。

2.用基础相对沉降确定建筑物的倾斜

以混凝土重力坝为例，由于各坝段基础的地质条件和坝体结构不同，使得各部分的混凝土质量不相等，水库蓄水后，库区地壳承受很大的静水压力，使得地基失去原有的平衡条件，这些因素都会使坝的基础产生不均匀沉降，使坝体产生倾斜。

倾斜监测点的位置往往与沉降监测点 M 合起来布置。通过对沉降监测点的监测，可以计算这些点的相对沉降量，获得基础倾斜的资料。目前，我国测定基础倾斜常用的方法如下所述。

1) 水准测量法

用水准仪测出两个监测点之间的相对沉降，由相对沉降与两点间距离之比，可换算成倾斜角，即

$$K = \frac{\Delta h_a - \Delta h_b}{L} \tag{13-18}$$

或

$$\alpha = \frac{\Delta h_a - \Delta h_b}{L} \cdot \rho$$

式中 Δh_a、Δh_b——a、b 点的累积沉降量，mm；

L——a、b 两监测点之间的距离，m；

K——相对倾斜（朝向累积沉降量较大的一端）；

α——倾斜角；

ρ——206 265″。

按二等水准测量施测，求得的倾斜角精度可达 1″~2″。

2) 液体静力水准测量法

液体静力水准测量的原理，就是在相连接的两个容器中，盛有同类并具有同样参数的均匀液体，液体的表面处于同一水平面上，利用两容器内液体的读数可求得两监测点的高差，其与两点间距离之比，即为倾斜度。要测定建筑物倾斜度的变化，可进行周期性的监测。这种仪器不受倾斜度的限制，并且距离愈长，测定倾斜度的精度愈高。

如图 13-30 所示，容器 1 与容器 2 由软管联结，分别安置在欲测的平面 A 与 B 上，高差 Δh 可用液面的高度 H_1 与 H_2 计算

$$\Delta h = H_1 - H_2 \tag{13-19}$$

或

$$\Delta h = (a_1 - a_2) - (b_2 - b_1)$$

式中 a_1、a_2——容器的高度或读数零点相对于工作底面的位置，mm；

b_2、b_1——容器中液面位置的读数值，亦即读数零点至液面的距离，mm。

用目视法读取零点至液面距离的精度为±1 mm。我国国家地震局地震仪器厂制造的 JSY-1 型液体静力水准遥测仪，采用自动监测法来测定液面位置，也可采用目视接触来测定液面位置。

用目视接触法监测，如图 13-31 所示。转动测微圆环，使水位指针移动。当显微镜内所监测到的指针实像尖端与虚像尖端刚好接触时（见图 13-32），即停止转动圆环，进行读数。每次连续监测 3 次，取其平均值，其互差不应大于 0.04 mm。每次监测完毕，应随即把尖端退到水面以下。目视接触法的仪器，能精确地确定液面位置，精度可达±0.01 mm。

3) 气泡式倾斜仪

常见的倾斜仪有水准管式倾斜仪、气泡式倾斜仪和电子倾斜仪等。倾斜仪一般具有能连续读数、自动记录和数字传输等特点，有较高的监测精度，因此在倾斜监测中得到广泛应用。下面就气泡式倾斜仪作简单介绍。

气泡式倾斜仪由一个高灵敏度的水准管 5 和一套精密的测微器组成，如图 13-33 所示。测微器上包括测微杆 6、读数指标 8 和读数盘 7。将水准管 5 固定在支架 1 上，1 可绕 3 点转动，1 下装一弹簧片 4，在底板 2 下有圆柱体 9，以便仪器置于需要的位置上。监测时，将倾

斜仪放置后,转动读数盘,使测微杆向上或向下移动,直至水准气泡居中。此时在读数盘上读数,即可得出该处的倾斜度。

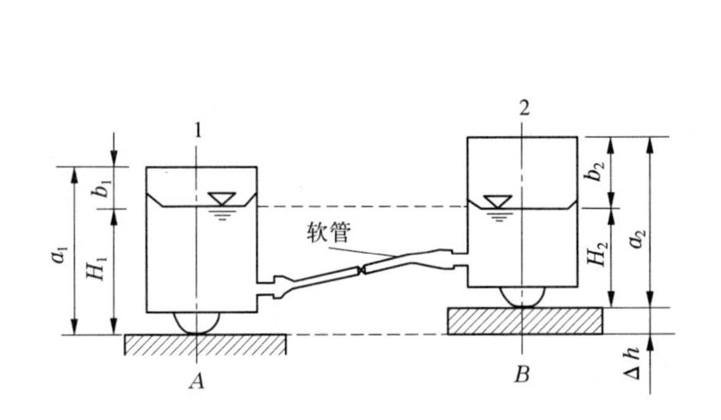

图 13-30 液体静力水准测量原理

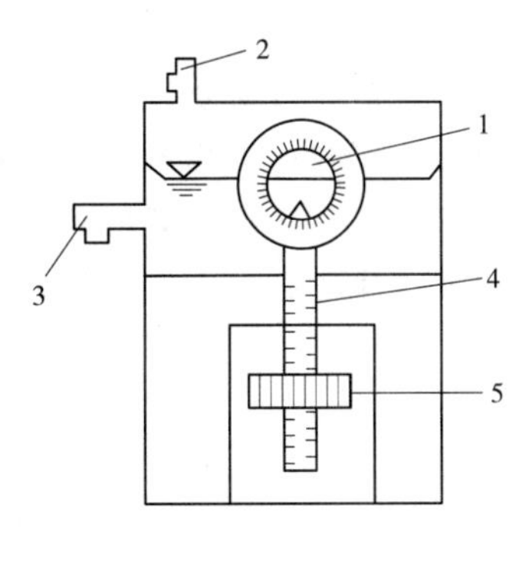

1—监测窗;2—上管口;3—下管口;
4—水位指针;5—测微圆环

图 13-31 监测窗与监测圆环

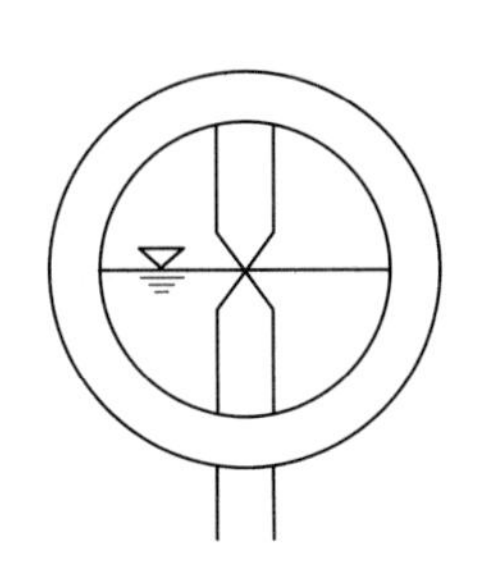

图 13-32 指针实像尖端与虚像尖端接触

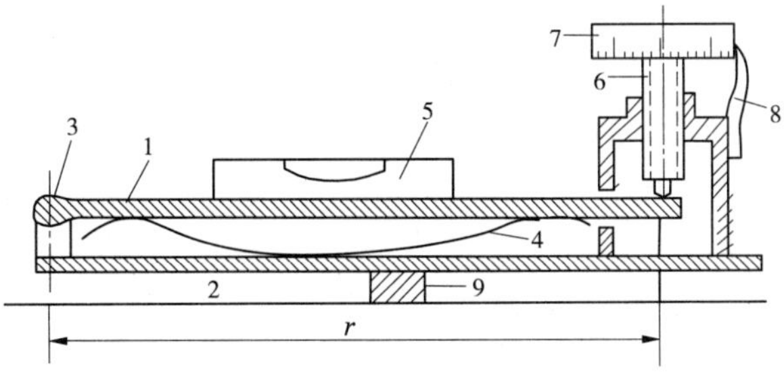

图 13-33 气泡式倾斜仪

我国制造的气泡式倾斜仪,灵敏度为2″,总的监测范围很广。气泡式倾斜仪适用于监测较大的倾斜角或量测局部地区的变形,例如,测定设备基础和平台的倾斜。

13.5.3 倾斜监测周期

主体倾斜监测的周期,可视倾斜速度,每1~3个月监测一次。当遇基础附近因大量堆载或卸载、场地降雨长期积水等而导致倾斜速度加快时,应及时增加监测次数。施工期间的监测周期,可根据要求参照沉降监测周期的规定确定。倾斜监测应避开强日照和风荷载影响大的时间段。

13.5.4 提交成果

(1)倾斜监测点位布置图;
(2)监测成果表、成果图;
(3)主体倾斜曲线图;
(4)监测成果分析资料。

复习和思考题

13-1 变形测量分为哪几级？各级沉降监测、各位移监测的中误差是如何规定的？

13-2 如何判断沉降监测进入稳定阶段？

13-3 水平位移有哪几种监测方法？

13-4 对建筑物变形引起的裂缝应如何进行监测？

参考文献

[1] 周建郑.工程测量(测量类)[M].2 版.郑州:化学工业出版社,2013.

[2] 魏国武,冯新顶.矿山测量[M].郑州:黄河水利出版社,2016.

[3] 孙金礼,冯大福.生产矿井测量[M].北京:煤炭工业出版社,2007.

[4] 冯耀挺,闫光准.矿图[M].北京:煤炭工业出版社,2005.

[5] 毛加宁,金光.矿图[M].徐州:中国矿业大学出版社,2011.

[6] 邓军.工程测量[M].北京:中国建材工业出版社,2014.

[7] 李天和.工程测量(非测绘类)[M].郑州:黄河水利出版社,2006.

[8] 顾孝烈,鲍峰,程孝军.测量学[M].4 版.上海:同济大学出版社,2011.

[9] 张坤宜.测量技术基础[M].武汉:武汉大学出版社,2011.

[10] 冯大福.矿山测量[M].武汉:武汉大学出版社,2013.

[11] 朱红侠.矿山测量[M].重庆:重庆大学出版社,2010.

[12] 赵吉先,吴良才,周世健.地下工程测量[M].北京:测绘出版社,2005.

[13] 田林亚,岳建平,梅红.工程控制测量[M].武汉:武汉大学出版社,2011.

[14] 林文介.测绘工程学[M].广州:华南理工大学出版社,2003.

[15] 梁振华,孟凡超.测量与矿图[M].长春:吉林大学出版社,2013.

[16] 林玉祥.控制测量[M].北京:测绘出版社,2009.

[17] 王晓春.地形测量[M].北京:测绘出版社,2010.

[18] 程功林,马清利.矿井测量技术[M].徐州:中国矿业大学出版社,2010.

[19] 过静珺,饶云刚. 土木工程测量[M].3 版.武汉:武汉理工大学出版社,2009.

[20] 陈琳.现代测量技术[M].北京:中国水利水电出版社,2011.

[21] 李天文.GPS 原理及应用[M].2 版.北京:科学出版社,2010.

[22] 史兆琼.土木工程测量[M].北京:中国电力出版社,2006.

[23] 纪明喜.工程测量[M].北京:中国农业出版社,2010.

[24] 吴贵才,冯大福.矿山测量[M].郑州:黄河水利出版社,2012.

[25] 李永树.工程测量学[M].北京:中国铁道出版社,2011.

[26] 李战红.矿山测量[M].北京:煤炭工业出版社,2011.

[27] 索效荣,李天和.地形测量[M].北京:煤炭工业出版社,2007.

[28] 中华人民共和国住房和城乡建设部.城市测量规范:CJJ/T 8—2001[S].北京:中国建筑工程出版社,2012.

[29] 中华人民共和国建设部,中华人民共和国国家质量监督检验检疫总局.工程测量规范(附条文说明):GB 50026—2007[S].北京:中国计划出版社,2008.

[30] 陆国胜,王学颖.测绘学基础[M].北京:测绘出版社,2006.

[31] 王铁生,袁天奇.测绘学基础[M].北京:黄河水利出版社,2008.

[32] 兰济昀,宋怀庆,李玉宝.测量学实验与习题[M].成都:西南交通大学出版社,2012.

[33] 赵国忱.工程测量实训指导书[M].北京:测绘出版社,2011.

[34] 胡振琪.应用工程测量学[M].北京:煤炭工业出版社,2008.

[35] 高井祥.测量学[M].徐州:中国矿业大学出版社,2010.
[36] 陈社杰.测量与矿山测量[M].北京:冶金工业出版社,1990.
[37] 高福聚.矿山测量[M].北京:冶金工业出版社,1996.
[38] 陈步尚,陈国山.矿山测量技术[M].北京:冶金工业出版社,2009
[39] 崔有祯.开采沉陷与建筑物变形监测[M].北京:机械工业出版社,2009.